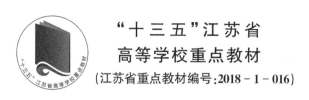

"十三五"江苏省
高等学校重点教材
(江苏省重点教材编号:2018-1-016)

工业和信息化部
"十二五"规划教材

固体废物处理处置

(第4版)

孙秀云　　王连军　　李健生　　沈锦优　编著

北京航空航天大学出版社

内 容 简 介

随着科学技术的进步和环境意识的提高,固体废物引起的环境问题日益受到重视。本书主要介绍固体废物的管理、收集、输送、破碎、压实、分选、焚烧、热解、填埋、堆肥化、固化/稳定化等处理处置方法,以及燃煤工业固体废物、冶金工业固体废物、化学工业固体废物、生活垃圾、污泥、废弃电器电子产品、医疗废物等典型废物的来源、危害、资源化及其处置,贯彻了固体废物全过程管理和分类管理的理念。

本书可作为环境工程专业的本科生教材,亦可作为环境科学与工程专业的研究生和工程技术人员的参考书。

本书配有教学课件供任课教师参考,若有需要,请发邮件至 goodtextbook@126.com 申请索取。若需要其他帮助,请致电 010 - 82317037 联系我们。

图书在版编目(CIP)数据

固体废物处理处置 / 孙秀云等编著. -- 4 版. -- 北

京 : 北京航空航天大学出版社,2019.1

ISBN 978 - 7 - 5124 - 2935 - 2

Ⅰ. ①固… Ⅱ. ①孙… Ⅲ. ①固体废物处理②固体废

物利用 Ⅳ. ①X705

中国版本图书馆 CIP 数据核字(2019)第 023540 号

固体废物处理处置(第 4 版)

孙秀云　王连军　李健生　沈锦优　编著

责任编辑　董　瑞

*

北京航空航天大学出版社出版发行

北京市海淀区学院路 37 号(邮编 100191)　http://www.buaapress.com.cn

发行部电话:(010)82317024　传真:(010)82328026

读者信箱 : goodtextbook@126.com　邮购电话:(010)82316936

北京建宏印刷有限公司印装　各地书店经销

*

开本:787×1 092　1/16　印张:17.75　字数:454 千字

2019 年 5 月第 4 版　2023 年 3 月第 3 次印刷　印数:1 501～1 800 册

ISBN 978 - 7 - 5124 - 2935 - 2　定价:49.00 元

前　言

固体废物已成为目前环境污染的重要因素之一，引起许多国家的重视。我国在固体废物的管理、处理处置以及资源化等方面起步较晚，发展水平与世界发达国家相比有一定差距，但国家越来越重视固体废物对环境的污染，因此，应让环境工程专业的学生系统地学习有关固体废物管理、处理处置及综合利用等方面的知识，为环境保护事业做贡献。

本书所涉及内容随着我国固体废物管理理念和处理处置技术的发展而不断完善。编者于 2007 年正式出版《固体废物处置及资源化》（"十一五"国家级规划教材），并在此基础上不断增删、修订相关内容，于 2009 年出版了《固体废物处置及资源化》（第 2 版），2015 年出版了《固体废物处理处置》（工业和信息化部"十二五"规划教材），本书为第 4 版。

《固体废物处理处置》（第 4 版）全书共分为十章。第一章为绪论，介绍了有关固体废物的管理理念和技术；第二章至第八章分别介绍了固体废物收集、输送、破碎、压实、分选、焚烧、热解、填埋、堆肥化和固化/稳定化等处理处置技术；第九章和第十章分别介绍了典型工业固体废物和城市固体废物的来源、危害、管理、利用、无害化及其处置。

本书由孙秀云、王连军、李健生、沈锦优共同编著，其中孙秀云承担了收集与输送（第二章）、填埋（第六章）的编写工作；王连军承担了绪论（第一章）、固化/稳定化（第八章）、典型工业固体废物（第九章）的编写工作；李健生承担了分选（第四章）、焚烧与热解（第五章）的编写工作；沈锦优承担了破碎与压实（第三章）、堆肥化（第七章）、城市固体废物（第十章）的编写工作。

固体废物污染控制及资源化技术的发展十分迅速，经历了从简单处理到全面管理的发展过程，编者总结了二十余年的教学、科研和实践经验，并借助网络查阅了最新资料和图片，力争使本书的内容新颖全面，图文并茂，可读性强。在本书的编写过程中，研究生李桥、严玉波、黄诚、孙晓蕾、王莉莉、赖佳、李瑞、王雅伦、李宁宇、邹明璟和曾铭轩等帮助查找、整理了部分资料，在此表示感谢。由于时间的关系，未能全部列出图片资料的来源，在此特别向图片的提供者表示谢意和歉意。

本书的使用者如果发现本书的不足和失误之处，请不吝指教，可发送邮件至 sunxyun@njust.edu.cn，我们将不断完善。

编　者

2019 年 3 月·南京

目　录

第一章　绪　论 ………………………………………………………… 1

 第一节　固体废物概述 ……………………………………………… 1

 第二节　固体废物的分类 …………………………………………… 4

 第三节　固体废物的危害及其污染控制 …………………………… 7

 第四节　固体废物的管理 …………………………………………… 8

第二章　收集与输送 …………………………………………………… 18

 第一节　生活垃圾的收集和转运 …………………………………… 18

 第二节　固体废物的输送 …………………………………………… 24

第三章　破碎与压实 …………………………………………………… 33

 第一节　粒　度 ……………………………………………………… 33

 第二节　破　碎 ……………………………………………………… 37

 第三节　压　实 ……………………………………………………… 50

第四章　分　选 ………………………………………………………… 54

 第一节　筛　分 ……………………………………………………… 54

 第二节　重力分选 …………………………………………………… 58

 第三节　磁力分选 …………………………………………………… 65

 第四节　电力分选 …………………………………………………… 69

 第五节　摩擦与弹跳分选 …………………………………………… 71

 第六节　浮　选 ……………………………………………………… 72

 第七节　其他分选方式 ……………………………………………… 74

 第八节　分选回收综合系统 ………………………………………… 76

第五章　焚烧与热解 …………………………………………………… 79

 第一节　概　述 ……………………………………………………… 79

 第二节　焚烧技术原理 ……………………………………………… 80

 第三节　焚烧污染控制 ……………………………………………… 83

 第四节　焚烧炉 ……………………………………………………… 89

 第五节　生活垃圾焚烧处置系统 …………………………………… 103

 第六节　危险废物焚烧处置系统 …………………………………… 109

 第七节　焚烧厂工程实例 …………………………………………… 114

　　第八节　热　解 ……………………………………………………………………… 118

第六章　填　埋 ………………………………………………………………………… 123

　　第一节　概　述 ……………………………………………………………………… 123

　　第二节　填埋技术原理 ……………………………………………………………… 124

　　第三节　填埋场选址 ………………………………………………………………… 134

　　第四节　填埋气体 …………………………………………………………………… 138

　　第五节　渗滤液 ……………………………………………………………………… 152

　　第六节　填埋场密封系统 …………………………………………………………… 166

　　第七节　生活垃圾卫生填埋场工程方案设计书简介 ……………………………… 174

　　第八节　填埋场案例 ………………………………………………………………… 181

第七章　堆肥化 ………………………………………………………………………… 186

　　第一节　概　述 ……………………………………………………………………… 186

　　第二节　堆肥化技术原理 …………………………………………………………… 187

　　第三节　堆肥化工艺和实例 ………………………………………………………… 196

第八章　固化/稳定化 ………………………………………………………………… 202

　　第一节　概　述 ……………………………………………………………………… 202

　　第二节　固化/稳定化方法 ………………………………………………………… 204

　　第三节　固化/稳定化效果评价 …………………………………………………… 213

第九章　典型工业固体废物 …………………………………………………………… 219

　　第一节　燃煤工业固体废物 ………………………………………………………… 219

　　第二节　冶金工业固体废物 ………………………………………………………… 226

　　第三节　化学工业固体废物 ………………………………………………………… 233

第十章　城市固体废物 ………………………………………………………………… 238

　　第一节　概　述 ……………………………………………………………………… 238

　　第二节　生活垃圾 …………………………………………………………………… 238

　　第三节　污　泥 ……………………………………………………………………… 251

　　第四节　废弃电器电子产品 ………………………………………………………… 262

　　第五节　医疗废物 …………………………………………………………………… 268

参考文献 ………………………………………………………………………………… 276

第一章 绪 论

第一节 固体废物概述

固体废物(solid wastes),是指在生产、生活和其他活动中产生的丧失原有利用价值,或者虽未丧失利用价值但被抛弃或者放弃的固态、半固态和置于容器中的气态物品、物质,以及法律、行政法规规定纳入固体废物管理的物品、物质。其中,不能排入水体的液态废物和不能排入大气的置于容器中的气态废物,多具有较大的危害性,在我国纳入固体废物管理体系。

固体废物鉴别是确定固体废物和非固体废物管理界限的方法和手段。《固体废物鉴别标准 通则》(GB 34330—2017)规定了依据产生来源鉴别固体废物,以及在利用和处置过程中的固体废物鉴别,固体废物鉴别结论是综合判断的结果。

根据《固体废物鉴别标准 通则》,以下物质属于固体废物:

(1)丧失原有使用价值的物质

① 在生产过程中产生,但因为不符合国家和地方制定的或行业通行的产品标准(规范),或者因为质量原因,不能在市场出售、流通,或者不能按照原用途使用的物质,如不合格品、残次品、废品等,属于固体废物。但符合国家和地方制定或行业通行的产品标准中等外品级的物质以及在生产企业内进行返工(返修)的物质除外。

② 超过质量保证期,不能在市场出售、流通或者不能按照原用途使用的物质。

③ 因为沾染、掺入、混杂无用或有害物质,使其质量无法满足使用要求,不能在市场出售、流通或者不能按照原用途使用的物质。

④ 在消费或使用过程中产生的,因为使用寿命到期而不能继续按照原用途使用的物质。

⑤ 执法机关查处没收的需报废、销毁等无害化处理的物质,包括(但不限于)假冒伪劣产品、侵犯知识产权产品、毒品等禁用品。

⑥ 以处置废物为目的生产的,不存在市场需求或不能在市场上出售、流通的物质。

⑦ 因自然灾害、不可抗力和人为灾难因素造成损坏而无法继续按照原用途使用的物质。

⑧ 因丧失原有功能而无法继续使用的物质。

⑨ 由于其他原因而不能在市场出售、流通或者不能按照原用途使用的物质。

(2)生产过程中产生的副产物

① 产品加工和制造过程中产生的下脚料、边角料和残余物质等。

② 在物质提取、提纯、电解、电积、净化、改性、表面处理以及其他处理过程中产生的残余物质,包括(但不限于)以下物质:在黑色金属冶炼或加工过程中产生的高炉渣、钢渣、轧钢氧化皮、铁合金渣、锰渣;在有色金属冶炼或加工过程中产生的铜渣、铅渣、锡渣、锌渣、铝灰(渣)等火法冶炼渣,以及赤泥、电解阳极泥、电解铝阳极炭块残极、电积槽渣、酸(碱)浸出渣、净化渣等湿法冶炼渣;在金属表面处理过程中产生的电镀槽渣、打磨粉尘。

③ 在物质合成、裂解、分馏、蒸馏、溶解、沉淀以及其他过程中产生的残余物质,包括(但不限于)以下物质:在石油炼制过程中产生的废酸液、废碱液、白土渣、油页岩渣;在有机化工生产

过程中产生的酸渣、废母液、蒸馏釜底残渣、电石渣;在无机化工生产过程中产生的磷石膏、氨碱白泥、铬渣、硫铁矿烧渣、盐泥。

④ 金属矿、非金属矿和煤炭开采、选矿过程中产生的废石、尾矿、煤矸石等。

⑤ 石油、天然气、地热开采过程中产生的钻井泥浆、废压裂液、油泥或油泥砂、油脚和油田溅溢物等。

⑥ 火力发电厂锅炉、其他工业和民用锅炉、工业窑炉等热能或燃烧设施中,燃料燃烧产生的燃煤炉渣等残余物质。

⑦ 在设施设备维护和检修过程中,从炉窑、反应釜、反应槽、管道、容器以及其他设施设备中清理出的残余物质和损毁物质。

⑧ 在物质破碎、筛分、包装等加工处理过程中产生的不能直接作为产品或原材料或作为现场返料的回收粉尘、粉末。

⑨ 在建筑、工程等施工和作业过程中产生的报废料、残余物质等建筑废物。

⑩ 畜禽和水产养殖过程中产生的动物粪便、病害动物尸体等。

⑪ 农业生产过程中产生的作物秸秆、植物枝叶等农业废物。

⑫ 教学、科研、生产、医疗等实验过程中产生的动物尸体等实验室废弃物质。

⑬ 其他生产过程中产生的副产物。

(3) 环境治理和污染控制过程中产生的物质

① 烟气和废气净化、除尘处理过程中收集的烟尘和粉尘,包括粉煤灰。

② 烟气脱硫产生的脱硫石膏和烟气脱硝产生的废脱硝催化剂。

③ 煤气净化产生的煤焦油。

④ 烟气净化过程中产生的副产硫酸或盐酸。

⑤ 水净化和废水处理产生的污泥及其他废弃物质。

⑥ 废水或废液(包括固体废物填埋场产生的渗滤液)处理产生的浓缩液。

⑦ 化粪池污泥、厕所粪便。

⑧ 固体废物焚烧炉产生的飞灰和底渣等灰渣。

⑨ 堆肥生产过程中产生的残余物质。

⑩ 绿化和园林管理中清理产生的植物枝叶。

⑪ 河道、沟渠、湖泊、航道、浴场等水体环境中清理出的漂浮物和疏浚污泥。

⑫ 烟气、臭气和废水净化过程中产生的废活性炭、过滤器滤膜等过滤介质。

⑬ 在污染地块修复、处理过程中,采用下列任何一种方式处置或利用的污染土壤:填埋,焚烧,水泥窑协同处置,生产砖、瓦、筑路材料等其他建筑材料。

⑭ 在其他环境治理和污染修复过程中产生的各类物质。

(4) 其　他

① 法律禁止使用的物质。

② 国务院环境保护行政主管部门认定为固体废物的物质。

此外,在固体废物利用和处置过程中,除了按照法律规定不作为固体废物管理的,固体废物按照以下任何一种方式利用或处置时,仍然作为固体废物管理:

① 以土壤改良、地块改造、地块修复和其他土地利用方式直接施用于土地或生产施用于土地的物质(包括堆肥),以及生产筑路材料。

② 焚烧处置(包括获取热能的焚烧和垃圾衍生燃料的焚烧),或用于生产燃料,或包含于燃料中。

③ 填埋处置。

④ 倾倒、堆置。

⑤ 国务院环境保护行政主管部门认定的其他处置方式。

《固体废物鉴别标准 通则》还规定了不作为固体废物管理的物质。以下物质不作为固体废物管理:

① 任何不需要修复或加工即可用于其原始用途的物质,或者在产生点经过修复或加工后满足国家、地方制定或行业通行的产品质量标准并且用于其原始用途的物质。

② 不经过贮存或堆积过程,而在现场直接返回到原生产过程或返回其产生过程的物质。

③ 修复后作为土壤用途使用的污染土壤。

④ 供实验室化验分析用或科学研究用固体废物样品。

当利用固体废物生产的产物同时满足下述条件的,不作为固体废物管理,按照相应的产品管理(按照法律规定作为固体废物管理的除外):

① 符合国家、地方制定或行业通行的被替代原料生产的产品质量标准。

② 符合相关国家污染物排放(控制)标准或技术规范要求,包括该产物生产过程中排放到环境中的有害物质限值和该产物中有害物质的含量限值;当没有国家污染控制标准或技术规范时,该产物中所含有害成分含量不高于利用被替代原料生产的产品中的有害成分含量,并且在该产物生产过程中,排放到环境中的有害物质浓度不高于利用所替代原料生产产品过程中排放到环境中的有害物质浓度,当没有被替代原料时,不考虑该条件。

③ 有稳定、合理的市场需求。

按照以下方式处置后的物质,不作为固体废物管理:

① 金属矿、非金属矿和煤炭采选过程中直接留在或返回到采空区的符合 GB 18599 中第Ⅰ类一般工业固体废物要求的采矿废石、尾矿和煤矸石。但是带入除采矿废石、尾矿和煤矸石以外的其他污染物质的除外。

② 工程施工中产生的按照法规要求或国家标准要求就地处置的物质。

③ 国务院环境保护行政主管部门认定不作为固体废物管理的物质。

以下物质不作为液态废物管理:

① 满足相关法规和排放标准要求,可排入环境水体或者市政污水管网和处理设施的废水、污水。

② 经过物理处理、化学处理、物理化学处理和生物处理等废水处理工艺处理后,可以满足向环境水体或市政污水管网和处理设施排放的相关法规和排放标准要求的废水、污水。

③ 废酸、废碱中和处理后产生的满足上述两条要求的废水。

固体废物鉴别是各级环保部门实施环境管理的重要依据。

固体废物一词中的"废"具有鲜明的时间和空间特征。在时间方面,它相对于目前的科学技术水平及经济条件没有使用价值。随着科学技术的飞速发展,资源日渐枯竭,昨天的废物正在变为今天的资源,今天的废物势必成为明天的宝库。在空间方面,废物仅仅相对于某一过程或在某一方面没有使用价值,而非在一切过程或一切方面都没有使用价值。某一过程的废物,往往是另一过程的原料,所以废物又有"在错误时间放在错误地点的原料"之称。图 1-1 所示是美国固体废物回收率(2010 年),其中,汽车电池的回收率最高。

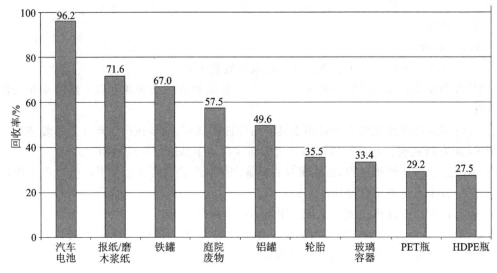

图 1-1　美国固体废物回收率(2010 年)

固体废物来源于人类的生产生活和其他活动。人类在开发资源和制造产品的过程中,必然产生废物,产品经过使用和消费后,终将变成废物,仅有 10%～15% 以建筑物、工厂、装置、器具等形式积累起来。随着科技和经济的发展,产品越来越多样,废物的种类和产生量越来越多,固体废物已成为严重的环境问题和社会问题。

第二节　固体废物的分类

固体废物可按其来源、危害状况、形态、化学活性和化学性质等进行分类。

1. 按固体废物来源

分为生活垃圾(municipal solid waste/garbage)、工业固体废物(industrial waste)和农业固体废物(agricultural waste)。生活垃圾,是指在日常生活中或者为日常生活提供服务的活动中产生的固体废物,以及法律、行政法规规定视为生活垃圾的固体废物;工业固体废物,是指在工业生产活动中产生的固体废物,我国将工业固体废物按废物来源和常见组分或废物名称进行划分;农业固体废物,是指在农业生产活动中产生的固体废物,如农作物秸秆、农用薄膜、畜禽粪便等。

2. 按固体废物危害状况

分为一般废物和危险废物(hazardous waste)。

危险废物的特性通常包括毒性(toxicity,T)、易燃性(ignitability,I)、反应性(reactivity,R)、腐蚀性(corrosivity,C)和感染性(infectivity,In)。联合国环境规划署制定的《控制危险废物越境转移及其处置巴塞尔公约》列出了"应加以控制的废物类别"共 45 类,"须加特别考虑的废物类别"共 2 类,同时列出危险废物"危险特性清单"共 13 种特性。

　　我国把危险废物定义为:列入国家危险废物名录,或根据国家规定的危险废物鉴别标准和鉴别方法认定的具有危险特性的废物。《国家危险废物名录》规定了废物类别、行业来源、废物代码、危险废物、危险特性等。其中,废物类别是按照《巴塞尔公约》划定类别的基础上,结合我国实际情况对危险废物进行的分类;行业来源是指危险废物的产生行业;废物代码是危险废物的唯一代码,为8位数字,第1~3位为危险废物产生行业代码,第4~6位为危险废物顺序代码,第7、8位为废物类别代码。

　　危险废物的鉴别,首先依据《中华人民共和国固体废物污染环境防治法》和《固体废物鉴别标准　通则》判断待鉴别的物品、物质是否属于固体废物,不属于固体废物的,则不属于危险废物。经判断属于固体废物,并列入《国家危险废物名录》的,属于危险废物,不需要进行危险特性鉴别;未列入《国家危险废物名录》的,依据 GB 5085.1~GB 5085.6 鉴别标准鉴别,凡具有腐蚀性、毒性、易燃性、反应性等一种或一种以上危险特性的,属于危险废物。对未列入《国家危险废物名录》,或根据危险废物鉴别标准无法鉴别,但可能对人体健康或生态环境造成有害影响的固体废物,经综合分析原辅材料、生产工艺、产生环节和主要成分,不可能具有危险特性的,不属于危险废物,上述情况以外的固体废物,则需通过采样和检测分析确定其危险特性,开展危险特性鉴别工作,由国务院环境保护行政主管部门组织专家认定。

　　具有毒性(包括浸出毒性、急性毒性及其他毒性)和感染性等一种或一种以上危险特性的危险废物与其他固体废物混合,混合后的废物属于危险废物。仅具有腐蚀性、易燃性或反应性的危险废物与其他固体废物混合,混合后的废物经 GB 5085.1、GB 5085.4、GB 5085.5 鉴别不再具有危险特性的,不属于危险废物。危险废物与放射性废物混合,混合后的废物应按照放射性废物管理。

　　具有毒性(包括浸出毒性、急性毒性及其他毒性)和感染性等一种或一种以上危险特性的危险废物,处理后的废物仍属于危险废物,国家有关法规、标准另有规定的除外。仅具有腐蚀性、易燃性或反应性的危险废物处理后,经 GB 5085.1、GB 5085.4、GB 5085.5 鉴别不再具有危险特性的,不属于危险废物。

　　《国家危险废物名录》新增了"危险废物豁免管理清单",列入豁免管理清单的危险废物,在所列的豁免环节,且满足相应的豁免条件时,可以按照豁免内容的规定实行豁免管理。豁免内容包括:

　　① 全过程不按危险废物管理,即全过程(各管理环节)均豁免,无须执行危险废物环境管理的有关规定。

　　② 收集过程不按危险废物管理,即收集企业不需要持有危险废物收集经营许可证或危险废物综合经营许可证。

　　③ 利用过程不按危险废物管理,即利用企业不需要持有危险废物综合经营许可证。

　　④ 填埋过程不按危险废物管理,即填埋企业不需要持有危险废物综合经营许可证。

　　⑤ 水泥窑协同处置过程不按危险废物管理,即水泥生产企业不需要持有危险废物综合经营许可证。

　　⑥ 不按危险废物进行运输,即运输工具可不采用危险货物运输工具。

　　⑦ 转移过程不按危险废物管理,即进行转移活动的运输车辆可不具有危险货物运输资质;转移过程中可不运行危险废物转移联单,但转移活动需要事后备案。

　　危险废物的物理化学及生物特性包括:有毒有害物质释放到环境中的速率特性;有毒有害

物质在环境中迁移转化及富集特性;有毒有害物质的生物毒性。所涉及的主要参数有:有毒有害物质的溶解度、挥发度、分子量、饱和蒸气压、在土壤中的滞留因子、空气扩散系数、土壤/水分配系数、降解系数、生物富集因子、致癌性反应系数及非致癌性参考剂量。这些数据可从有关化学手册、联合国环境规划署管理的国际潜在有毒化学品登记数据库 IRPTC(http://www. unep. ch)、美国国家环境保护综合信息资源库 IRIS(http://www. epa. gov/iris)等查到。部分危险废物特性标识如图1-2所示。

图1-2　部分危险废物特性标识

3. 按固体废物形态

分为固态废物(粉状、粒状、块状)、半固态废物(如剩余污泥,见图1-3)、液态(如废酸、废有机溶剂和废矿物油等)以及密闭容器中的气态废物。

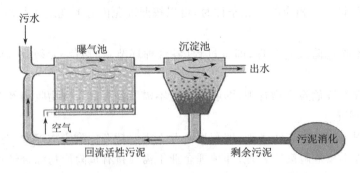

图1-3　污水处理过程中产生的剩余污泥

4. 按固体废物化学活性

分为化学活性废物(易燃易爆废物、化学药剂等)和化学惰性废物(废石、尾矿等)。

5. 按固体废物化学性质

分为有机废物(农业固体废物、食物残渣、剩余污泥、废纸和废塑料等)和无机废物(高炉渣、钢渣和硫铁矿烧渣等)。

第三节　固体废物的危害及其污染控制

一、固体废物的危害

工业固体废物所含有的化学成分能形成化学物质型污染,例如含有汞、砷、铬、镉、铅、氟和氰等及其化合物的固体废物,可通过皮肤、食物、呼吸等渠道危害人体,引起中毒。人畜粪便和生活垃圾是各种病原微生物的滋生地和繁殖场,能形成病原体型污染。

固体废物的主要污染途径如图 1-4 所示。

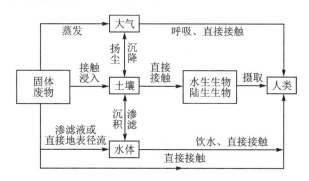

图 1-4　固体废物的主要污染途径

固体废物对环境的危害主要表现为:

1. 侵占土地,污染土壤

生活垃圾填埋场占地面积大;煤矸石、钢渣和碱渣等占据大量土地资源,特别是耕地。固体废物及其渗滤液中所含有的危险物质会改变土壤性质和土壤结构,并对土壤中微生物的活动产生影响;危险成分抑制植物根系的生长,还可通过食物链危害人类;受污染的土壤,自净能力降低,并且很难通过稀释扩散减轻其污染。

2. 污染水体

固体废物随降水和地表径流进入江河湖海,或随风飘落水中,使地表水受到污染;废物中的有害成分随渗滤液进入土壤污染地下水;将废物直接排入水体,不仅造成水体污染,还会淤塞河道,减少湖泊面积,使水体黑臭;海洋正面临着固体废物的威胁,海洋垃圾不仅造成视觉污染,还会污染水体,危害水生生物和人体健康。

3. 污染大气

固体废物在运输、贮存、处理、利用和处置过程中,会产生有害气体、恶臭和颗粒污染物,如:有机固体废物,在适宜的温度和湿度下被微生物分解,释放出恶臭(硫化氢、氨等);露天堆放的固体废物,受风吹日晒,逐步风化,其中的粉末会随风飘散,形成扬尘;煤矸石含硫达1.5%会自燃,释放二氧化硫;采用焚烧法处理固体废物所产生的烟气,须处理达标后排放;露天焚烧垃圾及秸秆造成的大气污染屡见不鲜;生活垃圾填埋场逸出的甲烷和二氧化碳等,是温室气体的来源之一。

综上所述,固体废物污染具有长期性、潜伏性、复杂性和滞后性,固体废物是大气污染和水污染的归宿和源头,与土壤污染密切相关。

二、固体废物污染控制

固体废物的成分相当复杂,其物理性状(粒径、流动性、均匀性、水分和热值等)也千变万化,因此,应综合采用管理措施和科学技术,回收利用固体废物中的有用资源,控制固体废物对环境的污染。技术性措施包括固体废物的利用、贮存和处置。

固体废物的利用,即固体废物资源化,是指从固体废物中提取物质作为原材料或者燃料的活动,是为了保护环境、发展生产、控制污染而采取的积极性措施。需要注意的是:无害化是资源化的前提,须确保资源化过程和产品的无害化。固体废物利用的主要途径有:利用矿物废料、工业废渣等生产水泥、砖、混凝土制品等建筑材料和道路工程材料及垫层、结构层、面层和底层,或用作冶金、化工、轻工等工业原料;利用所含碳、油或其他有机废物回收能源;利用含有土壤、植物所需要的元素或化合物的废物作为肥料或土壤改良剂。固体废物的利用包括直接利用、物质回收(回收纸、玻璃和金属等)、物质转换(生物质废物好氧生产堆肥、厌氧生产沼气等)、能量转换(有机废物焚烧回收热能进一步发电)等形式。

固体废物的贮存,是指将固体废物临时置于特定设施或者场所中的活动。一般固体废物应设置专用贮存、堆放场地。危险废物必须设置专用堆放场地,有防扬散、防流失、防渗漏和防雨等防治措施,禁止将危险废物混入非危险废物中贮存。固体废物贮存、堆放场地必须设有污水收集系统,所收集的污水必须经处理达标后排放。须在固体废物贮存、堆放场地设立环境保护图形标志牌。场地周边应设导流渠,防止雨水进入并滞留在堆放场地内。应构筑堤、坝、挡土墙等设施,防止废物和渗滤液的流失。

固体废物的处理,是指通过物理、化学、生物等方法,使固体废物转化为适合于运输、贮存、利用和处置的活动。

固体废物的处置,是指将固体废物焚烧,以及用其他改变固体废物的物理、化学和生物特性的方法,达到减少已产生的固体废物数量、缩小固体废物体积、减少或者消除其危险成分,或者将固体废物最终置于符合环境保护规定要求的填埋场的活动,如固化/稳定化、焚烧、填埋等,其目的和技术要求是使被处置的固体废物在环境中最大限度地与生物圈隔离,控制或消除其对环境的污染和危害。

目前已颁布《固体废物处理处置工程技术导则》(HJ 2035—2013)和《危险废物处置工程技术导则》(HT 2042—2014),规定了一般废物和危险废物处理处置工程的设计、施工、验收和运行管理的通用技术要求。

第四节　固体废物的管理

一、我国固体废物污染环境防治法的发展

固体废物的管理,首先应加强固体废物管理法规和标准的制定。1996 年 4 月 1 日正式实施的《中华人民共和国固体废物污染环境防治法》,对防治固体废物污染环境做出了全面规定,是我国固体废物管理的基础,并于 2004 年 12 月 29 日第十届全国人民代表大会常务委员会第

十三次会议修订,2005 年 4 月 1 日起施行,并分别于 2013 年 6 月第一次修正,2015 年 4 月第二次修正,2016 年 11 月第三次修正。与原有的固体废物污染环境防治法相比,修订的《中华人民共和国固体废物污染环境防治法》(以下简称《固体废物污染环境防治法》)更全面、更具体,主要表现在以下几个方面:

1. 将农村固体废物污染防治纳入法律管理范围

修订的《固体废物污染环境防治法》,把农村固体废物防治纳入视野,对种植业和养殖业产生的固体废物提出了合理利用、预防污染的要求,对农村生活垃圾提出了清扫、处置的要求。随着农业产业化发展和农村生活水平的提高,农业固体废物和农村生活垃圾所造成的污染问题已经非常突出,国家应当采取措施加强管理,明确农业固体废物产生者的回收利用责任,规范农业固体废物的收集、贮存、利用和处置行为。

2. 固体废物污染损害赔偿实行举证责任倒置制

针对环境污染损害赔偿案件中最常见的受污染者没有能力起诉以及举证困难等问题,修订后的《固体废物污染环境防治法》在现有污染损害赔偿规定的基础上,增加了举证责任倒置制等规定。

按照法律规定,因固体废物污染环境引起的损害赔偿诉讼,由加害人就法律规定的免责事由及其行为与损害结果之间不存在因果关系承担举证责任。法律规定,受到固体废物污染损害的单位和个人,有权要求依法赔偿损失。赔偿责任和赔偿金额的纠纷,可以根据当事人的请求,由生态环境主管部门或者其他固体废物污染环境防治工作的监督管理部门调解处理;调解不成的,当事人可以向人民法院提起诉讼。当事人也可以直接向人民法院提起诉讼。国家鼓励法律服务机构对固体废物污染环境诉讼中的受害人提供法律援助。固体废物污染环境的损害赔偿责任和赔偿金额的纠纷,当事人可以委托环境监测机构提供监测数据。环境监测机构应当接受委托,如实提供有关监测数据。

3. 确立生产者延伸责任制

污染者承担污染防治的责任,这一原则在法律中全面落实,有助于解决固体废物污染问题。对此,修订的《固体废物污染环境防治法》补充了有关生产者延伸责任的条款,规定国家对部分产品、包装物实行强制回收制度。

为了减少固体废物的产生量和危害性,目前有很多国家已经开始对电器电子产品、包装等实行生产者延伸责任制,即生产者不仅要对生产过程中的环境污染承担责任,还需要对报废后的产品或使用过的包装物承担回收利用或者处置的责任。一些国家的实践表明,这种责任机制可以有效地解决生产、消费与废物处置责任割裂带来的问题。对此,法律规定"国家对固体废物污染环境防治实行污染者依法负责的原则"。同时进一步明确"产品的生产者、销售者、进口者和使用者对其产生的固体废物依法承担污染防治责任"。法律同时确立了固体废物强制回收制度,明确规定"生产、销售、进口被列入强制回收目录的产品和包装物的企业,必须按照国家有关规定对该产品和包装物进行回收"。

4. 对过度包装说"不"

自 2005 年 4 月起,禁止过度包装,并在法律上鼓励人们使用易回收包装物。修订的《固体废物污染环境防治法》明确规定:"国务院标准化行政主管部门应当根据国家经济和技术条件、固体废物污染环境防治状况以及产品的技术要求,组织制定有关标准,防止过度包装造成环境污染。"国家鼓励科研、生产单位研究、生产易回收利用、易处置或者在环境中可以降解的薄膜覆盖物和商品包装物。法律还要求,使用农膜的单位和个人,应当采取回收、利用等措施,防止或者减少农用薄膜对环境的污染。

目前,国外对过度包装的控制手段主要有三类:第一类是标准控制,即对包装物的容积、包装物与商品之间的间隙、包装层数、包装成本与商品价值的比例等设定限制标准;第二类是经济手段控制,如对非纸制包装和不能满足回收要求的包装征收包装税,或者通过垃圾计量收费,引导消费者选择简单包装;第三类是加大生产者责任,规定由商品生产者负责回收商品包装,通常可以采用押金制的办法委托有关商业机构回收包装。为了便于回收,生产者会主动选择使用材料少、容易回收的包装设计。

5. 向江河湖泊丢垃圾将触法律"红线"

修订的《固体废物污染环境防治法》规定,禁止任何单位或者个人向江河、湖泊、运河、渠道、水库及其最高水位线以下的滩地、河岸坡等法律、法规规定禁止倾倒、堆放废弃物的地点倾倒、堆放固体废物。法律规定,收集、贮存、运输、利用和处置固体废物的单位和个人,必须采取防扬散、防流失、防渗漏或者其他防止污染环境的措施;不得擅自倾倒、堆放、丢弃、遗撒固体废物。针对这些行为,规定了相应的法律责任:由县级以上地方人民政府环境卫生行政主管部门责令停止违法行为,限期改正,处以罚款。法律还规定,在国务院和国务院有关主管部门及省、自治区、直辖市人民政府划定的自然保护区、风景名胜区、饮用水水源保护区、基本农田保护区和其他需要特别保护的区域内,禁止建设工业固体废物集中贮存、处置的设施、场所和生活垃圾填埋场。

6. 打着"利用"旗号处置危险废物将受到制裁

近年来,从事危险废物利用的单位日益增多,有的是不具备条件的小型企业,还有一些是为了规避管理,打着"利用"旗号处置危险废物的单位。对此,修订的《固体废物污染环境防治法》将危险废物的利用纳入危险废物经营许可证的管理范围。

法律规定,从事收集、贮存、处置危险废物经营活动的单位,必须向县级以上人民政府生态环境主管部门申请领取经营许可证;从事利用危险废物经营活动的单位,必须向国务院生态环境主管部门或者省、自治区、直辖市人民政府生态环境主管部门申请领取经营许可证。法律还规定,贮存危险废物必须采取符合国家环境保护标准的防护措施,并不得超过一年;确需延长期限的,必须经过原批准经营许可证的生态环境主管部门批准。违反规定的,由县级以上人民政府生态环境主管部门责令停止违法行为,限期改正,处以罚款。

7. 生活垃圾处置场所不能随意选址也不能随意关闭

修订的《固体废物污染环境防治法》规定,禁止擅自关闭、闲置或者拆除生活垃圾处置的设施、场所;确有必要关闭、闲置或者拆除的,必须经所在地市、县级地方人民政府环境卫生行政主管部门商所在地生态环境主管部门同意后核准,并采取措施,防止污染环境。法律同时规定,建设生活垃圾处置的设施、场所,必须符合国务院生态环境主管部门和国务院建设行政主管部门规定的环境保护和环境卫生标准。对于从生活垃圾中回收的物质,法律规定,必须按照国家规定的用途或者标准使用,不得用于生产可能危害人体健康的产品。

8. 限期淘汰严重污染环境的设备

近年来,受利益驱动,很多超过了使用寿命并产生严重污染的设备仍然被使用,对环境造成了一定破坏。按照修订的《固体废物污染环境防治法》,将产生严重污染环境的工业固体废物的生产工艺和设备列入限期淘汰名录。

法律规定,国务院经济综合宏观调控部门应当会同国务院有关部门组织研究、开发和推广减少工业固体废物产生量和危害性的生产工艺和设备,公布限期淘汰产生严重污染环境的工业固体废物的落后生产工艺、落后设备的名录。法律还规定生产者、销售者、进口者、使用者必须在国务院经济综合宏观调控部门会同国务院有关部门规定的期限内分别停止生产、销售、进口或者使用被列入这一名录的设备。列入限期淘汰名录被淘汰的设备,不得转让给他人使用。

二、我国固体废物相关标准

我国固体废物相关标准包括固体废物鉴别标准、固体废物污染控制标准和固体废物综合利用标准等。标准内容可从中华人民共和国生态环境部网站(http://www.mee.gov.cn/)环境保护标准中查询。

1. 固体废物鉴别标准

标准名称和编号如下:

固体废物鉴别标准 通则 GB 34330—2017

国家危险废物名录(2016 年)

危险废物鉴别标准 腐蚀性鉴别 GB 5085.1—2007

危险废物鉴别标准 急性毒性初筛 GB 5085.2—2007

危险废物鉴别标准 浸出毒性鉴别 GB 5085.3—2007

危险废物鉴别标准 易燃性鉴别 GB 5085.4—2007

危险废物鉴别标准 反应性鉴别 GB 5085.5—2007

危险废物鉴别标准 毒性物质含量鉴别 GB 5085.6—2007

危险废物鉴别标准 通则 GB 5085.7—2007

危险废物鉴别技术规范 HJ/T 298—2007

2. 固体废物污染控制标准

标准名称和编号如下:

进口可用作原料的固体废物环境保护控制标准 GB 16487

含多氯联苯废物污染控制标准 GB 13015—2017

水泥窑协同处置固体废物污染控制标准 GB 30485—2013

生活垃圾填埋场污染控制标准 GB 16889—2008

生活垃圾焚烧污染控制标准 GB 18485—2014

医疗废物焚烧环境卫生标准 GB/T 18773—2008

危险废物贮存污染控制标准 GB 18597—2001

危险废物填埋污染控制标准 GB 18598—2001

危险废物焚烧污染控制标准 GB 18484—2001

固体废物处理处置工程技术导则 HJ 2035—2013

危险废物处置工程技术导则 HJ 2042—2014

危险废物收集 贮存 运输技术规范 HJ 2025—2012

一般工业固体废物贮存、处置场污染控制标准 GB 18599—2001

农业固体废物污染控制技术导则 HJ 588—2010

城镇垃圾农用控制标准 GB 8172—87

农用粉煤灰中污染物控制标准 GB 8173—87

农用污泥中污染物控制标准 GB 4248—84

3. 其他相关标准

标准名称和编号如下：

土壤环境质量　农用地土壤污染风险管控标准（试行）GB 15618—2018

土壤环境质量　建设用地土壤污染风险管控标准（试行）GB 36600—2018

场地环境调查技术导则 HJ 25.1—2014

场地环境监测技术导则 HJ 25.2—2014

污染场地风险评估技术导则 HJ 25.3—2014

污染场地土壤修复技术导则 HJ 25.4—2014

危险化学品安全管理条例（2013 年）

其他有关技术规范、固体废物监测方法标准

各地也根据实际情况，制定了一批地方性的固体废物污染防治的法规和标准。

三、固体废物管理技术

固体废物管理技术经历了几十年的发展过程，已在理论上和实践上确立了对固体废物尤其是对危险废物实行全过程管理的原则（从废物产生到收集、运输、贮存、利用、处理直至最终

图 1-5　"从摇篮到摇篮"
C2C 证明标志

处置的各个环节，实行控制管理和污染防治）、"三化"原则（减量化、资源化、无害化）以及"3C"原则（清洁、循环、控制），并形成"从摇篮到摇篮"（cradle to cradle）的理论。

"从摇篮到摇篮"要求遵循减量化、再使用、再循环的"3R"原则，把经济活动形成"资源—产品—再生资源"的闭环反馈式循环过程，最终实现"最佳生产，最适消费，最少废弃"。它主张在从设计、生产到制造产品的给原材料附加价值的过程中，不断思考"如何对环境有益"，而不只是考虑"如何减少对环境的伤害"。据此理念制造的产品将被赋予 C2C 证明标志，如图 1-5 所示。

固体废物管理技术包括：

1. 固体废物最小量化管理技术

防止固体废物污染的最佳途径就是不产生或少产生固体废物，减少固体废物的产生量和排放量，使需要贮存、运输、处的固体废物数量降低到最小的程度，这就是固体废物的最小量化（或减量化）。随着对环境问题的日益关注，有关固体废物的管理观念也发生了巨大变革，如图 1-6 所示。固体废物最小量化涉及的技术范围包括原料管理技术、生产工艺改造技术、减容技术、废物再循环和回收利用技术等；固体废物最小量化不只是减少固体废物的数量和体积，还包括尽量减少其种类、降低危险废物中有害成分的浓度、减轻或消除其危险特性等。因此，最小量化管理技术是防治固体废物污染环境的优先措施，可通过改变粗放型发展模式、开

展清洁生产和发展循环经济等措施实现,同时,还需要政策的倾斜及公众的支持。固体废物最小量化管理的基本途径如图 1-7 所示。

图 1-6　固体废物管理观念的转变

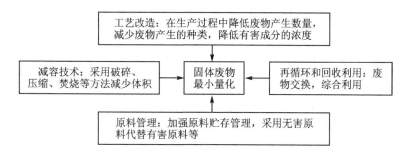

图 1-7　固体废物最小量化技术

2. 固体废物转移跟踪管理技术

按照全过程管理废物的原则,对废物从其产生起,直至最终处置的每个环节,都要实行监督管理,废物转移跟踪管理技术是体现这一管理原则的重要技术手段。废物转移跟踪管理的核心内容是:废物每发生一次转移,都必须由废物产生者填写废物转移联单(又称"货单"),分送废物运输者、接受者及主管部门,同时执行废物交验和信息反馈制度。废物转移联单填写栏目包括产废者情况、运输者信息、接受废物者信息、包装及识别标志、废物特性和数量等。实施废物转移跟踪管理技术,明确废物产生者、收集者、运输者、处理处置者和主管部门在废物转移过程中担负的责任和义务,确保废物最终得到安全处置。

图 1-8 所示为澳大利亚环保局实施的危险废物运输清单(共五联)及分送情况。其中,第一联由废物产生者送交环保局,第二联由废物产生者保存,第三联由废物处置者送交环保局,第四联由废物处置者保存,第五联由废物运输者保存。

3. 固体废物交换管理技术

一个行业(或企业)的固体废物可能成为另一个行业(或企业)的原料。作为现代工业社会提出的废物交换制度已不同于一般意义上的综合利用和"变废为宝"的范畴,而是利用信息技术,使固体废物资源得以合理配置利用的系统工程。废物交换可分为两种,信息交换型和物质交换型。信息交换型,只收集和发布废物交换信息,不收集处理废物,也不参与交换谈判,是一种非主动的非营利型方式;物质交换型,收集、处理废物并销售有关产品,参与交换谈判,是一种主动的营利型方式。废物交换的优点是降低处理、处置费用,节省原料,保护环境和公众健康,增加行业(企业)间的合作。据加拿大废物交换中心统计,废物交换所消耗的费用仅是处置费用的 1%～2%。1972 年,荷兰创立了第一个固体废物交换机构;1989 年,我国上海市成立了杨浦区废酸碱调节中心。废物交换推动了废物资源化,减少了污染,取得了明显的经济效

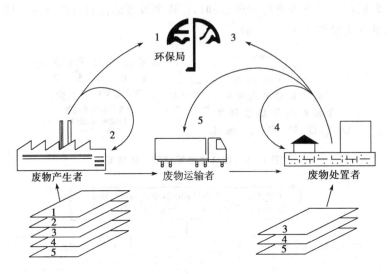

图 1-8　澳大利亚危险废物运输清单及分送情况

益、环境效益和社会效益。

4. 固体废物贮存、处理和处置经营许可证制度

固体废物贮存、处理和处置经营者必须取得经营许可证,以保证相应设施安全有效和符合标准。欲获得经营许可证者,须向主管部门提出书面申请,申请书内容主要包括:

① 拟接受的废物种类、性质、成分和数量。

② 对拟接受废物的贮存、处理和处置方式、时间、速度、周期和比例。

③ 贮存、处理和处置设施情况及所有地点。

④ 贮存、处理和处置费用。

对废物的特别处理,如焚烧、填埋等,均须另行申请许可证。

5. 固体废物管理信息系统

固体废物管理信息系统在工业发达国家已广泛建立并正式运行,成为固体废物管理中必不可少的工具。废物管理信息系统的主要功能包括:提供产废企业、废物承运者和处理及处置者企业信息资料;废物流资料,包括废物流代码、废物类型、理化特性、产废工艺等;同时还对废物转移进行跟踪管理,并设有收费管理系统及经营许可证发放管理系统。英国伦敦废物管理局有一套完整的废物管理信息系统,这个系统记录了废物从产生至最终处置各个环节的数据资料,具有较强的数据处理功能。

四、我国固体废物管理制度

我国固体废物管理是以生态环境主管部门为主,结合有关工业主管部门以及住房城乡建设主管部门,共同对固体废物实行全过程管理。我国固体废物管理制度包括:

(1) 分类管理

对生活垃圾、工业固体废物和危险废物分别管理;设立生活垃圾分类制度,垃圾分类投放、分类收集、分类运输和分类处理;收集和贮存危险废物必须按照危险废物特性分类进行;禁止混合收集、贮存、运输和处置性质不相容的未经安全性处理的危险废物,当化学性质不相容的废物相混时,可能发生不良反应,包括热反应(燃烧或爆炸)、产生有毒有害气体(砷化氢、氰化氢和氯气等)及可燃性气体(氢气和乙炔等);禁止将危险废物混入非危险废物中贮存。根据危险废物的危害性和数量评估其环境风险,制定分级管理要求。

（2）进口废物审批

禁止中国境外的固体废物进境倾倒、堆放和处置,禁止经中华人民共和国过境转移危险废物,禁止进口不能用作原料的固体废物,遏制洋垃圾入境,维护国家的主权和尊严,防止境外固体废物对我国环境的污染。

（3）危险废物经营许可证

根据《危险废物经营许可证管理办法》,从事收集、贮存、利用和处置危险废物经营活动的单位,必须向设区的市级以上地方生态环境主管部门申请领取经营许可证。按照经营方式,分为危险废物综合经营许可证、危险废物利用经营许可证和危险废物收集经营许可证。并非任何单位和个人都能从事危险废物的收集、贮存、利用和处置活动。

危险废物经营许可证包括下列主要内容:

① 法人名称、法定代表人、住所、行业类别、统一社会信用代码。

② 危险废物经营方式。

③ 贮存、利用或者处置设施的地址;从事收集经营活动的,列明许可收集经营活动覆盖的行政区域范围及贮存设施的地址。

④ 危险废物经营类别。

⑤ 年经营规模。

⑥ 有效期限。

⑦ 发证日期和证书编号。

⑧ 许可要求:以附件方式列明贮存设施地址清单(包括各贮存设施的最大贮存量);利用或者处置设施、设备清单及规格、能力;对危险废物许可经营类别、污染防治设施和措施、环境管理制度、环境监测方案、利用或者处置活动应当执行的环境保护标准或者技术规范要求、经营记录数据信息管理、视频监控、运营管理等方面提出具体要求。

（4）危险废物转移管理

转移危险废物,必须按照国家有关规定填写危险废物转移联单。跨省、自治区、直辖市转移危险废物时,应当向危险废物移出地省、自治区、直辖市人民政府生态环境主管部门申请。移出地省、自治区、直辖市人民政府生态环境主管部门应当经接受地省、自治区、直辖市人民政府生态环境主管部门同意后,方可批准转移该危险废物。未经批准的,不得转移。转移危险废物途经移出地、接受地以外行政区域的,危险废物移出地设区的市级以上地方人民政府生态环境主管部门应当及时通知沿途经过的设区的市级以上地方人民政府生态环境主管部门。

危险废物转移活动实行危险废物转移联单制度,这是追踪危险废物流向,实现危险废物全过程管理的重要手段,涉及危险废物移出者、运输者和接受者。

① 危险废物移出者

危险废物移出者具有对危险废物合规委托责任、分类包装责任、信息告知责任、标识责任、核对及交付责任、申报登记责任及应急处置和报告责任等。其中,合规委托责任是移出者的首要责任,移出者要负责选择有资质的危险废物经营单位和运输单位。

合规委托责任:选择符合国家有关标准或者技术规范要求的危险废物贮存场所、运输单位和有资质的危险废物经营单位。

分类包装责任:根据危险废物的性质、成分、形态及污染防治和安全防护要求,选择安全的包装材料,并对危险废物进行分类包装。

信息告知责任:向危险废物运输者和接受者说明危险废物的种类、准确重量(数量)、危险特性,转移过程中污染防治和安全防护的要求,应对突发事故的措施,以及应当配备的必要的应急处理器材和防护用品。

标识责任:在所有待转移危险废物的容器或包装物的醒目处清晰粘贴符合国家有关标准规范的危险废物标签。

核对及交付责任:核对运输者、运输工具及收运人员的信息与转移联单是否相符,将包装完好的危险废物连同联单一并交付运输者。

申报登记责任:如实记录、妥善保管转移危险废物的种类、重量(数量)、接受者等相关信息,并按照国家有关规定向生态环境主管部门申报登记。

应急处置和报告责任:按照国家有关规定制定危险废物事故防范措施及环境应急预案;在危险废物产生、收集、贮存等环节出现扩散、流失、泄漏等情况时,立即启动环境应急预案,采取应急措施,并向移出地县级以上生态环境主管部门报告。

② 危险废物运输者

危险废物运输者负责将承运的危险废物妥善地运交接受者,具有核对责任、安全运输责任、应急处置和报告责任以及交付责任。

核对责任:确认拟转移的危险废物具有转移联单(免于运行转移联单的除外),并根据联单的内容,核对待转移危险废物的准确重量(数量)、包装、标识和标签与联单是否相符;不相符的,应当拒绝运输。

安全运输责任:按照国务院交通运输主管部门的有关规定运输危险货物,防止因危险废物丢失、包装破损、泄漏等造成突发环境事件。

应急处置和报告责任:制定意外事故的防范措施和应急预案;在运输过程中发生突发事故时,应立即向事故发生地县级以上地方交通运输主管部门和生态环境主管部门报告,并通知危险废物移出者和接受者。

交付责任:将承运的危险废物全部、完好地运抵指定地点,并交付给转移联单上指定的接受者。

③ 危险废物接受者

危险废物接受者负责对接收的危险废物以无害化方式进行利用和/或处置,具有核对转移联单和接受危险废物的责任、合规利用处置责任、结果告知责任和申报登记责任等。

核对转移联单和接受危险废物的责任:核对拟接受的危险废物种类、重量(数量)与转移联单(免于运行转移联单的除外)是否相符,拟接受的危险废物的种类与联单不相符或者重量(数量)差异不合理的,应当联系危险废物移出者、运输者确认原因。

合规利用处置责任:按照国家或地方有关规定,对接受的危险废物进行贮存、利用或处置。

结果告知责任:危险废物利用或者处置结果及时告知危险废物移出者。

申报登记责任:妥善保管危险废物转移信息,按照国家有关规定向生态环境主管部门定期申报登记或者报告危险废物经营情况。

未经批准,不得跨省、自治区、直辖市转移危险废物。

（5）危险废物行政代执行

产生危险废物的单位，必须按照国家有关规定处置危险废物；不处置的，由所在地县以上地方人民政府生态环境主管部门责令限期改正；逾期不处置或处置不符合国家有关规定的，由所在地县以上地方人民政府生态环境主管部门指定单位按照国家有关规定代为处置，处置费由产生危险废物的单位承担。

（6）其　他

建立危险废物泄漏事故应急设施，发展安全填埋技术，执行排污许可制度、限期治理制度、三同时制度、工业固体废物申报登记制度、环境影响评价制度等，防止固体废物污染环境。

走可持续发展之路，开展"3R（Reduce、Reuse、Recycle）行动"，综合运用法律、经济和技术手段，防治固体废物污染，才能降低固体废物对环境和人类的危害。

思　考　题

1. 固体废物的定义？如何鉴别固体废物？固体废物可分为哪几类？
2. 如何理解固体废物是"在错误时间放在错误地点的原料"的说法？
3. 简述固体废物对环境的危害。
4. 固体废物管理技术主要包括哪些？
5. 简述我国固体废物管理制度。
6. 如何鉴别危险废物？结合危险废物污染环境案例，阐述如何管理危险废物？
7. 简述危险废物豁免管理清单的目的和作用。
8. 农民杨某计划在自己的苹果园（旱田）里建房，土壤样品中砷的分析如下表。作为一名工程师，基于以下信息，将给你的客户什么建议？

样　品	土样中砷的浓度/$(mg \cdot kg^{-1})$
样品 1	52.7
样品 2	11.3
样品 3	4.9

第二章　收集与输送

固体废物应分类收集、贮存及运输,以利于后续的处理处置:工业固体废物与生活垃圾应分别收集;可回收利用物质和不可回收利用物质应分别收集;危险废物与一般废物应分别收集;医疗废物和其他危险废物应分别收集。固体废物的收集、贮存和运输过程中,应遵守国家有关环境保护和环境卫生管理的规定,采取防遗撒、防渗漏等防止环境污染的措施,不应擅自倾倒、堆放、丢弃、遗撒固体废物。

在我国,工业固体废物处理处置的原则是"谁污染,谁治理"。通常情况下,产生固体废物较多的工厂在厂内/外建有自己的堆场,收集、运输工作由工厂负责。生活垃圾的产生源分散,种类多,给生活垃圾的收集和转运工作带来许多困难,是关注的重点。

第一节　生活垃圾的收集和转运

生活垃圾的收集和转运,应本着满足环境卫生要求、费用低和利于后续处置的原则,制定收运计划,提高收运效率。生活垃圾收集设施应与垃圾分类相适应,在分类收集、分类处理系统尚未健全之前,收集点的设置应考虑对未来分类收集发展的适应,应标识清楚生活垃圾分类收集容器所收集的垃圾类型,分类收集的垃圾应分类运输。常见的生活垃圾一级转运系统如图2-1所示。

图 2-1　生活垃圾一级转运系统

当垃圾转运量大且运输距离较远时(通常大于等于30 km),可建立二级转运系统,如图2-2所示。在此系统中,生活垃圾经由数个中小型垃圾转运站转运至一个大型转运站后,再次集中运往垃圾处置厂(场)。

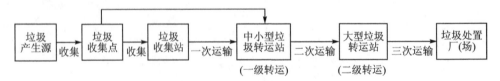

图 2-2　生活垃圾二级转运系统

由此可见,生活垃圾收集站和转运站是生活垃圾收集和转运的枢纽。

一、生活垃圾收集站

1. 生活垃圾收集站概述

生活垃圾收集站是指将分散收集的垃圾集中后,由车辆运至转运站或末端处置场(厂)的垃圾收集设施,具有数量多、分布广的特点,一般位于垃圾产生源和转运站之间,带压缩设备的生活垃圾收集站的垃圾直接运至垃圾利用和处置设施。

生活垃圾收集站由主体设施、配套设施和附属设施构成。主体设施,主要包括站房、场地、垃圾装卸料设备、垃圾集装箱、通风降尘除臭设备等,其中的垃圾装卸设备和垃圾集装箱不宜少于2套;配套设施,主要包括进出站通道、供配电设施、给排水设施、消防设施;附属设施,主要包括管理间和休息间。生活垃圾收集站日均垃圾收集量不宜超过30 t;采用人力收集时,生活垃圾收集站服务半径宜为0.4 km以内,最大不超过1 km;采用小型机动车(有效载荷1 t以下的收运机械)收集时,生活垃圾收集站服务半径不应超过2 km。

2. 生活垃圾收集站的规模与选址

通常,5 000人的居住区垃圾产生量一般在4 t/d左右,按照日产日清的要求,从车辆配置和运输距离等因素考虑,建设收集站比较适宜;少于5 000人的居住区,一般与相邻的区域联合设置收集站。学校、企事业单位由于其独立封闭,占地面积较大,垃圾成分比较特殊,大于1 000人时,适宜单独设置收集站,如果学校、企事业单位的规模比较小,少于1 000人时,可与相邻的区域联合设置收集站。对于人口密度较大的城镇区域,宜建设配置有压缩装置的压缩式生活垃圾收集站;对于农村或人口较少且分散的偏远地区,可建设满足相应服务区域要求的非压缩式生活垃圾收集站。生活垃圾收集站建设规模分类及用地指标宜符合表2-1所列。

表2-1　生活垃圾收集站建设规模分类及用地指标

类　型	收集量/(t·d⁻¹)	占地面积/m²	与相邻建筑间隔/m	备　注
Ⅰ类	20≤收集量<30	300~400	≥10	压缩式
Ⅱ类	10≤收集量<20	200~300	≥8	压缩式或非压缩式
Ⅲ类	<10	120~200	≥8	压缩式或非压缩式

收集站的设计规模可按下式计算:

$$Q = A \cdot n \cdot q / 1\,000 \qquad (2-1)$$

式中:Q为生活垃圾收集站日收集能力,t/d;A为生活垃圾产量变化系数,该系数要充分考虑到区域和季节等因素的变化影响,取值时应采用当地实际资料,无实测值时,一般可采用1~1.4;n为服务区内实际服务人数;q为服务区内人均垃圾排放量,kg/(人·d),取值时应采用当地实测值,无实测值时,居住区可取0.5~1,企事业等社会单位可取0.3~0.5。

生活垃圾收集站的选址应符合下列要求:符合城乡总体规划和环境卫生专项规划;应设置在交通便利、易于安排垃圾收集和运输线路的地方,既有利于生产调度和降低日常运行成本,又便于实施污染控制;有方便、可靠的电源及供水水源;对于实行垃圾分类收集的服务区域,应考虑分类收集设施的配套;不宜设在公共设施集中区域和人流、车流集中的地段,应避开邻近商店、餐饮店、学校等居民日常生活聚集场所,避免垃圾收集作业时的二次污染以及潜在的环境污染所造成的社会或心理负面影响。农村及偏远地区生活垃圾收集站规模通常相对较小,很少配置压缩设备,无齐备的水、电条件仍可维持运行,故可酌情放宽要求。生活垃圾收集站的总图布置应利用场地地形自然条件,对于高位卸料、设置进站引桥的竖向工艺设计,充分利用地形和场地空间尤其重要。

3. 生活垃圾收集站污染控制

生活垃圾收集站对周边环境影响最大的是收集作业时产生的粉尘和臭气,因此,通过洒水降尘和喷药除臭等方法,加强收集作业过程中装卸垃圾等关键位置的通风、降尘、除臭十分重要。生活垃圾收集站的噪声控制主要包括对机械设备的减振降噪,以及生活垃圾收集站密闭式结构或设置隔声屏障等隔声措施。生活垃圾收集站的排水系统应实行雨污分流,生活垃圾收集站的室内外场地应平整并保持必要的坡度,以避免滞留渍水。地面宜采用防渗性好、易于清洁的材料,墙面宜满铺瓷砖或采用防水材料,顶棚表面应防水、平整、光滑。收集箱应密封可靠,收集、运输过程中应无污水滴漏。生活垃圾收集站内应该采取消毒、杀虫、灭鼠等有效措施,做好卫生防疫工作。应控制生活垃圾运输作业过程产生的噪声。

生活垃圾收集站的建设应遵照《生活垃圾收集站建设标准》(建标154—2011)和《生活垃圾收集站技术规程》(CJJ 179—2012)。

二、生活垃圾转运站

1. 生活垃圾转运站的规模与选址

生活垃圾转运站的建设规模和数量应根据城市区域特征、社会经济发展和服务区域等因素确定,与生活垃圾收集、处置设施相协调。对于生活垃圾处置设施集中建设且远离城市的地区,可建设大型转运站,集中转运垃圾;对于生活垃圾处理设施分区建设的城市,可建设满足相应服务区域要求的垃圾转运站。转运站建设规模分类及其主要用地指标如表2-2所列。转运站规模的确定,应以一定时间内服务区接收的垃圾量为基础,并综合考虑城乡区域特征和社会经济发展中的各种变化因素。转运站设计规模计算公式可参考式(2-1)。

表 2-2　生活垃圾转运站建设规模分类及其主要用地指标

类　型		设计转运量/(t·d⁻¹)	用地面积/m²	与相邻建筑间隔/m
大型	Ⅰ类	$\geqslant 1\,000, \leqslant 3\,000$	$\geqslant 15\,000, \leqslant 30\,000$	$\geqslant 30$
	Ⅱ类	$\geqslant 450, < 1\,000$	$\geqslant 10\,000, < 15\,000$	$\geqslant 20$
中型	Ⅲ类	$\geqslant 150, < 450$	$\geqslant 4\,000, < 10\,000$	$\geqslant 15$
小型	Ⅳ类	$\geqslant 50, < 150$	$\geqslant 1\,000, < 4\,000$	$\geqslant 10$
	Ⅴ类	< 50	$\geqslant 500, < 1\,000$	$\geqslant 8$

注:(1)表内用地不含区域性专用停车场、专用加油站和垃圾分类、资源回收、环保教育展示等其他功能用地;

(2)与相邻建筑间隔指转运站主体设施外墙与相邻建筑物外墙的直线距离;附建式可不作此要求;

(3)对于邻近江河、湖泊、海洋和大型水面的生活垃圾转运码头,其陆上转运站用地指标可适当上浮;

(4)乡镇建设的小型(Ⅳ、Ⅴ)转运站,用地面积可上浮10%～20%;

(5)规模超过3 000 t的超大型转运站,其超出规模部分用地面积按6～10 m²/t计。

转运站选址应综合考虑服务区域、服务人口、转运能力、转运模式、运输距离、污染控制、配套条件等因素,设置在生活垃圾收集服务区内垃圾排放量大、交通便利、易形成转运站经济规模的地方,应满足供水、供电、污水排放和通信等方面要求。转运站选址应尽量避开影剧院和大型商场出入口等繁华地段,避免造成交通混乱或拥挤;应避开邻近商场、餐饮店、学校等居民日常生活聚集场所和其他人流密集区域。若必须选址于此类地段时,应强化二次污染控制措施,如减震隔声、降尘除臭、设置绿化隔离带或(和)隔离墙,并优化转运站建设形式和外部交通组织。铁路或水路运输适用于运输距离远、运量大的区域当具备铁路运输或水路运输条件,且运距大于 100 km 和 50 km 时,可设置铁路或水路运输转运站(码头),其规模类型为大型。

2. 生活垃圾转运站类型与污染控制

生活垃圾转运站有以下类型:

(1) 直接装载式

直接将生活垃圾从收集车卸载到顶部开口的垃圾转运拖车中,或者将生活垃圾先倾倒在拖车槽边的倾卸面上,检查和回收后,再将垃圾推入拖车,如图 2-3(a)所示。这是一种不依靠复杂机械的简单系统,操作灵活,成为小规模转运站的首选。

为减少生活垃圾转运站对垃圾转运拖车的需求量,可采用缓冲井暂时贮存生活垃圾,如图 2-3(b)所示。在装载生活垃圾前,常用履带式装载机或推土机初步压实生活垃圾,以增加拖车的有效载荷。

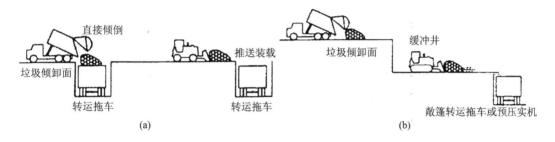

图 2-3　直接装载式垃圾转运站

(2) 压实运输式

利用液压压头将生活垃圾推入拖车,并对垃圾进行压实,如图 2-4(a)所示。因为拖车需要承受较大压力,车身通常用加强钢制成,拖车车身和车载卸料装置的重量减小了拖车的有效载荷,因此这种技术正逐步被淘汰。

采用预压实系统,液压压头安装在一个圆筒内,垃圾单元的压实密度更高,提高了拖车的有效载荷,如图 2-4(b)所示。压实后的垃圾单元可用"walking floor"技术卸料或者依靠重力自动卸料。预压实系统一般配备两套设备,一用一备,故其初始投资高。

生活垃圾打包机可以将生活垃圾压实并打包,也可用于废纸、废金属等可回收利用垃圾的打包,系统的有效载荷和投资费用高,如图 2-4(c)所示。

集装箱联运系统,生活垃圾在转运站被装入联合运输集装箱,这种集装箱能有效控制生活垃圾水分和臭味,既可以用平板拖车运输,也可以用铁路平车运输,如图 2-4(d)所示。密封性能良好的集装箱,可放置 24 h 甚至更久,积累到一定量之后统一运往填埋场或焚烧厂,从而减少当地公路的车流量,为生活垃圾的长距离运输提供了经济可行的方案。

为控制转运站污染,其总平面布置应合理紧凑,转运作业区应置于站区夏季主导风向的下风向,车辆出入口应设置在站区远离周边主要环境保护目标的一端,卸装垃圾应密闭,站区应设置实体围墙,周边应设置绿化隔离带,大、中型转运站隔离带宽度为 5~10 m,小型转运站隔离带宽度不宜小于 3 m。对于大型转运站,必须设置独立的通风、除臭设施,如图 2-5 所示。

生活垃圾转运站的审批、建设和监督检查,应遵照《生活垃圾转运站工程项目建设标准》(建标 117—2009)、《生活垃圾转运站技术规范》(CJJ/T 47—2016)和《生活垃圾转运站评价标准》(CJJ/T 156—2010)进行。

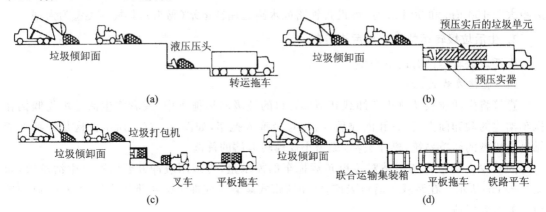

图 2-4　压实运输式垃圾转运站

(a) 垃圾转运站外景

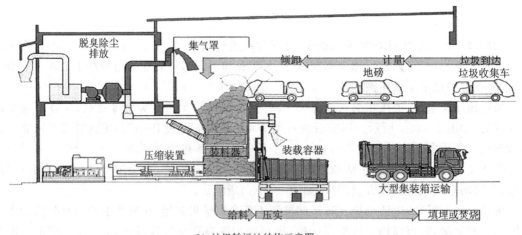

(b) 垃圾转运站结构示意图

图 2-5　垃圾转运站

3. 生活垃圾运输车

垃圾的收集和转运离不开垃圾运输车,垃圾运输车分为多种类型:

① 对接式垃圾运输车:如图 2-6 所示,是生活垃圾压缩转运站专用配套垃圾车,带有可开启的液压式后盖,从后面装入压缩好的垃圾块,加大了垃圾的运输量。垃圾运输车为密封式,可防止运输过程中的二次污染。

② 压缩式垃圾运输车：如图 2 - 7 所示，主要通过垃圾箱、填装器、推铲、液压系统等专用装置，借助机、电、液联合自动控制系统，把生活垃圾挤入车厢，自动反复压缩，压缩倍数大，装载量多，还具有自动卸料功能。压缩式垃圾运输车为密闭式，压缩过程中的污水直接进入污水厢，避免垃圾运输过程中的二次污染。

图 2 - 6　对接式垃圾运输车

图 2 - 7　压缩式垃圾运输车

③ 车厢可卸式垃圾运输车：分为摆臂式垃圾运输车（见图 2 - 8(a)）和勾臂式垃圾运输车（见图 2 - 8(b)），垃圾箱与车体分开，适用全国通用垃圾斗，带自卸功能，能实现一台车与多个货斗联合作业，循环运输，提高了车辆的运输能力，适用于短途运输。

(a) 摆臂式垃圾运输车

(b) 勾臂式垃圾运输车

图 2 - 8　车厢可卸式垃圾运输车

④ 餐厨垃圾运输车：又称泔水车，如图 2 - 9 所示，用于收集和运输生活垃圾、食品垃圾（泔水）及市政污泥。将桶装泔水在车顶部倒入车厢内，垃圾在车厢内进行固液分离，液体进入底部的污水箱，固体垃圾被压缩储存在车厢内，装满后送至餐厨垃圾处理厂。

生活垃圾运输车必须满足避免污水滴漏和防止尘屑撒落、臭气散逸等要求，车辆箱体密封性能是重要指标，做到防扬散、防流失和防止渗漏。

图 2 - 9　餐厨垃圾运输车

转运站配套运输车数量应按下式计算：

$$n_V = \left[\frac{\eta \cdot Q}{n_T \cdot q_V}\right] \qquad\qquad (2-2)$$

式中：n_V——配备的运输车数量，辆；

　　　Q——生活垃圾转运量，t/d；

　　　q_V——运输车实际载运能力，t/(辆·次)；

　　　n_T——运输车日运输次数，次；

　　　η——运输车备用系数，取 $\eta = 1.1 \sim 1.3$。

对于装载容器与运输车可分离的收集单元，若装载压缩机为固定式，装载容器数量可按下式计算：

$$n_C = m + n_V - 1 \qquad\qquad (2-3)$$

式中：n_C——收集容器数量；

　　　m——收集单元数；

　　　n_V——配备的运输车数量。

若压缩装置或装载容器为平移式，其装载容器数量为 $n_C + n$，n 为装载压缩机平移工位的数量(n 为 1 或 2)。

生活垃圾的收集和运输耗资巨大！在发达国家，实行公司化运作方式，生活垃圾处理费用的 $60\% \sim 80\%$ 用于垃圾的收集和转运；大多数发展中国家对垃圾未作无害化和资源化处理，处理费用几乎用于垃圾的收集和转运。生活垃圾的收集和转运方式正逐步由人工转向机械化和自动化，由敞开式转向密闭式，由松散式转向压缩式，由小型化转向大型化。生活垃圾的收集运输应符合《生活垃圾收集运输技术规程》(CJJ 205—2013)。

第二节　固体废物的输送

选用何种输送设备，不仅要考虑输送设备本身的特点和性能，还要考虑固体废物的性质、工作条件和其他要求。下面介绍几种常用的输送方式。

一、气力输送

1. 气力输送的种类

气力输送(pneumatic conveying)，指利用气流的能量，在密闭管道内沿气流方向输送颗粒状物料。输送方式包括吸送式(负压操作)、压送式(正压操作)和混合式。

(1) 吸送式气力输送

吸送式气力输送，物料不会外溅，给料器构造比较简单，给料容易，在给料处不会有粉尘飞扬，输送管道即使有些缝隙也不会使物料外溢，但物料输送终点的气固分离器构造复杂。此方法适于从数处向一处集中收集物料，可以从低处吸送物料。由于系统内处于负压状态，水分容易蒸发，故可以输送较潮湿的物料。在固体废物处理中，可用于输送粉煤灰，也可用于收集和输送生活垃圾。

(2) 压送式气力输送

压送式气力输送，适用于较长距离的输送，可输送大量物料，可以从一处向数处输送；可以向正压设备中输送物料；在输送过程中不会有异物进入系统，可以输送要求保持洁净的物料；

压送式气流输送给料器的结构较复杂,它应
能够向有压系统内给入物料,例如气锁进料
器(见图2-10),输送终端的气固分离器构造
比较简单。

（3）混合式气力输送

混合式气力输送,在吸送部分,通过吸嘴
将物料与空气的混合物吸入输料管,然后经
分离器使物料与气流分离。物料再经分离器
下部的卸料器(兼作压送部分的供料器)卸

图2-10 气锁进料器

出,并送入压送部分的输料管;从除尘器出来的空气,经风机压入压送部分的输料管,再与物料
混合,以压送的方式输送物料。混合式气力输送机吸料方便,输送距离长;可几处吸料,并压送
至若干卸料点;系统结构复杂;带尘的空气要经过风机,风机的工作条件较差。

气力输送设备的构造较简单,占地较少,输送管道可以因地形而变化,水平、垂直、倾斜、拐
弯均较方便;如果固体废物需要进行干燥处理,可用热风输送,同时完成输送与干燥;适用于输
送粉状或密度小的物料。但气力输送动力消耗大,输送磨蚀性物料时,对管道的磨损大;含水
量多、有黏附性或在高速运动时易产生静电的物料,不宜采用气力输送;工作气体排放前,须经
气固分离和除尘。

2. 气力输送的主要部件

① 供料器:吸引式气流输送选用吸嘴和喉管。

② 输送管路:应密封良好,连接处光滑,长度尽量短,尽量减少弯管,弯管曲率半径大于管
径的5~10倍。

③ 卸料装置:吸引式气力输送采用旋风分离器或容积式分离器,下设闭锁器;压送式气力
输送可采用料斗或料仓卸料装置。

④ 除尘装置:可选用旋风除尘器、袋式除尘器、水膜除尘器和泡沫除尘器等。

⑤ 压力(吸气)机械:根据所需空气量和空气压力(真空度)选用。

3. 设计计算

① 收集原始资料:包括物料特性(物料品种、温度、粒度分布、形状、密度、悬浮速度、沉降
速度、含水率、吸湿性、摩擦角、流动性、破碎性、腐蚀性、静电效应、磨蚀性、毒性、放射性等)、输
送能力(昼夜总输送能力、供料变动率、是否计量输送、最大和最小允许输送能力等)、输送距离
(水平距离、提升高度及弯道等)、现场工况条件(输送装置前后机械连接情况、仓储容量、管路
布置情况等)。

② 输送气流速度:是气力输送装置设计的关键。

③ 混合比(物料与空气的比例):由经验和试验确定。

④ 输送空气量和管道内径:根据物料输送量和混合比确定输送空气量,适当增加10%~
15%的裕量,再由输送空气量和输送气流速度查得输送管内径。

⑤ 输送空气压力(真空度):须大于下列各项压力损失之和,包括摩擦(物料、空气及管壁
之间)所产生的压力降、物料加速损失、提升物料产生的压力降、分离除尘器产生的压力降(旋
风除尘器800~1 500 Pa,袋式除尘器800~1 200 Pa,湿法除尘器250~800 Pa)。

⑥ 计算压力(吸气)机械功率。

4. 气力输送的应用

垃圾气力管道输送系统是气力输送在生活垃圾输送中的应用实例。垃圾气力管道输送系统以空气为输送介质,经地下管网运输,将垃圾汇集到中央收集站。1961 年,瑞典 ENVAC 公司发明了第一套垃圾气力管道输送系统,安装在斯德哥尔摩的一家医院。目前,垃圾气力管道输送系统在欧洲、美国、日本、新加坡、中国香港等地均有应用,技术相对成熟,能够适用于民用住宅区、商业区(包括办公大楼、酒店和商场等)、医院及大型食品制造中心(包括航空厨房和美食广场等)。日本主要采用三菱的系统,将焚烧厂周边地区的垃圾直接输送到焚烧厂;新加坡和中国香港采用瑞典 Envac 系统。

垃圾气力管道输送系统的组成主要包括:垃圾投放口、管道及管道附属设施、动力系统、垃圾收集站、电力和控制系统等。垃圾投放口可以设置在室内或室外,如图 2-11 所示。垃圾输送管道使用普通钢管,其直径 350~500 mm,壁厚 6~12 mm,寿命 30~60 年。每个系统的最长管道可达 1 500 m,对于超大面积的建筑群体,可通过增设中转站的方法进行系统延伸。

(a) 楼层垃圾投放口　　　　　(b) 室外垃圾投放口

图 2-11　垃圾投放口

垃圾气力管道输送系统如图 2-12 所示。在垃圾收集区域,如街道、广场、建筑内部等处设置室内或室外垃圾投放口,垃圾被投入垃圾投放口后(可通过增设智能识别控制,实现垃圾分类),暂时存放在排放阀顶部的存贮间内。系统风机运行产生真空负压(最高可达 40 kPa),

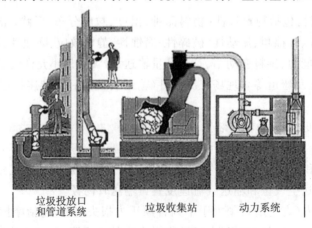

垃圾投放口和管道系统　　　垃圾收集站　　　动力系统

图 2-12　垃圾气力管道输送系统

垃圾在风力的作用下经管道被抽运至收集站(垃圾输送平均速度约为 18～24 m/s),在收集站与空气分离,压缩后进入集装箱,由专用车辆运往处理厂。输送废物的气流经过除尘、除臭处理后排出。

垃圾气力管道输送系统完全封闭,有利于保持环境清洁卫生,垃圾清运及时,占地较小,交通量少。但该系统一次性投资大,对维护和管理要求较高。

气力输送还可用于干排粉煤灰的输送。

二、水力输送

水力输送,是以水作为输送介质,将颗粒物料与水混合,利用液体输送设备(泥浆泵)进行输送的方式。

水力输送可以在调浆槽(打浆机)中,用水把物料搅拌成料浆后输送;也可以用水力喷射器(或文氏管)直接吸入物料,并将其送入输送管道。料浆送至终点后,在沉淀池中进行沉淀,使水与输送的颗粒物料分离,水可以循环使用,沉淀下来的颗料物料则根据需要,或者压滤、干燥后使用,或者直接使用。

水力输送可用于输送细粒固体废物,如热电厂湿排粉煤灰。水力排灰操作简便,无粉尘飞扬。在钢铁厂,炼钢及炼铁所产生的含铁尘泥,轧钢厂产生的氧化铁皮等,也往往采用水力输送排出车间。此种固体废物可以通过敞开式的溜槽,利用位差自然流动,送到沉淀池。

三、机械输送

机械输送主要包括螺旋推出输送(螺旋输送机)和无端循环带输送(带式输送机、板式输送机和箕斗提升机)等。

1. 螺旋输送机

螺旋输送机(screw conveyor)是依靠机械推动力进行容积挤出式工作的物料输送装置,由输送机本体、进出料口和驱动装置组成。其基本结构是一个长轴,轴上安装螺旋片(叶片),轴与叶片形成一个螺旋,螺旋外部套一个圆筒,便构成螺旋输送机的本体。物料装入进料口,驱动装置旋转长轴,物料受到螺旋片的轴向推力、物料自身重力和料槽的摩擦力向前运动至出料口,而不是随螺旋一起旋转,从而完成输送过程。

螺旋的形式有多种,如图 2-13 所示。标准螺旋,即普通的单螺旋片螺旋;二重叶片螺旋,类似于双螺纹的螺旋,每旋转一周,物料被推进两个螺距,输送量大;变螺距螺旋,入口处螺距小,而后逐渐加大螺距,可防止送料过多,超过设备负荷,或入口处螺距大,而后逐渐缩短螺距,可使物料逐渐压紧,便于向压力容器中送料;桨板螺旋,在螺旋片之间的主轴上装有搅拌桨翅,使物料在输送中受到搅拌,可以提高粉体的输送效果;缺口螺旋,在螺旋片上留些缺口,这样螺旋片便兼有搅拌桨翅的作用,可使物料在输送中进一步混合和破碎;纽带螺旋,螺旋片(叶片)与主轴之间不完全闭合,而留有许多缝隙,以减少叶片与物料之间的摩擦,用于输送大块物料或者附着性物料;无轴螺旋,采用无中心轴设计,利用具有一定韧性的螺旋推送物料。

螺旋输送机工作条件:可以以水平、倾斜及垂直向上的方式输送物料,输送量一般＜40 m³/h,最大可达 150 m³/h;输送距离一般为 30～40 m,最长不超过 70 m;物料温度＜200 ℃;输送倾角一般≤20°;螺旋的直径通常为 80 mm、100 mm、140 mm、200 mm、500 mm、600 mm,最大可达 1 250 mm。在输送固体废物时,须将粗大物和带状物去除,以免发生缠绕和堵塞。

　　螺旋输送机:可以水平、倾斜及垂直向上输送物料;输送量与螺旋转数成正比,可定量输送;机体可以密封,可以向有压力或负压设备内输送物料;由于有外套管,可以对输送物料进行加热或冷却;如果把一个螺旋的前、后两段螺旋片做成反方向,则可以在中部加料,向两端输送;可以输送粉粒状物料,也可以输送小块状物料。但是,螺旋输送机:所需动力较大,不便于输送附着性大、粒径大的物料。螺旋前后及螺旋片与外壳之间的空隙处会存留物料,不适于输送有吸湿性、易固结或易腐败的物料。

　　螺旋输送机可用于输送生活污水或工业废水处理厂格栅间的栅渣、堆肥以及脱水后的污泥和滤渣等。

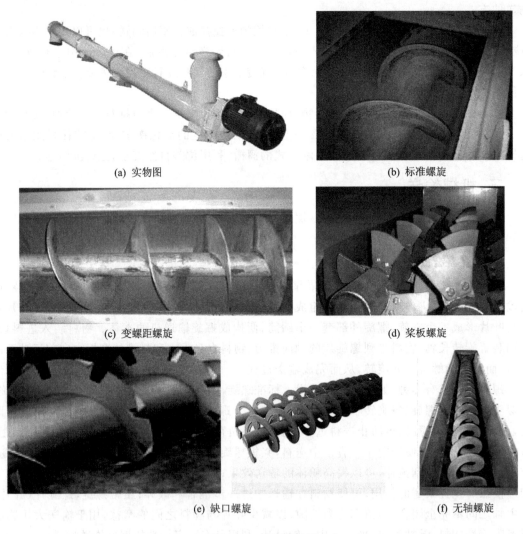

(a) 实物图　　　　　　　　　　　　　　　(b) 标准螺旋

(c) 变螺距螺旋　　　　　　　　　　　　　(d) 桨板螺旋

(e) 缺口螺旋　　　　　　　　　　　　　　(f) 无轴螺旋

图 2-13　螺旋输送机

2. 带式输送机

　　带式输送机(Belt conveyor)通过在两个皮带轮(滑轮)之间架设的无端循环皮带输送物料,是最常见和通用的连续输送设备。它由机架、驱动机构、输送皮带、托辊、制动装置、张紧装置和清扫器等组成。上层皮带为前进部,由承载托辊支承,承载并运送物料;下层皮带是退回部,由空载托辊支承。皮带轮旋转,带动输送皮带循环运转,完成物料的输送。

皮带是带式输送机的关键,皮带内部为带芯,外面包以橡胶。带芯由护胎材料包覆,使橡胶与带芯粘结牢固,万一橡胶破裂有水分浸入皮带内部,水分不至于侵入带芯。皮带应具有抗拉强度大、耐磨、耐酸、耐碱、耐老化、耐热、耐气候变化、耐冲击、弹性变形和永久变形小、柔软易弯曲、容易连接、重量轻等性能。

带式输送机可用于水平或倾斜运输,如图 2 - 14 所示,输送固体废物常用倾斜角为 12°～15°。如果在皮带上加装横向料板,如图 2 - 15 所示,倾斜角度可大大提高,并可提高输送量。移动带式输送机(见图 2 - 16)操作更灵活。

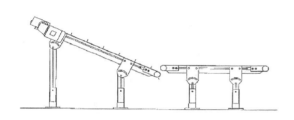

图 2 - 14　倾斜及水平带式输送机

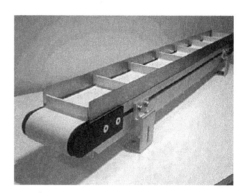

图 2 - 15　带有横向料板的带式输送机

皮带分拣机是在带式输送机的基础上,结合生活垃圾处理场实际情况而改型设计的环保设备,如图 2 - 17 所示。

图 2 - 16　移动带式输送机

图 2 - 17　皮带分拣机

带式输送机:适应性广,不同比重、不同粒度、不同物理化学性质的物料都可以用带式输送机输送;输送量大,可达 6 000 t/h,输送距离远,可达 20 km;物料在输送过程中几乎不会发生破碎;可以连续定量地输送物料,可以与水平面成±25°倾斜配置,可以中途进料,也可以中途排料;运行中故障较少,容易维护保养;所需动力比其他输送设备少。但是,带式输送机:很难制成全密封式,所以不适于输送怕与空气接触的物料,不适于输送易飞散、有臭味的物料;不能输送高温物料,普通皮带只能输送 80 ℃ 以下的物料,特制的耐热橡胶皮带也只能输送 180 ℃以下的物料;遮风挡雨的棚盖、支架等设施投资较大。

带式输送机的设计主要是带宽和带速的选择。目前,在垃圾处理厂,带速一般采用 1.2 m/s,常用带宽有 500 mm、650 mm、800 mm、1 000 mm 和 1 400 mm。

带式输送机广泛用于固体废物的输送,如生活垃圾、工业固体废物和农业固体废物等。

3. 板式输送机

板式输送机(steel belt conveyor),以金属板代替输送皮带,利用固接在牵引链上的一系列板条在水平或倾斜方向输送物料,如图 2-18 所示。它由机架、驱动机构、板条、张紧装置、牵引链和驱动及改向链轮等组成。板条的形式依输送物料的不同而异:输送成件物品时采用平板条,输送粒度较大的散状物料时采用带挡边的搭接板条,输送粒度较小的物料时采用带挡边的槽形板条。板式输送机可输送粒度大、尖锐和高温物料,输送的同时还可完成烘干、冷却、洗涤等操作。板式输送机的结构比较复杂,运动部件的质量大,维修不便,成本较高。

图 2-18 板式输送机

4. 箕斗提升机

箕斗提升机(bucket elevator),主要用于固体物料的提升,如图 2-19 所示。

箕斗提升机的主要结构包括:一组循环的无端金属链条,链条与自行车踏脚轮上的链条结构相似。链条上安装箕斗,箕斗开口向上,物料装于箕斗之中。链轮转动带动链条运转,装满物料的箕斗则向上运动。箕斗升至顶端绕过顶端的链轮时,逐个翻转,将物料倾倒出来。空的箕斗开口向下,随链条运动至装置的底部,箕斗绕过底部链轮时,从底部物料坑中挖取物料再向上升,如此循环工作。

箕斗提升机装料方式有两种,即装入法和挖取法,如图 2-20 所示。对粒度较大和磨蚀性大的物料采用装入法,对小颗粒和磨蚀性小的物料采用挖取法。

箕斗在顶部排料的方式有三种,如图 2-21 所示。

① 离心排出型:利用物料在绕过顶部链轮时的离心力使物料排出。这种排料方式要求箕斗运动速度快,物料抛出时动量较大,会发生一定程度的破碎,所以不适于输送易碎物料。这种形式的箕斗提升机,其链条上的箕斗之间应有一定间隔。

② 完全排出型:在链条的下降侧并靠近顶端链轮处,安装一个牵制轮,将链条压向内侧弯曲,从而使得箕斗绕过顶端链轮之后,呈现倒扣形式,可使箕斗中的物料完全倒出。完全排出型适用于黏附性大的物料,箕斗之间应有一定的间隔。

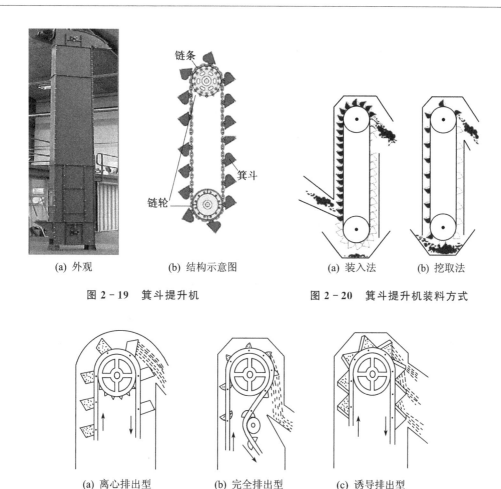

(a) 外观　　　　(b) 结构示意图

图 2 – 19　箕斗提升机

(a) 装入法　　(b) 挖取法

图 2 – 20　箕斗提升机装料方式

(a) 离心排出型　　(b) 完全排出型　　(c) 诱导排出型

图 2 – 21　箕斗提升机排料方式

③ 诱导排出型:箕斗排列紧密,运行时箕斗绕过顶端链轮之后,箕斗背朝侧上方。箕斗背部制成溜槽,物料沿此溜槽向斜下方排出,箕斗间无须间隔,装载容量大。诱导排出型适用于输送量大的场合,其运行速度低,磨耗少,维护费用低,带速<1 m/s。

箕斗提升机本体由铁皮(或其他薄板)包裹作为外壳,因此,不会有物料飞散,外界的异物、雨水也不会侵入物料之中,密封性能良好;占地面积小,所需动力小;输送量最大可达 300 t/h,提升高度一般为 12~20 m,有时可达 30 m。其缺点是过载的敏感性大,必须均匀给料,料斗及牵引构件较易损坏,输送物料的种类受到一定限制。

箕斗提升机用于固体物料的垂直或接近垂直提升作业。在固体废物处理中,可用于提升经破碎、分选后的废物和堆肥成品。

思考题

1. 如何控制垃圾收集站对环境的影响?
2. 如何控制垃圾转运站对环境的影响?

3. 调查一下你制造的垃圾去哪儿了？它如何到达那里？

4. 简述垃圾运输车的类型及其应用。

5. 简述常用的固体废物输送方式的特点及应用。

6. 如何控制固体废物输送时对环境的影响？

7. 如何实现生活垃圾分类收集？试分析我国垃圾分类收集所面临的困难。

8. 举例说明危险废物收集、贮存和运输过程中的注意事项。

第三章　破碎与压实

第一节　粒　　度

颗粒的大小称为粒度。固体物料的颗粒不可能完全均一,因此,我们首先概述一下粒度的分布与平均值。

一、粒度分布

粒群是指一份颗粒物料的全体。

粒级是把一个粒群按其颗粒尺寸的大小分为若干组分,每一组分称为一个粒级,每一个粒级实际仍是一个粒群,只不过颗粒尺寸范围较窄。一个粒级可以再继续分级为若干尺寸范围更窄的粒级。

一个粒群中,颗粒的尺寸以及同一尺寸颗粒的数目都是随机变量。一般一个粒群的颗粒尺寸从小到大呈连续分布。

1. 两种粒度分布

颗粒尺寸频率分布函数 $P(x)$,表示颗粒尺寸为 $x_1 + \mathrm{d}x$ 这一微量部分颗粒的概率,即在粒群中所占的百分比。$P(x)$ 随着 x 的变化有一定的规律。

颗粒尺寸累积分布函数 $F(x)$,表示在该粒群中,颗粒尺寸小于 x_1 的全部颗粒占该粒群的百分比。若 x_1 是该粒群中最大的颗粒尺寸,则 $F(x_1)=1$。颗粒尺寸累积分布函数 $F(x)$ 又分为两种:当 $F(x)$ 表示颗粒尺寸小于或等于 x_1 的全部颗粒占该粒群的百分比时,称 $F(x)$ 为细粒累积分布,表示为 β_-;当 $F(x)$ 表示颗粒尺寸等于或大于 x_1 的全部颗粒占该粒群的百分比时,则称 $F(x)$ 为粗粒累积分布,表示为 β_+。若无特殊说明,$F(x)$ 是指细粒累积分布。

颗粒尺寸的频率分布函数 $P(x)$ 与累积分布函数 $F(x)$ 的关系为

$$F(x) = \int_0^x P(x)\mathrm{d}x \qquad (3-1)$$

2. 粒度分布的表示方法

（1）粒度表格

采用筛分法或其他分级方法,将一个粒群分为若干粒级,即 $a_1, a_2, a_3, \cdots, a_n$ 等 n 个粒级,每一粒级中颗粒质量分别为 $W_1, W_2, W_3, \cdots, W_n$,计算各粒级颗粒质量的百分比 β、粗粒累积含量 β_+、细粒累积含量 β_-,如表 3-1 所列。粒度表格通过分析测试获得。

（2）粒度曲线

用曲线表示颗粒尺寸分布有两种形式,即颗粒尺寸频率分布曲线和颗粒尺寸累积分布曲线,累积分布曲线又分为细粒累积分布曲线和粗粒累积分布曲线。累积分布曲线的坐标可用算术坐标,也可用对数坐标。用算术坐标,印象直观。当粒度分布较宽而又需要把尺寸小的这一部分展开得更清楚时,则可采用对数坐标。

表 3 - 1　粒度表格

粒级/mm	平均粒度/mm	质量 W_x/g	粒级含量 β/%	粗粒累积含量 β_+/%	细粒累积含量 β_-/%
<2	1	300	20	100	20
2~4	3	225	15	80	35
4~8	6	450	30	65	65
8~12	10	300	20	35	85
12~16	14	225	15	15	100

(3) 粒度公式

粒度公式是粒度分布的数学表达式,它表示颗粒尺寸与颗粒尺寸累积含量之间的函数关系。由于固体物料破碎机理比较复杂,各种不同的固体物料破碎特性差异较大,固体物料经破碎作业之后,其粒度分布往往难以用一个数学式加以概括,因此,粒度公式只是一种近似的表达式,或者仅在一定范围之内能够表达粒度分布与颗粒尺寸之间的函数关系。但是,粒度公式有助于掌握某一粒群的颗粒特性,在实际工作与理论研究中具有一定的意义。

常用的粒度公式有:

① 高登-舒曼分布函数

由 Gaudin 和 Schuman 等人分别提出,此公式为

$$\beta_- = 100 \times \left(\frac{x}{x_{max}}\right)^n \tag{3-2}$$

式中:β_- 为细粒累积含量,%;x 为颗粒尺寸;x_{max} 为该粒群中最大颗粒的尺寸;n 为与物料性质有关的参数,球磨机产品的 n 值多为 0.7~1.0。

实践证明,此公式对于 $x \to 0$ 和 $x \to x_{max}$ 时误差较大,所以它仅适用于 $0 < x < x_{max}$ 这一粒度区间。对式(3-2)取对数,得

$$\lg \beta_- = 2 + n \lg\left(\frac{x}{x_{max}}\right) \tag{3-3}$$

可见,在横坐标和纵坐标均为对数坐标的图上,此公式是一条直线,指数 n 是这条直线的斜率。

② 罗辛-莱姆勒分布函数

由 Rosin 和 Rammler 等人通过对煤粉、水泥等物料的破碎实验研究于 1933 年提出,是应用比较广泛的粒度公式。在概率论中,罗辛-莱姆勒分布作为一种概率分布的典型,与正态分布、泊松分布等典型分布并列。此公式为

$$\beta_- = 1 - \exp\left[-\left(\frac{x}{x_n}\right)^n\right] \tag{3-4}$$

式中:β_- 为细粒累积含量,%;x 为颗粒尺寸;x_n 为特征颗粒尺寸;n 为均匀性系数。

关于特征颗粒尺寸 x_n 的含义,可以从令 $x = x_n$ 来理解。当 $x = x_n$ 时:

$$\beta_{-x_n} = 1 - e^{-1} = 0.632 \tag{3-5}$$

特征颗粒尺寸 x_n 是这样一个尺寸:在该粒群中,有 63.2% 的物料(按质量计)尺寸小于该尺寸。特征颗粒尺寸 x_n 值较大(或较小),标志着该粒群的颗粒尺寸普遍较大(或较小)。

对罗辛-莱姆勒公式取两次对数(自然对数、常用对数),得

$$\lg\left[\ln\left(\frac{1}{1-\beta_-}\right)\right]=n\lg\left(\frac{x}{x_n}\right)=n(\lg x-\lg x_n) \tag{3-6}$$

均匀性系数 n 表示该粒群颗粒尺寸的分布情况,n 值越大,β_- 随 x 变化缓慢,粒度分布较分散;反之,n 值越小,表示粒度分布越集中。

据美国若干城市生活垃圾破碎作业统计:$n=0.587\sim0.955$,$x_n=0.67\sim4.56$ cm,n 和 x_n 与破碎设备、给料特性及操作有关。

实践证明,此公式用于描述磨碎作业的产物粒度分布与实际情况相当接近。同样,当 $x\to0$ 和 $x\to x_{\max}$ 时,计算结果与实际粒度分布的偏差较大。

3. 常见的粒度分析方法

目前常用的粒度分析的方法有筛分法、沉降法、显微镜法、电阻法、激光光散射法、电镜法和 X 射线小角散射法等。

(1) 筛分法

筛分法采用筛子分析物料粒度分布,是一种传统的粒度分析方法。筛分法的粒度测量范围为 $0.045\sim300$ mm,可直接分析颗粒粒级的尺寸。该方法所用的设备价格较低,操作方便。测量时间和操作方法必须严格标准化;不能测量射流或乳浊液;较难测量小于 400 目的粉末;难以测量黏性和成团的材料。

(2) 沉降法

沉降法通过测量颗粒在液体中的沉降速度来分析粒度分布,可分为重力沉降法和离心沉降法。离心沉降法可缩短测量时间,提高测量精度。沉降法操作简便,仪器可连续运行,准确性和重复性较好,粒度测量范围为 $0.1\sim200$ μm。测量时需要精确控制温度,防止因温度变化导致黏度变化带来的测量误差。沉降法不能测量不同密度混合物的粒度。

(3) 电阻法

电阻法采用小孔电阻原理测量颗粒大小。电阻法操作简便,粒度测量范围为 $0.4\sim1\,200$ μm,但是小孔容易被颗粒堵塞,测量粒度分布较宽的样品时,更换小孔管比较麻烦。

(4) 激光粒度法

激光粒度仪通过颗粒的衍射或散射光的空间分布分析颗粒大小,测量过程不受温度变化、介质黏度、试样密度及表面状态等因素影响,粒度测量范围为 $0.1\sim3\,000$ μm。激光粒度法的理论模型建立在颗粒为球形、单分散条件上,而实际的被测颗粒多为不规则形状并呈多分散性,因此,颗粒的形状、粒径分布特性和分散状态对最终粒度分析结果影响较大。

(5) 显微镜法

显微镜法是将显微镜放大后的颗粒图像传输到计算机,由计算机对这些图像进行处理,计算统计出粒度分布。显微镜法直观,可进行颗粒形貌分析,观察颗粒的分散和团聚,粒度测量范围为 $0.2\sim100$ μm。这种方法单次所测到的颗粒个数较少,代表性差,速度慢。

二、粒群粒度的单一表述

在实际工作中,有时需要用一个数字或者一句话来表述一个粒群的颗粒尺寸特性,这便于粒群粒度的单一表述,粒群粒度的单一表述方法又有若干种。

1. 用粒度的上下限表示

某一粒级的颗粒,在筛分时,全部通过了筛孔尺寸为 a_1 的筛网,而全部未能通过筛孔尺寸为 a_2 的筛网,则称此粒级的颗粒尺寸为 $a_2 \sim a_1$,例如可表示为 $20 \sim 40~\mu m$。

2. 用细粒累积含量表示

粒群中有时难免落入若干个特大的颗粒,这种随机混入的大颗粒虽然数量不多,但对该粒群的平均尺寸往往有较大影响。因此,常用细粒累积含量达 80% 或达 95% 时的颗粒尺寸表示粒群的颗粒特性,如 $D_{80} = a_1$,$D_{95} = a_2$。一般以大写字母 D 表示破碎之前的粒度,以小写字母 d 表示破碎后的粒度。另外,也有用 D_{50}、d_{50} 表示,称之为中径。

3. 用平均粒度表示

平均粒度是表示粒群颗粒尺寸最常用的方法。在一个粒群中,各种尺寸的颗粒所占的比例不同,因此计算平均粒度的方法也有许多种。以下介绍几种常用的方法。

以 $d_1, d_2, d_3, \cdots, d_n$ 表示粒群中各种颗粒(或粒级)的尺寸,以 $W_1, W_2, W_3, \cdots, W_n$ 和 $\beta_1, \beta_2, \beta_3, \cdots, \beta_n$,表示相对应的颗粒(或粒级)质量和百分数,各种平均粒度的计算方法如下:

(1) 算术平均直径

$$\bar{d}_{\text{算}} = \frac{1}{2}(d_1 + d_2) \tag{3-7}$$

这种表示方法一般只用于表示一个粒度范围较窄的粒级。

(2) 概率平均直径

$$\bar{d}_{\text{概}} = \frac{\sum\limits_{x=1}^{n} W_x d_x}{\sum\limits_{x=1}^{n} W_x} = \sum\limits_{x=1}^{n} \beta_x d_x \tag{3-8}$$

这是表示粒群平均粒度最常用的计算方法之一。计算值比较靠近概率最高的那一部分粒级,较接近于实际情况,具有很好的代表性。

(3) 几何平均直径

一个粒级的几何平均直径,计算公式如下:

$$\bar{d}_{\text{几}} = \sqrt{d_1 d_2} \tag{3-9}$$

一个粒群的几何平均直径,计算公式如下:

$$\lg \bar{d}_{\text{几}} = \frac{1}{\sum\limits_{x=1}^{n} W_x} [W_1 \lg d_1 + W_2 \lg d_2 + \cdots + W_n \lg d_n]$$

$$= [\beta_1 \lg d_1 + \beta_2 \lg d_2 + \cdots + \beta_n \lg d_n] \tag{3-10}$$

(4) 调和平均直径

一个粒级的调和平均直径,计算公式如下:

$$\bar{d}_{\text{调}} = \frac{2 d_1 d_2}{d_1 + d_2} \tag{3-11}$$

一个粒群的调和平均直径,计算公式如下:

$$\bar{d}_{\text{调}} = \frac{\sum\limits_{x=1}^{n} W_x}{\sum\limits_{x=1}^{n} \left(\dfrac{W_x}{d_x}\right)} = \frac{1}{\sum\limits_{x=1}^{n} \left(\dfrac{\beta_x}{d_x}\right)} \quad\quad (3-12)$$

（5）几种平均直径的比较

算术平均直径 $\bar{d}_{\text{算}}$，由于其计算简便，可用于表示各粒级的平均直径。概率平均直径 $\bar{d}_{\text{概}}$，它包含了各粒级的尺寸大小和所占比例的因素，其数值既靠近概率最高的颗粒尺寸，又综合了粒度分布的宽度因素，是经常采用的一种粒群平均直径。几何平均直径 $\bar{d}_{\text{几}}$ 和调和平均直径 $\bar{d}_{\text{调}}$，计算繁琐，且偏向于细粒一边，只用于特殊场合，如计算物料破碎时所消耗的能量。

第二节　破　碎

一、破碎概述

破碎（crushing），是指利用外力克服固体废物质点间的内聚力，从而使大块固体废物分裂成小块的过程。破碎是最常用的固体废物处理方法之一。

破碎的目的：

① 减小废物粒度和容积。粒度不均匀的固体废物经破碎后容易均匀一致，可提高焚烧、热解、焙烧、压实等作业的稳定性和处理效率。例如，用破碎后的生活垃圾进行填埋时，压实密度高且均匀，可以加快复土还原；热电厂燃烧用煤破碎至 $100~\mu m$，可提高燃烧效率。固体废物破碎后，容积减少，便于压缩、运输和贮存。

② 便于分选、回收有用物质和材料。固体废物破碎后，原来联生在一起的矿物或联结在一起的异种材料等单体分离，便于从中分选、回收有用物质和材料。常见的制品废物，如旧仪表、设备、家电，往往是钢铁、有色金属、塑料、木材、橡胶、玻璃等以各种连接件、黏结剂及其他形式结合在一起，经破碎处理后，便于分类回收。

③ 保护相关设备。防止粗大、锋利废物损坏分选、焚烧和热解等设备。

二、固体物料的破碎性能

1. 强　度

强度是指单位固体物质发生破坏时所需的最小外力，与破碎有关的强度主要是抗压强度。

抗压强度大于 $2~500~\text{kg/cm}^2$ 的固体物质称为坚硬材料，如矿渣、电石、铁矿石、砾石、金属矿石、烧结产品等；抗压强度在 $400\sim2~500~\text{kg/cm}^2$ 的固体物质称为中硬材料，如石灰石、白云石、砂岩、岩盐等；抗压强度小于 $400~\text{kg/cm}^2$ 的固体物质称为软质材料，如煤炭、石棉矿、石膏矿、黏土等。此外，还有些物料极难破碎，如刚玉、碳化硅、烧结镁砂、花岗岩砾石及某些花岗岩，称为"最坚硬物"。同一种物料，由于物料块或颗粒内部已产生的宏观裂纹和微观裂纹的数目不同，其实际强度往往相差很大。一般，物料粒度小，裂纹少，强度高。

2. 硬　度

物料的硬度表示物料抵抗外界机械力侵入的难易程度。在矿物学上，按"莫氏硬度"把矿物的硬度分成十级,从软到硬排列顺序如下:①滑石[$Mg_3Si_4O_{10}(OH)_2$];②石膏($CaSO_4$);③方解石($CaCO_3$);④萤石(CaF_2);⑤磷灰石[$Ca_3(PO_4)_2$];⑥长石[$KAlSi_3O_8$];⑦石英(SiO_2);⑧黄玉[$Al_2(SiO_4)(F,OH)_2$];⑨刚玉(Al_2O_3);⑩金刚石(C)。各种固体物料的硬度可通过与这些矿物相比较确定。

3. 韧　性

物料的韧性表示物料受压轧、切割、锤击、拉伸、弯曲等外力作用时所表现出的抵抗性能,包括脆性、延展性、柔性、挠性、弹性等力学性质。

4. 易碎性和可磨性

反映同一物料在不同粒度阶段被破碎的难易程度,通常用易碎性表示粗粒阶段,可磨性表示细粒阶段。测定物料易碎性的方法有洛杉矶(Los Angeles)转鼓系数测定法、德瓦尔(Deval)转鼓系数测定法等。物料可磨性一般以 1 t 物料由某一粒度磨碎至另一粒度所消耗的功表示,所消耗的功越多,则该物料的可磨性越小,其中,邦德功指数应用广泛。

5. 磨蚀性

物料的磨蚀性是指物料在破碎作业中对破碎机械磨损的程度。物料中的 SiO_2 含量影响物料的磨蚀性,SiO_2 含量越高,其对破碎机械的磨蚀性越严重。此外,$MgCO_3$ 含量高也会提高磨蚀性。磨蚀性高的物料不宜使用锤式破碎机和冲击式破碎机。物料磨蚀性一般用"吨钢耗"表示,即破碎 1 t 物料,破碎工具被磨蚀的钢铁质量。

三、破碎方法

由于固体废物的物理性状多样、成分复杂以及回收利用的目的不同,破碎工艺差别很大,因此,其破碎技术和设备比矿业行业所采用的要复杂一些,并且有新的发展。

固体废物的破碎方法很多,主要分为机械能破碎和非机械能破碎。

1. 机械能破碎

机械能破碎包括冲击、剪切、挤压、磨剥、劈裂、折断破碎等。

① 冲击破碎,包括重力冲击和动冲击两种形式。重力冲击是使废物落到一个硬的表面上,就像玻璃瓶子落在混凝土上使它破碎一样。动冲击是使废物碰到一个比它硬的快速旋转的表面,受到冲击作用而破碎。在动冲击过程中,废物无支承,冲击力使破碎的颗粒向各个方向加速,如反击式破碎机利用的就是动冲击的原理。

② 挤压破碎,是指废物在两个硬面的挤压作用下破碎。这两个硬面,或一个静止,一个运动,或两个都运动,适用于硬脆性物料的破碎。

③ 剪切破碎,是指切开或割裂废物,适用于低 SiO_2 含量的物料。

④ 磨剥破碎,是指废物在两个相对运动的硬面摩擦作用下破碎,如碾磨机是借助旋转磨轮沿环形底盘运动连续摩擦、压碎和磨削废物;锤式破碎机的锤头与出料筛之间的间隙很小,依靠磨剥作用使物料尺寸进一步减小。

⑤ 劈裂破碎,是指将废物放置在带有尖棱的工作面之间,当施加挤压力后,物料将沿着挤压力作用线的方向劈裂,在物料内产生的劈裂应力超过物料的强度极限时,物料裂开。

⑥ 折断破碎,是指将废物放置在两个带凸齿的工作面之间,受挤压产生的弯曲应力达到

物料的弯曲强度极限时被破碎,适用于脆硬性材料的破碎。

2. 非机械能破碎

非机械能破碎包括低温破碎、湿式破碎、超声波破碎、微波破碎和热力破碎等。其中,低温破碎是指利用塑料和橡胶类废物在低温下脆化的特性进行破碎。湿式破碎是利用纸类潮湿后强度显著降低的特点,分离回收纸浆。

选择破碎方法时,需根据固体废物的破碎性能和回收利用目的而定。对坚硬废物采用挤压冲击和折断破碎十分有效;对韧性废物采用剪切破碎和冲击破碎;对脆性废物采用劈裂破碎和冲击破碎为宜。破碎机一般由两种或两种以上的破碎方法联合作用破碎固体废物。

四、破碎比、破碎段与破碎流程

1. 破碎比

在破碎过程中,废物初始粒度与破碎产物粒度的比值称为破碎比。破碎比是表示废物粒度在破碎过程中减小的倍数,即表示废物被破碎的过程。破碎机的能量消耗和处理能力都与破碎比有关。破碎比的计算方法有以下两种:

(1) 极限破碎比

用废物破碎前的最大粒度(D_{max})与破碎后最大粒度(d_{max})的比值表示破碎比 i:

$$i = \frac{D_{max}}{d_{max}} \tag{3-13}$$

用该法计算的破碎比在工程设计中常被采用,破碎机给料口宽度应根据最大给料直径确定。

(2) 真实破碎比

用废物破碎前的平均粒度(D_{cp})与破碎后平均粒度(d_{cp})的比值表示破碎比 i:

$$i = \frac{D_{cp}}{d_{cp}} \tag{3-14}$$

以该法计算的破碎比能较真实地反映破碎程度,在科学研究及理论计算中常被采用。

一般,破碎机的平均破碎比在 3～30 之间;磨碎机破碎比在 40～400 之间。

2. 破碎段

固体废物每经过一次破碎称为一个破碎段。若要求的破碎比不大,一段破碎即可满足。但对固体废物的分选(例如浮选、磁选和电选等)工艺,由于要求入选物料粒度较细,破碎比较大,或为了避免机器的过度磨损,往往需要把几台破碎机依次串联,或根据需要把破碎机和磨碎机依次串联成破碎和磨碎流程。

破碎段数是决定破碎工艺流程的基本指标,主要取决于废物的初始粒度和最终粒度。工业固体废物的破碎往往分几步进行,一般采用三段破碎。

对固体废物进行多次(段)破碎,其总破碎比等于各段破碎比($i_1, i_2, \cdots, i_n$)的乘积。

3. 破碎流程

根据固体废物的性质、粒度大小、要求的破碎比和破碎机的类型,破碎流程可以有不同的组合方式,破碎机常与筛分设备配用组成破碎流程,如图 3-1 所示。

① 单纯的破碎流程:适用于对破碎产品粒度要求不高的场合。

② 带有预先筛分的破碎流程:预先筛除废物中不需要破碎的细粒,相对减少了进入破碎

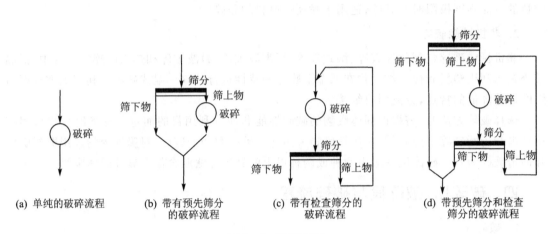

(a) 单纯的破碎流程　　(b) 带有预先筛分　　(c) 带有检查筛分的　　(d) 带预先筛分和检查
　　　　　　　　　　　　的破碎流程　　　　　破碎流程　　　　　　筛分的破碎流程

图 3-1　破碎流程

机的总物料量,避免过粉碎,有利于节能。

　　③ 带有检查筛分的破碎流程:能够将破碎产品中大于粒度要求的颗粒筛分出来,送回破碎机进行再破碎,因此,可获得全部符合粒度要求的产品。

　　④ 带有预先筛分和检查筛分的破碎流程。

五、破碎机

　　选择破碎机类型时,必须综合考虑下列因素:① 所需要的破碎能力;② 固体废物的性质(如破碎特性、密度、形状、含水率等)和颗粒的大小;③ 对破碎产品粒径大小及其分布的要求;④ 供料方式;⑤ 安装操作场所情况等。

1. 颚式破碎机

　　颚式破碎机(jaw crusher),俗称"老虎口",广泛应用于选矿、建材、硅酸盐和化学工业。如图 3-2 所示,颚式破碎机分为简摆颚式破碎机和复摆颚式破碎机两种类型。

(a) 简摆颚式破碎机　　　　　(b) 复摆颚式破碎机　　　　　(c) 颚式破碎机外观

图 3-2　颚式破碎机

　　简摆颚式破碎机工作原理:当动颚靠近定颚时,对破碎腔内的物料进行挤压、劈裂及折断,破碎后的物料在动颚后退时靠重力从破碎腔内落下。其优点是动颚上下行程小,衬板不易磨损,排料口行程大,有利排料。缺点是给料口行程小,压缩量不足,不利于给入大块物料,破碎效率低。简摆颚式破碎机多为大中型。

复摆颚式破碎机与简摆颚式破碎机的区别是少了一根悬挂动颚的心轴,动颚与连杆合为一个部件,没有垂直连杆,肘板也只有一块,复摆颚式破碎机构造简单。但动颚的运动却较简摆颚式破碎机复杂,动颚在水平方向有摆动,同时在垂直方向也运动,是一种复杂运动,故称为复摆颚式破碎机。复摆颚式破碎机多为中小型。

复摆颚式破碎机破碎产品较细,破碎比大(一般可达 4～8,简摆颚式破碎机只能达到 3～6),动颚向下运动有促进排料的作用。规格相同时,复摆颚式破碎机比简摆颚式破碎机破碎能力高 20%～30%,但动颚垂直行程大,颚板磨损快且易产生粉尘,非生产性能耗增加。

破碎机规格用 PEJ $B \times L$ 或 PEF $B \times L$ 表示。其中:B 为给料口宽度,$B > 600$ mm 为大型破碎机,600 mm $\geqslant B \geqslant 300$ mm 为中型破碎机,$B < 300$ mm 为小型破碎机;L 为给料口长度。通常,给料最大粒度 $D_{max} = (0.8～0.85)B$。

破碎板之间的夹角称为啮角 α,通常在 $18°～24°$ 之间,不大于 $27°$。

颚式破碎机具有结构简单、坚固、维护方便、工作可靠等特点,在固体废物破碎处理中,主要用于破碎坚硬和中硬废物,例如,煤矸石作为沸腾炉燃料、制砖和水泥原料时的破碎等;颚式破碎机既可用于物料的粗碎,也可用于中、细碎。

2. 锤式破碎机

锤式破碎机(hammer crusher),是一种通用的工业破碎设备,它利用冲击、磨剥和剪切作用对固体废物进行破碎,其工作原理如图 3-3 所示。锤式破碎机具有混匀、反复破碎、自动清理等功能。

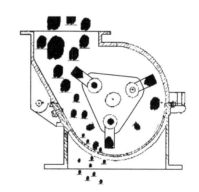

图 3-3　锤式破碎机工作原理

锤式破碎机(见图 3-4)有一个由电动机带动的转子,转子上铰链着一些锤头,锤头以铰链为轴转动,并随转子一起旋转。破碎机有一个坚硬的外壳,其一端有一块硬板,通常称为破碎板。进入供料口的固体废物借助高转速锤头的冲击作用被打碎,并被抛射到破碎板上,通过废物与破碎板之间的冲击作用以及锤头与研磨板和筛板间的剪切磨剥作用破碎废物。在转子的下部设有筛板,破碎物中小于筛孔尺寸的细粒通过筛板排出;大于筛孔尺寸的粗粒被截留在筛板上,并继续受到锤头的打击,破碎后由筛板排出。

转子是锤式破碎机中的关键部件,其结构尺寸、转速及锤头质量等是转子的主要技术参数,它对破碎机的破碎效率、生产能力和能量消耗都有直接的影响。转子分为可逆式与不可逆式,可逆式转子一般用于细碎,不可逆式转子一般用于中碎。转子直径由给料粒度和生产量决定,是给料中最大粒度的 2～8 倍;转速由锤头所需线速度决定。锤头一般用高锰钢、合金钢锻

(a) 实物图 (b) 示意图

(c) 转子 (d) 锤头

图 3 - 4 锤式破碎机

造,其质量影响破碎效果和能耗,一般为给料中最大料块质量的 1.5～2.0 倍,在 3.5～120 kg 之间。锤头线速度越高,产品粒度越小,但对锤头、衬板、筛板等的磨损越严重,一般取 35～75 m/s。

锤式破碎机规格用 $\phi \times L$(转子直径×转子长度)表示。

目前,专用于破碎固体废物的锤式破碎机有以下几种类型:

① BJD 型普通锤式破碎机:如图 3-5 所示,该机主要用于破碎废旧家具和家电等大型废物。固体废物可以破碎到 50 mm 左右,不能破碎的废物从旁路排出。

② BJD 型金属切屑锤式破碎机:如图 3-6 所示,锤子呈钩形,对金属切屑施加剪切、撕扯等作用。破碎后,可使金属切屑的体积减小 3～8 倍,便于运输至冶炼厂。

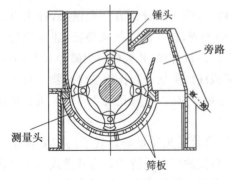

图 3 - 5 BJD 型普通锤式破碎机

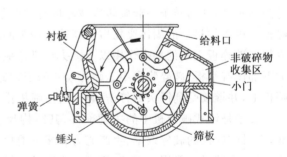

图 3 - 6 BJD 型金属切屑锤式破碎机

③ Hammer Mills 型锤式破碎机：如图 3－7 所示，机体由压缩机和锤碎机两部分组成。大型固体废物先经压缩机压缩，再给入锤碎机破碎。锤头铰链在旋转的转子上做高速旋转，转子半周下方装有筛板，筛板两端装有固定反击板，起二次破碎和剪切作用。该机主要用于破碎废汽车等大型固体废物。

④ Novorotor 型双转子锤式破碎机：如图 3－8 所示，破碎机有两个转子，转子下方均装有研磨板。物料自右方给料口送入机内，经右方转子破碎后排至左方破碎腔，沿左方研磨板运动 3/4 圆周后，借风力排至上部的旋风分离器分级；分级后的细粒产品自上方排出机外，粗粒产品返回破碎机再次破碎，破碎比可达 30。

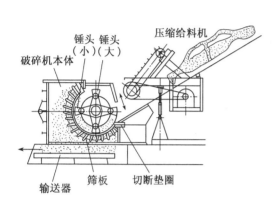

图 3－7　Hammer Mills 型锤式破碎机

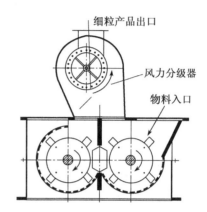

图 3－8　Novorotor 型双转子锤式破碎机

锤式破碎机主要用于破碎中等硬度且磨蚀性弱的固体废物，包括制品废物（汽车、冰箱、洗衣机等）、生活垃圾和工业固体废物（煤矸石、废石棉、金属切屑等）等。例如，煤矸石经一次破碎后小于 25 mm 的粒度达 95％，可送至球磨机磨细生产水泥。锤式破碎机的缺点是噪声大、振动大，故需采取隔音防震措施。

3. 反击式破碎机

反击式破碎机（又称冲击式破碎机，impact crusher），利用冲击作用进行破碎，应用范围广。如图 3－9 所示，反击式破碎机有一个高速旋转的转子，转子上装有板锤，板锤与转子之间为刚性连接，机壳内上方装有反击板，反击板与机体之间采用铰链连接，机体内有特殊钢衬板。物料进入破碎腔后，受到高速旋转的板锤的冲击，发生第一次破碎，然后从转子获得能量高速飞向反击板，发生第二次破碎。另外，反击板的下部刃口与板锤间的间隙较小，兼有剪切、撕扯作用。此外，高速飞行的物料之间相互撞击，也有破碎作用。

转子速度根据板锤线速度确定，板锤线速度一般取 18～65 m/s：煤炭取 50～65 m/s，石灰石取 30～40 m/s，更坚硬物料取 22～30 m/s。

反击式破碎机规格用 $\phi \times L$（转子直径×转子长度）表示。

反击式破碎机有以下几种类型：

① Universa 型反击式破碎机：如图 3－10 所示，破碎机的给料口和破碎腔上部特别大，转子上有两个板锤，利用楔块或液压装置固定在转子的槽内，反击板可用弹簧悬挂，由一组钢板组成，反击板下面是研磨板和筛板。当破碎产品粒度为 40 mm 时，仅用反击板即可，研磨板和筛板可以拆除；当破碎产品粒度为 20 mm 时，需装上研磨板；当破碎产品粒度较小或是软物料

(a) 外观　　　　　　　　　　　　(b) 转子和板锤

图 3-9　反击式破碎机

且容重较轻时,则反击板、研磨板和筛板都应装上。由于研磨板和筛板可以装上或拆下,因而Universa 型反击式破碎机对各种固体废物的破碎适应性较强。

②Hazemag 型反击式破碎机:如图 3-11 所示,该机主要用于破碎家具、电视机等固体废物,也可用于破碎瓶类、罐头盒等。对于纺织品、金属丝等废物,可通过月牙形、齿状打击刀和反击板间隙进行挤压和剪切破碎。

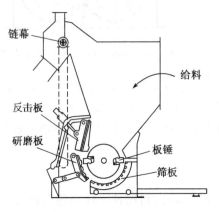
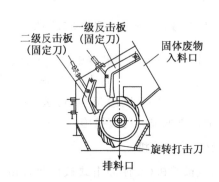

图 3-10　Universa 型反击式破碎机　　　图 3-11　Hazemag 型反击式破碎机

　　反击式破碎机具有破碎比大、适应性强、构造简单、操作方便、易于维护等特点,适用于破碎中等硬度、软质、脆性、韧性以及纤维状等多种固体废物,在水泥、火力发电、玻璃、化工、建材、冶金等工业部门广泛应用。

4. 剪切式破碎机

　　剪切式破碎机(shearing crusher),通过固定刀和可动刀(往复式或旋转式)之间的齿合作用,将固体废物切开或割裂成适宜的形状和尺寸,特别适合破碎低二氧化硅含量的松散物料。可用于废金属板、废金属线、纤维性固体废物、废橡胶和废塑料的破碎。

　　①Von Roll 型往复剪切式破碎机(剪刀式):如图 3-12 所示,这种破碎机由装配在横梁上的可动机架和固定机架构成。在机架下面连接着轴,往复刀和固定刀交错排列。当呈开口状态时,从侧面看,往复刀与固定刀呈 V 字形。废物由上方给入,当 V 字形闭合时,废物被剪切破碎。虽然往复刀驱动速度慢,但驱动力大。当破碎阻力超过最大允许值时,破碎机自然开

启,避免损坏刀具。其处理量为 $80\sim150\ \text{m}^3$(因废物种类而异),剪切尺寸为 $300\ \text{mm}$。可用于生活垃圾焚烧厂的废物破碎。

② Lindemann 式剪切破碎机(压切式):如图 3-13 所示,废物经预压机压碎后,再用剪切机剪切破碎。剪切时,原料用压紧器压紧,由剪切刀剪切。推料杆推紧物料,以调整剪切长度。

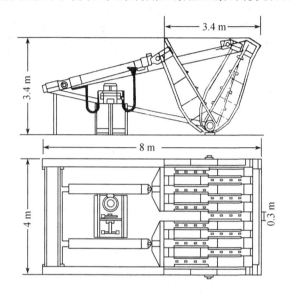

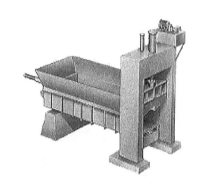

图 3-12　Von Roll 型往复剪切式破碎机　　　　　图 3-13　Lindemann 式剪切破碎机

5. 辊式破碎机

辊式破碎机(rolls crusher)是一种古老的破碎机,具有广泛的适用性。

按辊子的特点,可分为光辊破碎机和齿辊破碎机。光辊破碎机的辊子表面光滑,靠压挤和磨剥作用破碎,用于硬度较大的固体废物的中碎和细碎,如图 3-14 所示。齿辊破碎机辊子表面带有齿牙,主要破碎方法是劈碎,用于破碎脆性和含泥黏性废物,如图 3-15 所示。

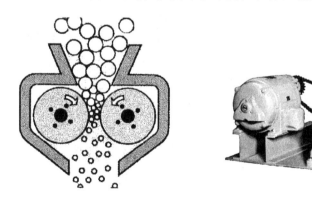

图 3-14　光辊破碎机

按齿辊数目,又可以分为单齿辊、双齿辊和多齿辊破碎机。

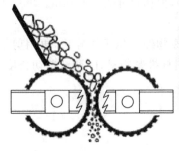

图 3 - 15　齿辊破碎机

① 单齿辊破碎机:如图 3 - 16 所示,由一个旋转的齿辊和一个固定的弧形破碎板组成。破碎板与齿辊之间形成上宽下窄的破碎腔。固体废物由上方给入破碎腔,大块物料在破碎腔上部被齿牙劈碎,随后落在破碎腔的下部被齿辊轧碎,合格的破碎产品从下部排出。

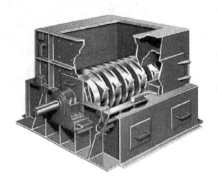

图 3 - 16　单齿辊破碎机

② 双齿辊破碎机:如图 3 - 17 所示,由两个相对转动的齿辊组成,固体废物由上方给入两齿辊之间,当两齿辊相对转动时,辊面上的齿牙将物料咬住并加以劈碎,破碎后产品随齿辊转动从下部排出。破碎产品粒度由两齿辊的间隙决定。

(a) 卧式双齿辊破碎机　　　　　　　(b) 立式双齿辊破碎机

图 3 - 17　双齿辊破碎机

③ 多齿辊破碎机:如图 3 - 18 所示,由多个齿辊组成,常见的有四辊破碎机。

辊子表面线速度一般为 1.5~7 m/s,待破碎物料的硬度和粒度较大及有齿牙时,取较小值。两辊的线速度不同时,物料还受到磨剥和剪切力作用。

辊式破碎机规格用 $\phi \times L$(辊子直径×辊子长度)表示。对于光辊,$\phi \approx 20D_{max}$(D_{max} 为给

图 3 - 18　多齿辊破碎机

料中最大粒度);齿辊,$\phi=(1.5\sim6)D_{max}$;沟槽辊,$\phi=(10\sim12)D_{max}$。

　　辊式破碎机的特点是能耗较低、产品过度粉碎程度小、构造简单、工作可靠等。它可以破碎最坚硬物料,如刚玉、碳化硅等;也可以破碎硬塑性物料,如海绵钛;还可以破碎脆性物料,如玻璃;而对延展性物料,如金属罐,只能起到压扁作用。辊式破碎机可进行粗碎、中碎、细碎和粗磨作业。在固体废物处理中,辊式破碎机可用来破碎煤矸石、炉渣、废玻璃、铝罐、铁皮罐、轮胎和农业固体废物等。

6. 球磨机

　　球磨机(ball mill),主要由圆柱形筒体、端盖、中空轴颈、轴承和传动大齿圈等部件组成,一般用于最后一段破碎,如图 3 - 19 所示。

(a) 球磨机外观　　　　　　　　　　　　　　(b) 球磨机内部

图 3 - 19　球磨机示意图

　　球磨机筒体为钢制,内装有磨介。筒体内壁设有衬板,除防止筒体磨损外,兼有提升钢球和物料的作用。筒体两端的中空轴颈有两个作用:一是支承作用,使球磨机全部重量经中空轴颈传给轴承和机座;二是起给料和排料作用。电动机通过联轴器和小齿轮带动大齿圈和筒体缓缓转动。当筒体转动时,在摩擦力、离心力和衬板的共同作用下,钢球和物料被提升到一定高度后,在钢球和物料本身重力的作用下,产生自由泻落和抛落,从而对筒体底脚区内的物料产生冲击和磨剥作用,使物料粉碎,如图 3 - 20 所示。

图 3 - 20　球磨机工作原理

　　球磨机其他参数如下:

　　① 磨介:如图 3 - 21 所示,包括金属球和金属棒。金属球($\phi=25\sim150$ mm),由不同直径

的球组成,大球起冲击作用,小球起磨剥作用;采用金属棒作为磨介,称为棒磨机(rod mills),由于金属棒与物料是线接触,可防止过粉碎,破碎产品粒度较均匀,适用于破碎黏胶质物料,不适于破碎韧性强的物料。

(a) 金属球

(b) 金属棒

图 3 - 21　磨　介

② 临界转速:球磨机内物料呈离心状态时的最小转速,计算公式如下:

$$n_c = 42.3\sqrt{\frac{1}{D}} \tag{3-15}$$

式中:n_c 为临界转速,r/min;D 为球磨机筒体内直径,m。

③ 转速率:$\eta = n/n_c$,n 为实际转速,η 在 0.65~0.78 之间。衬板光滑、钢球充填率低时,采用超临界转速(转速率大于 1)。

④ 钢球充填率:φ = 钢球松填体积/筒体体积。湿法破碎时,φ 取 40%~45%;干法破碎时,φ 取 28%~35%。

⑤ 装料量:一般为装球量的 10%~20%。

磨碎在固体废物的处理与利用中占有重要地位,尤其是在矿业废物和冶金工业废物的处理利用中。例如,在煤矸石生产水泥、砖、矸石棉、化肥和提取化工原料等过程,在硫铁矿烧渣炼铁制造球团、回收有色金属、提取化工原料和生产铸石等过程,在电石渣生产水泥、砖和提取化工原料等过程,在钢渣生产水泥、砖和化肥等过程都离不开球磨机对固体废物的磨碎。

磨碎作业是一项能耗巨大的作业。例如在水泥厂,磨碎 1 t 物料要耗电 50~60 kW·h,占水泥厂总电耗的一半以上。球磨机的磨介与衬板的磨损(通常称为"钢耗")也是一项巨大的耗费,例如磨碎 1 t 矿石,钢耗达 0.3~0.4 kg。

7. 自磨机

自磨机(autogenous mill)又称无介质磨机,如图 3 - 22 所示,利用被磨物料自身为磨介,通过相互的冲击和磨剥作用实现破碎,分干磨和湿磨两种。干式自磨机的给料粒度一般为 300~400 mm,一次磨细到 0.1 mm 以下,破碎比可达 3 000~4 000。

8. 圆锥破碎机

圆锥破碎机(cone crusher),如图 3 - 23 所示,其破碎工具是一个旋转的圆锥体,圆锥体受偏心轴的作用,在旋转时发生摆动,使得圆锥体与包围它的固定锥之间的间隙循环地变大变小,间隙中的物料受到挤压和磨剥而被破碎。通常,圆锥体与固定锥的工作面镶以锰钢衬板。圆锥破碎机可破碎坚硬物料,用于中碎和细碎作业。

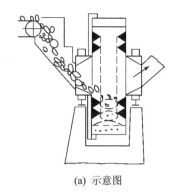
(a) 示意图

(b) 实物图

图 3 - 22　自磨机

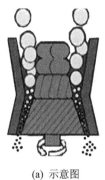
(a) 示意图

(b) 实物图

图 3 - 23　圆锥破碎机

9. 低温破碎

对于在常温下难以破碎的固体废物,如轮胎、电线等,可利用橡胶和塑料低温变脆的性能进行破碎,也可利用不同物质脆化温度的差异进行选择性破碎,即低温破碎。

低温破碎通常采用液氮作为制冷剂。液氮具有制冷温度低、无毒、无爆炸危险等优点。但制备液氮能耗大,故低温破碎的对象仅限于常温难以破碎的废物,如橡胶和塑料。

低温破碎的工艺流程:将固体废物,如钢丝胶管、汽车轮胎、塑料或橡胶包覆的电线电缆、废家用电器等复合制品,先投入预冷装置,再进入浸没冷却装置,橡胶、塑料等易脆物质脱落粉碎,破碎产物再进入各种分选设备进行分选。低温破碎工艺流程如图 3 - 24 所示。

(1) 塑料低温破碎

塑料低温破碎研究结果表明:

① 塑料的脆化点:聚氯乙烯(PVC)为 $-5 \sim -20$ ℃,聚乙烯(PE)为 $-95 \sim -135$ ℃,聚丙烯(PP)为 $0 \sim -20$ ℃。膜状塑料难以低温破碎。

② 低温脆化后的物料采用只具有拉伸、

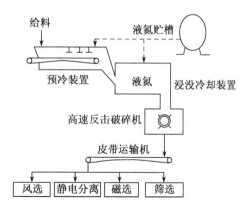

图 3 - 24　低温破碎工艺流程图

弯曲、挤压作用力的破碎机时,所需动力大于常温破碎,而采用带冲击力的反击式破碎机时,情况正好相反。因此,以反击破碎为主,配合剪切破碎,最适合于低温破碎后物料的处理。

（2）汽车轮胎低温破碎

经带式输送机送来的废轮胎采用穿孔机穿孔后,经喷洒式冷却装置预冷,再送入浸没冷却装置冷却,通过辊式破碎机破碎分离成"车轮圆缘"与"橡胶和夹丝布"两部分。前者被送至安装磁选机的皮带运输机进行磁选,后者经锤式破碎机二次破碎后,经筛选机分离成不同粒度的产品,送至再生利用工序。

当前低温破碎技术发展的瓶颈是液氮的制备,破碎 1 t 橡胶、塑料需要液氮 300 kg。因此选用低温破碎,应综合考虑经济效益和能源消耗。

10. 湿式破碎

湿式破碎技术是以回收生活垃圾中的纸类为目的发展而来。该技术利用纸类在水力作用下发生浆化,因而可将废纸处理与制浆造纸相结合。

用于废纸制浆的一种湿式破碎机,亦称碎浆机（hydrapulper）,如图 3 - 25 所示,由美国布莱克·克劳逊（Black Clawson）研制。该设备为一圆形立式转筒装置,底部有许多筛孔,转筒内装有六只破碎刀,垃圾中的废纸经过分选作为原料投入转筒内,因受大水量的激流搅动和破碎刀的破碎形成浆状,浆液由底部筛孔流出,经固液分离把其中的残渣分出,纸浆送到纤维回收工段,分离出纤维素后的有机残渣与城市下水污泥混合脱水至 50% 后送去焚烧处理。在破碎机内未能粉碎和未通过筛板的物质从机器的侧口排出,通过斗式脱水提升机送到传送带上,在传送过程中用磁选机将铁和非铁类物质分开。

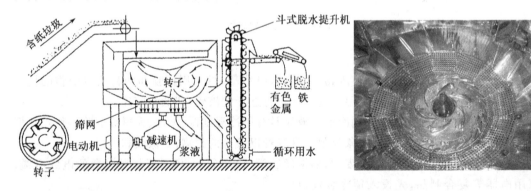

图 3 - 25　湿式破碎机

目前,湿式破碎技术在部分工业发达国家已获得应用。湿式破碎技术适用于纸类含量高的垃圾,或从垃圾中分选回收的纸类的处理利用。

第三节　压　实

压实（compaction）又叫压缩,即利用机械的方法增加固体废物的聚集程度,增大容重和减小体积,便于装卸、运输、贮存和填埋,是一种普遍采用的固体废物预处理方法。固体废物中适合压实处理的主要是可压缩性大而复原性小的物质,如生活垃圾、制品废物（汽车、冰箱、洗衣机等）及松散废物（废塑料、金属切屑）等。有些废物,如木头、玻璃、金属块等,其本身已是密实的固体,以及焦油、污泥或液态废物,不宜作压实处理。压实主要是减少空隙率,如果采用高压压实,除减少空隙外,在分子间还可能产生晶格的破坏,使物质变性稳定化。

一、压实概述

固体废物压实处理的目的如下:

① 减少体积,便于装卸和运输,降低运输成本,节省贮存或填埋场地。国外,生活垃圾的收集采用压实机械,以减少垃圾体积,增加垃圾车的运输量。生活垃圾经压实后,体积可减少 $60\%\sim70\%$。对于生活垃圾,填埋用地日渐紧张,垃圾经压实减容后,可节省填埋用地。

② 减轻环境污染。日本采用高压压实处理生活垃圾,由于挤压和升温,BOD_5 可以从 $6\ 000\ mg/L$ 降低到 $200\ mg/L$,COD 可从 $8\ 000\ mg/L$ 降低到 $150\ mg/L$,大大降低其腐化性,不再滋生昆虫,可减少疾病传播和虫害;压实的垃圾块已成为一种均匀的类塑料结构的惰性材料,自然暴露在空气中三年,没有明显降解痕迹。

③ 可制造高密度惰性材料,快速安全造地。用惰性固体废物压实块作为地基及填海造地材料,上面只需覆盖薄的土层,所填场地不必做其他处理或等待多年的沉降即可利用。

固体废物经压实处理后,体积减小的程度称为体积减小百分比。废物体积减小百分比决定于废物的种类及施加的压力。

体积减小百分比 $\qquad R=(V_i-V_f)/V_i \quad (R<1)$ $\qquad\qquad$ (3-16)

压实倍数 $\qquad\qquad n=V_i/V_f \quad (n>1,$工程中常用$)$ $\qquad\qquad$ (3-17)

式中:V_i 是压实前的体积;V_f 是压实后的体积。

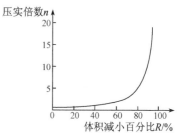

n 越大,表明压实效果越好,R 小于 80% 时,n 在 $1\sim5$ 之间,变化幅度较小;当 R 大于 80% 时,n 值急剧上升,几乎成直线变化,如图 3-26 所示。例如,当 $R=90\%$ 时,$n=10$;$R=95\%$ 时,$n=20$。一般,压实倍数为 $3\sim5$,同时采用破碎与压实,可使压实倍数增加到 $5\sim10$。

图 3-26 压实倍数与体积
减小百分比关系

二、压实机械

压实固体废物所用的压实机械种类很多,但不论何种类型,其构造主要包括容器单元和压实单元两部分。容器单元接收废物,压实单元装有液压或气压压头,利用高压使废物致密化。

压实机械分为固定式和移动式。固定式采用人工或机械方法把废物送到压实机械中进行压实,如图 3-27 所示。移动式是指在填埋现场使用的轮胎式或履带式压土机、钢轮式布料压实机等,如图 3-28 所示。不同类型的压实机械,有的适于处理金属类废物,有的适于处理生活垃圾,有的适于处理塑料类废物。

有些物料的压实不可逆,当压力解除后,被压实的物料不能再恢复。但固体废物中含有多种可逆压缩成分,在一般压力下,压力解除后的几秒钟内,有的废物体积能够膨胀 20%;几分钟后,体积膨胀高达 50%。压力越高,压成物的整体性越好。

固体废物压实工程设计应考虑下列要点:

① 待压实废物的物理特征,包括颗粒大小、成分、含水率与容重等;

② 压实机械容器单元供料方式;

　　　　(a) 小型压实器　　　　　　　　　　　　(b) 压实贮存器

图 3 - 27　固定式压实器

图 3 - 28　移动式压实器

　　③ 压实后废物的处置方法与利用途径；

　　④ 压实机械特征参数,包括装载室大小、压头往返循环时间、压面压力大小、压头贯入度、压实倍数等,压实机械装载面尺寸一般为 0.76～9.18 m,压头往返循环时间通常为 20～60 s,固定式压实器的压面压力一般为 1.0～35 kg/cm²,压头贯入度为 10.2～66.2 cm,压头与容器相匹配；

　　⑤ 压实机械的操作特性,包括能源、维修、操作等,以及噪声、环境空气与污水的污染控制等要求。

三、压实处理工艺实例

　　国外采用垃圾高压压实打包的工艺处理生活垃圾,其工艺流程如图 3 - 29 所示:垃圾先给入四周垫有铁丝网的容器中,然后送入压实机压实,压力为 16～20 MPa,压缩倍数为 5。垃圾压块由下向上被推动活塞推出压缩腔,送入 180～200 ℃沥青浸渍池中浸渍 10 s,涂覆沥青防止渗漏和腐化,冷却后经带式输送机装入汽车运往垃圾填埋场,垃圾块容重可达 1 125～1 380 kg/m³。垃圾贮存和压实过程产生的污水经油水分离器后,进入活性污泥处理系统,处理出水灭菌后排放。

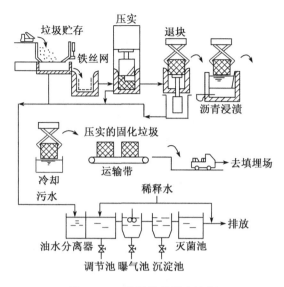

图 3 - 29　生活垃圾压实流程

思 考 题

1. 名词解释：

　　破碎　细粒累积含量　破碎比　压实　压实倍数

2. 已知某粒群可表示为

$$\beta_- = 1 - \exp[-(x/20)^2]$$

试计算此粒群的颗粒尺寸频率分布，并绘出此频率分布曲线。

3. 固体废物的破碎性能有哪些？

4. 固体废物的破碎方法主要有哪些？

5. 如何选用破碎机？

6. 压实可处理哪些固体废物？简述固体废物处理中常用的压实机械。

第四章　分　选

分选（sorting）是固体废物处理中重要的单元操作，其目的是将固体废物中可回收利用的或不利于后续处理、处置工艺要求的物质分离出来。分选包括人工分选和机械分选。

人工分选（hand sorting）适用于废物发生地、收集站、处理中心、转运站或处置场，大多集中在转运站或处理中心的废物传送带两旁，要求废物不能有太大的质量和含水率，不能对人体有害。人工分选识别能力强，可区分用机械方法无法分开的废物。

机械分选（mechanical sorting）是根据废物的粒度、密度、磁性、导电性、摩擦性、弹性、表面润湿性、颜色等物理性质的不同进行分选，可分为筛分、重力分选、磁力分选、电力分选、摩擦与弹跳分选、浮选、光电分选和涡电流分选等。

第一节　筛　分

一、筛分原理

筛分（Sieve/Sift），是利用筛子将物料中粒度范围较宽的粒群按粒度分成窄级别的作业。

筛分过程由物料分层和细粒透筛两个阶段组成。物料分层是完成分离的条件，细粒透筛是分离的目的。为了使粗细物料分离，必须使物料和筛面之间具有适当的相对运动，使筛面上的物料层处于松散状态，并按颗粒大小分层，形成粗粒位于上层、细粒位于下层的分布，细粒到达筛面并透过筛孔。同时，物料和筛面之间的相对运动还可以使堵在筛孔上的颗粒脱离筛孔，以利于细粒透过筛孔。

二、筛分种类

根据筛分在工艺过程中应完成的任务，筛分作业可以分为以下五类：

① 独立筛分：目的在于获得符合要求的最终产品的筛分，例如用筛分的方法从废石和废渣中获得合乎粒度要求的建筑、筑路石料等。

② 预先筛分：在破碎作业之前进行的筛分，目的在于预先筛出合格或无须破碎的产品，提高破碎作业效率，防止过粉碎，节省能源。

③ 检查筛分：对破碎产品进行的筛分，又称为控制筛分。

④ 选择筛分：利用物料中的有用成分在各粒级中分布的不同或性质的显著差异所进行的筛分。在固体废物处理中，选择筛分的用途较为广泛，例如生活垃圾中的废纸吸水易分散，适当喷水可将废纸变成纸浆从而与其他成分分离。若废物中的有价或有害成分集中在粗（或细）级别，则可通过筛分获得有价物质或除去有害物质。

⑤ 脱水/脱泥筛分：脱除物料中水分或细泥的筛分，常用于废物脱水或脱泥。

三、筛分效率

从理论上讲，固体废物中凡是粒度小于筛孔尺寸的细粒都应该透过筛孔成为筛下产品，而粒度大于筛孔尺寸的粗粒应全部留在筛上,排出成为筛上产品。但是,实际上由于筛分过程中受各种因素的影响,总会有一些小于筛孔的细粒留在筛上,随粗粒一起排出,成为筛上产品,筛上产品中未透过筛孔的细粒越多,说明筛分效果越差。为了评价筛分设备的分离效果,引入筛分效率这一指标。

筛分效率的计算公式如下:

$$\varepsilon_x = \frac{Q_3\beta_3}{Q_1\beta_1} \tag{4-1}$$

$$\varepsilon_c = \frac{Q_3(100-\beta_3)}{Q_1(100-\beta_1)} \tag{4-2}$$

$$\eta = \varepsilon_x - \varepsilon_c \tag{4-3}$$

$$Q_1 \times \beta_1 = Q_2 \times \beta_2 + Q_3 \times \beta_3 \tag{4-4}$$

$$Q_1 \times (100-\beta_1) = Q_2 \times (100-\beta_2) + Q_3 \times (100-\beta_3) \tag{4-5}$$

式中:η 为筛分效率,%;Q_1、Q_2、Q_3 分别为入筛、筛上、筛下固体废物质量,kg,$Q_1 = Q_2 + Q_3$;β_1、β_2、β_3 分别为入筛、筛上、筛下固体废物中小于筛孔的细粒累积含量,%;ε_x、ε_c 分别为细粒回收率、粗粒回收率,%。

评价筛分效率,要求小于筛孔的细颗粒尽可能透筛,大于筛孔的粗颗粒不透过筛孔。筛分效率还有其他的计算公式,这里不一一介绍。

四、影响筛分效率的因素

1. 固体废物性质的影响

固体废物的粒度组成对筛分效率影响较大。细粒透筛时,尽管其粒度小于筛孔,但它们透筛的难易程度不同。粒度小于筛孔尺寸 3/4 的颗粒,很容易通过粗粒形成的间隙到达筛面而透筛,称之为"易筛粒";粒度大于 1.5 倍筛孔尺寸的颗粒,较难通过粗粒形成的间隙,而且粒度越接近筛孔尺寸就越难透筛,这种颗粒称为"难筛粒"。废物中"易筛粒"含量越多,筛分效率越高,而粒度接近筛孔尺寸的"难筛粒"越多,筛分效率则越低。当物料中难筛粒含量高时,可以适当增大筛孔尺寸。

废物颗粒的形状对筛分效率也有影响,一般来说,球体、立方体、多面体废物筛分效率相对较高;扁平状废物会覆盖筛孔,降低筛分效率;线状废物(如废电线)和棒状废物,物料越大,筛分效率越低。

固体废物的含水率和含泥量对筛分效率也有一定的影响。水分含量小于 5% 时,筛分效率高;当水分含量增加到 5%～12% 时,废物外表面水分会使细粒结团或附着在粗粒上,细粒不易透筛,降低筛分效率;当废物含水率进一步提高时,反而提高了颗粒的活动性,水分有提高细粒透筛的作用,但此时已属于湿式筛分,即湿式筛分的筛分效率较高。含水率的影响还与含泥量有关,当废物中含泥量高时,稍有水分就能引起细粒结团。

2. 筛分设备性能的影响

不同类型的筛子,其筛分效率不同,通常,振动筛＞滚筒筛＞固定筛。

常见的筛面有棒条筛面、钢板冲孔筛面和钢丝编织筛网三种。其中,棒条筛面有效面积小,筛分效率低;编织筛网有效面积大,筛分效率高;冲孔筛面介于两者之间。

筛面宽度主要影响筛子的处理能力,其长度则影响筛分效率。负荷相同时,过窄的筛面使废物料层增厚,从而不利于细粒接近筛面;过短的筛面则使废物筛分时间太短。一般,筛面宽长比为1:(2.5~3)。

一般,采用方形筛孔,筛面的有效面积较大,筛分效率较高。筛分粒度较小且水份较高的物料时,宜采用圆形筛孔,以避免方形孔的四角附近发生颗粒黏结而堵塞筛孔,降低筛分效率。

3. 筛分操作条件的影响

同一类型的筛子,其筛分效率受运动强度的影响。当筛子运动强度不足时,筛面上的废物不易松散和分层,细粒不易透筛,筛分效率不高;但运动强度过大,又使废物很快通过筛面排出,筛分效率也不高。

筛面倾斜一定角度是为了便于排出筛上产品。倾角过小不便于排出筛上产品;倾角过大则筛上产品排出速度过快,筛分时间短,筛分效率低。一般,筛面倾角为15°~25°。

在筛分操作中应注意连续均匀地给料,使废物沿整个筛面宽度铺成薄层,既充分利用筛面,又便于细粒透筛,可以提高筛子的处理能力和筛分效率。及时清理和维修筛面也是保证筛分效率的重要条件,避免筛孔堵塞和大颗粒透筛。

五、筛分设备的类型及应用

在固体废物处理中常用的筛分设备有以下几种类型:

1. 固定筛

固定筛筛面由平行的筛条组成,可以水平安装或倾斜安装。固定筛由于构造简单、不消耗动力、设备费用低和维修方便,在固体废物处理中应用广泛,主要用于大粒度物料的筛分。固定筛又分为棒条筛和弧形筛。

图 4-1　棒条筛

棒条筛(grizzly screen),由一组具有一定断面形状的棒条所组成,如图4-1所示,这些棒条平行安放,棒条与棒条之间的间隙即筛孔尺寸。棒条筛安装倾角应大于废物与筛面之间的摩擦角,一般为30°~45°,以保证废物沿筛面下滑。棒条筛的筛孔尺寸为筛下产品粒度的1.1~1.2倍,一般,筛孔尺寸不小于50 mm。物料从棒条筛上端给入,顺着棒条方向运动,细粒穿过间隙成为筛下物,粗粒从筛面的末端排出。

弧形筛(sieve bend screen),筛面呈弧形,待筛分物料制成料浆,料浆含水率约为30%,从弧形筛顶部给入,如图4-2所示。在筛面上,由于料浆受重力、离心力及筛条对料浆的阻力作用,使料浆紧贴筛面流动。紧贴筛面的下层料浆运动速度低,细粒和水从筛缝中落入筛下,粗粒从筛面末端排出。一般,通过筛缝的颗粒尺寸为筛缝宽度的1/4,所以弧形筛不易发生堵塞,但筛分效率低。

2. 滚筒筛

滚筒筛(trommel screen)也叫转筒筛,筛面为带孔的圆柱形筒体或截头圆锥筒体,如图4-3所示。在传动装置带动下,筛筒绕轴缓缓转动。为使废物在筒内沿轴线方向前进,圆

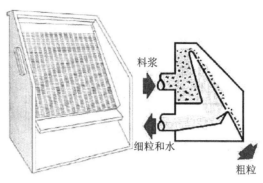

图 4-2 弧形筛

图 4-3 滚筒筛

柱形筛筒的轴线应倾斜 3°～5°安装；截头圆锥形筛筒本身已有坡度，其轴线可水平安装。固体废物由筛筒一端给入，被旋转的筒体带起，当达到一定高度后因重力作用自行落下，如此不断地起落运动，使小于筛孔尺寸的细粒透筛，而筛上产品则逐渐移至筛筒的另一端排出。

滚筒筛最初应用于矿业，现在已广泛应用于生活垃圾的分选。生活垃圾一般应事先破碎，以便回收其中的铝和玻璃等材料。近年的实践表明，废物未经破碎先行筛选，可以降低处理费用，既可以从废物中筛选回收玻璃和金属以及其他非燃性物质，又可以得到具有高热值的垃圾衍生燃料。

滚筒筛的筛分效率与转速和停留时间有关，一般认为物料在筒内停留 25～30 s，转速 5～6 r/min 为最佳。与球磨机类似，滚筒筛中的物料根据滚筒筛转速的不同，可分为沉落状态、抛落状态和离心状态。当筛分物料以抛落状态运动时，物料达到最大紊流状态，此时筛分效率最高。滚筒筛转速较慢，因此不需要较大的动力，且筛孔不易堵塞。筛筒的直径和长度也会影响筛分效率。滚筒的倾角需按废物在滚筒内的停留时间和通量加以调整。

3. 振动筛

振动筛（Vibrating screen），利用机械带动筛箱运动，从而实现物料筛分，如图 4-4 所示。

振动筛筛箱安装在板簧组上，板簧组底座与基础固定。振动器的两个滚动轴承固定在筛箱上，振动器主轴的两端装有偏重轮，调节重块在偏重轮上的位置，可以得到不同的惯性力，以调节筛子的振幅。电机安装在固定基座上，并通过皮带轮带动主轴旋转，使筛子产生振动。筛子中部的运动轨迹为圆，因板簧的作用，筛子两端运

图 4-4 振动筛

动轨迹为椭圆。按生产量和筛分效率的不同要求,筛子可安装在 8°～40°倾斜的基础上,筛子振动频率 600～3 600 r/min,振幅 0.5～12 mm。

振动筛的特点:① 筛面振动方向与筛面垂直或近似垂直,筛面振动强烈,消除了筛孔堵塞现象,有利于潮湿物料的筛分,可用于粗粒、中粒、细粒物料的筛分,还可用于脱水和脱泥筛分;② 物料在筛面上发生析离现象(即密度大而粒度小的颗粒钻过密度小而粒度大的颗粒间的空隙,进入下层的分层现象),利于筛分的进行;③ 振动筛处理能力大、筛分效率高,是一种有发展前途的筛分设备;④ 振动筛制造工艺复杂,机体较重。

4. 筛分设备的选择

选择筛分设备应考虑以下因素:物料特性,如颗粒大小、形状和尺寸分布,表观密度,含水率,黏结或缠绕的可能;筛分设备特性,如设备的处理能力和构造材料,筛孔尺寸和形状,筛孔所占筛面比例,转筒筛的转速、长度和直径,振动筛的振动频率、长度和宽度;筛分效率与总体效果要求;运行特征,如能耗,日常维护,运行难易,可靠性,噪声,非正常振动与堵塞的可能等。

第二节　重力分选

重力分选(gravity separation)是根据固体废物中不同物质颗粒间的密度或粒度差异,在运动介质中受到重力、介质动力和机械力的作用,使颗粒群产生松散分层和迁移分离,从而得到不同密度或粒度产品的分选过程。重力分选介质包括空气、水、重液和重悬浮液。按分选介质的不同,固体废物的重力分选可分为风力分选、跳汰分选、摇床分选和重介质分选。

影响重力分选的因素包括颗粒尺寸、颗粒与介质密度差、介质黏度等。

一、风力分选

1. 风力分选原理

风力分选(air classification)简称风选,又称气流分选,是以空气为分选介质,在气流作用下,使固体废物颗粒按密度或粒度分选的一种方法。气流分选包含了两种分离过程:① 将轻颗粒与重颗粒分离;② 进一步将轻颗粒从气流中分离。

当颗粒粒度一定时,密度大的颗粒沉降末速大;当颗粒密度相同时,直径大的颗粒沉降末速大。由于颗粒的沉降末速同时与颗粒的密度、粒度及形状有关,因而在同一介质中,密度、粒度和形状不同的颗粒在特定的条件下,可以具有相同的沉降速度,这样的相应颗粒称为等降颗粒。其中,密度小的颗粒粒度(d_{r1})与密度大的颗粒粒度(d_{r2})之比,称为等降比(e_0),等降比随两种颗粒密度差的增大而增大。通常按等降比判断废物重力分选的难易程度:

$$e = (\rho_2 - \rho_0)/(\rho_1 - \rho_0) \tag{4-6}$$

式中:ρ_1 为轻物料密度;ρ_2 为重物料密度;ρ_0 为分选介质密度。

一般,$e>5$,极易重力分选;$1.75<e<5$,较易重力分选;$1.25<e<1.75$,较难重力分选;$e<1.25$,极难重力分选。

为了提高分选效率,在风选之前需要将废物进行窄分级,或经破碎使粒度均匀后,使其按密度差异进行分选。

颗粒在空气中沉降时,所受到的阻力远小于在水中沉降时所受到的阻力,所以颗粒在静止空气中沉降到达末速所需的时间和沉降距离都较长。上升气流可以缩短颗粒达到沉降末速的时间和距离,因此在风选过程中常采用上升气流。上升气流速度的大小应根据固体废物中各种物质的性质通过试验确定。

在风选中还常采用水平气流。水平气流风选机中,物料在空气动压力及重力作用下,按粒度或密度差异进行分选。当水平气流速度一定、颗粒粒度相同时,密度大的颗粒沿与水平夹角较大的方向运动,密度较小的颗粒则沿与水平夹角较小的方向运动,从而达到按密度差异分选的目的。

风选的气流速度,有许多经验模型,达拉法尔(Dallavlle)提出以下模型:

$$v = \frac{13\ 300r}{r+1}d^{0.57} \tag{4-7}$$

$$v = \frac{6\ 000r}{r+1}d^{0.398} \tag{4-8}$$

式中:v 为气流速度,m/s;d 为颗粒直径,m;r 为颗粒密度,g/cm³。

式(4-7)适用于上升气流风选机,式(4-8)适用于水平气流风选机。

风选不产生废水,可用于生活垃圾的分选,将生活垃圾中的以可燃物质为主的轻组分与以无机物为主的重组分分离,以便分别回收利用或处置。

2. 风力分选设备

按气流吹入分选设备的方向,风选设备可分为两种类型:水平气流风选机(又称为卧式风选机)和上升气流风选机(又称为立式风选机),并有其他改进型风选机。

(1)水平气流风选机

如图 4-5 所示,水平气流风选机从侧面送风,固体废物经破碎机破碎和滚筒筛筛分使其粒度均匀后,定量给入机内。当废物在分选机内下落时,被鼓风机鼓入的水平气流吹散,各组分沿着不同运动轨迹分别落入重质组分、中重组分和轻质组分收集槽中。

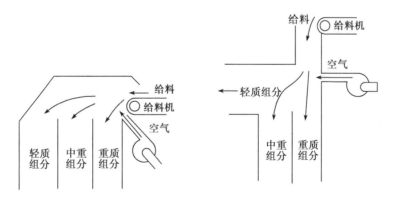

图 4-5　水平气流风选机

分选生活垃圾时,在回收的轻质组分中废纸和塑料约占 90%,重质组分是黑色金属,中重组分主要是木块、硬塑料等。实践表明,水平气流风选机的最佳风速为 20 m/s。

水平气流风选机构造简单,维修方便,但分选精度不高,一般很少单独使用,常与破碎机、筛分机、立式风力分选机等组成联合处理工艺。

（2）上升气流风选机

如图 4－6 所示，经破碎后的生活垃圾从中部给入上升气流风选机，在上升气流作用下，垃圾中各组分按密度分离，重质组分从底部排出，轻质组分从顶部排出，分选气流经旋风分离器进行气固分离净化。

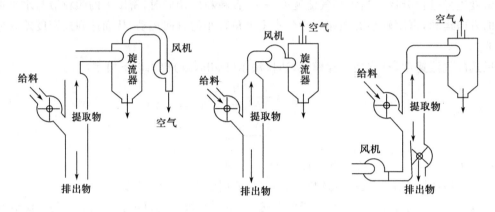

图 4－6　上升气流风选机

（3）其他改进型风选机

为了使气流在分选筒中产生湍流和剪切力，提高分选效率，可对分选筒进行改进，采用锯齿型、振动型或回转型分选筒的气流通道。

锯齿型风选机分选精度较高。如图 4－7(a)所示，沿曲折管路管壁下落的废物受到来自下方的高速上升气流的顶吹，可以避免直管路中管壁附近与管中心因流速不同而降低分选精度的缺点，同时还可以使结块垃圾被曲折处高速气流吹散，因此提高了分选精度。

振动型风选机兼有振动和气流分选的作用。给料沿着一个斜面振动，较轻的物料逐渐集中于表层，由气流带走，如图 4－7(b)所示。

回转型风选机兼有滚筒筛的筛分作用和气流分选作用。当圆筒旋转时，较轻颗粒悬浮在气流中被带往集料斗，较重的小颗粒则透过筒壁上的筛孔落下，较重的大颗粒则在圆筒的下端排出，如图 4－7(c)所示。

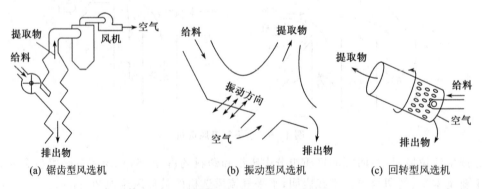

(a) 锯齿型风选机　　　　　(b) 振动型风选机　　　　　(c) 回转型风选机

图 4－7　锯齿型、振动型和回转型风选机

二、跳汰分选

1. 跳汰分选原理

跳汰分选(jig separation),是在垂直变速介质流中按密度分选固体废物的一种方法。分选介质是水时,称为水力跳汰。跳汰分选如图 4-8 所示,将固体废物给入跳汰机的筛板上,形成密集的物料层,从下面透过筛板周期性地给入上下交变的水流,使物料层松散并按密度分层。分层后,密度大的颗粒集中到底层,密度小的颗粒进入上层。上层的轻物料被水平水流带到机外成为轻产物,下层的重物料透过筛板或通过特殊的排料装置排出成为重产物。也可采用空气作为分选介质,称为空气跳汰。

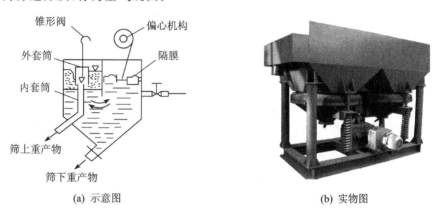

(a) 示意图　　　　　　　　　　　　(b) 实物图

图 4-8　跳汰分选

2. 跳汰分选设备

水力跳汰机按推动水流运动方式的不同,分为隔膜跳汰机和无活塞跳汰机两种。隔膜跳汰机是利用偏心连杆机构带动橡胶隔膜作往复运动,以此推动水流在跳汰室内作脉冲运动,如图 4-9(a)所示;无活塞跳汰机采用压缩空气推动水流,如图 4-9(b)所示。随着固体废物的不断给入和轻、重产物的不断排出,形成连续不断的分选过程,如图 4-10 所示。

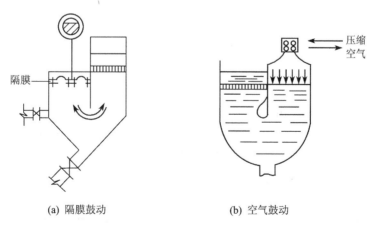

(a) 隔膜鼓动　　　　　　　　　　　(b) 空气鼓动

图 4-9　跳汰机中推动水流运动的形式

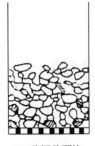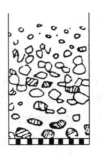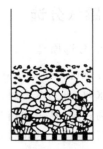

(a) 分层前颗粒　　　　(b) 上升水流将　　　　(c) 颗粒在水流　　　　(d) 水流下降,床层紧密,
　　混杂堆积　　　　　　　床层抬起　　　　　　中沉降分层　　　　　重颗粒进入底层

图 4-10　颗粒在跳汰时的分层过程

三、摇床分选

1. 摇床分选原理

摇床分选(shaking table separation),是在一个倾斜的床面上,借助床面的不对称往复运动和薄层斜面水流的综合作用,使细粒固体废物按密度差异在床面上呈扇形分布进行分选的一种方法。摇床分选是分选细粒固体物料最常用的方法之一。

摇床分选过程由给水槽给入冲洗水,布满横向倾斜的床面,并形成均匀的斜面薄层水流。当固体废物颗粒给入往复摇动的床面时,颗粒在重力、水流冲力、床层摇动产生的惯性力以及摩擦力等综合作用下,按密度差异产生析离分层。不同密度和粒度的颗粒,以不同的速度沿床面纵向和横向运动,细而重的颗粒具有较大的纵向移动速度和较小的横向移动速度,其合速度方向偏离摇动方向的夹角小,趋向于重产物端;细而轻的颗粒具有较大的横向移动速度和较小的纵向移动速度,其合速度方向偏离摇动方向的夹角大,趋向于轻产物端。不同密度和粒度的颗粒在床面上呈扇形分布,从而达到分选的目的,如图 4-11 所示。

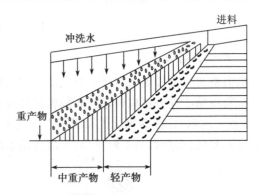

图 4-11　摇床上颗粒分带情况示意图

2. 摇床分选设备

在摇床分选设备中,最常用的是平面摇床,如图 4-12 和图 4-13 所示。平面摇床主要由床面、床头和传动机构组成。摇床床面近似呈梯形,横向有 1.5°~5°的倾斜;在倾斜床面的上方设置给料槽和给水槽;床面上铺有耐磨层(如橡胶等);沿纵向布设床条,床条高度从传动端向对侧逐渐降低,并沿一条斜线逐渐趋向于零;整个床面由机架支撑,床面横向坡度借助机架上的调坡装置调节;床面由传动装置带动,进行往复不对称运动。

摇床分选具有以下特点:① 床面的强烈摇动,使物料松散分层和迁移,分离得到加强,分选过程中,析离分层占主导,使其按密度分选更加完善;② 在斜面薄层水流分选的作用下,等降颗粒可因横向移动速度的不同而达到按密度分选;③ 不同性质颗粒的分离,不单纯取决于纵向和横向的移动速度,而主要取决于它们的合速度偏离摇动方向的角度,偏离角度相差越大,则颗粒分离得越完全。

图 4-12 摇床分选机

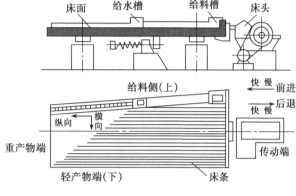

图 4-13 摇床结构示意图

摇床是分选细粒矿石的常用设备,分选精度高。在固体废物处理中,可用于从含硫铁矿较多的煤矸石中回收硫铁矿,从不锈钢渣中回收不锈钢颗粒。

四、重介质分选

1. 重介质分选原理

通常将密度大于水的介质称为重介质。在重介质中使固体废物中的颗粒按密度分开的方法称为重介质分选。重介质密度介于固体废物中轻物料密度和重物料密度之间。

重介质包括重液和重悬浮液。在分选过程中,重介质的性质是影响分选效果的重要因素。

一种重液是四溴乙烷和丙酮的混合物,密度 2.4 g/cm^3,可以将铝从较重的物料中分离出来。另一种常用的重液是五氯乙烷,密度 1.67 g/cm^3,在选煤中已有应用。

重悬浮液是由高密度的固体微粒和水构成的固液两相分散体系,它是密度大于水的非均相介质。高密度固体微粒起着加大介质密度的作用,故称为加重质。所选择的加重质应具有足够高的密度,且在使用过程中不易泥化和氧化,来源丰富,价廉易得,便于制备与再生。

常用的加重质有硅铁和磁铁矿等。

① 硅铁:作为加重质的硅铁含硅量 13%～18%,密度 6.9 g/cm^3,可配制成密度为 3.2～3.5 g/cm^3 的重介质。硅铁具有耐氧化、硬度大、强磁性等特点,使用后经筛分和磁选可以回收再生。电炉刚玉废料也属于含硅铁的加重质。

② 磁铁矿:纯磁铁矿密度为 5.0 g/cm^3,用含铁 60% 以上的铁精矿粉可配制得到密度达 2.5 g/cm^3 的重介质。磁铁矿在水中不易氧化,可用弱磁选法回收再生利用。

一般要求加重质的粒度小于 200 目的占 60%～90%,能够均匀分散于水中,体积浓度为 10%～15%。一般,带棱角的加重质体积浓度为 17%～35%,平均为 25% 左右,质量浓度为 50%～60%;似球加重质体积浓度为 43%～48%,质量浓度为 85%～90%。为保持重悬浮液的稳定,可以加入胶体稳定剂,如水玻璃、亚硫酸盐、淀粉、烷基硫酸盐和膨润土等,并进行适当的机械搅拌。

重悬浮液的密度称为视在密度,计算公式如下:

$$\rho = C_v(\rho_a - \rho_w) + \rho_w \qquad (4-9)$$

式中：ρ 为重悬浮液的密度，g/cm³；C_v 为加重质所占体积，%；ρ_a 为加重质的密度，g/cm³；ρ_w 为水的密度，g/cm³。

配制重悬浮液时，重介质的加入量由式(4-10)计算：

$$M = \frac{V_t(\rho - \rho_w)\rho_a}{\rho_a - \rho_w}$$

式中：M 为加重质质量，g；V_t 为所配制重悬浮液体积，cm³；ρ、ρ_a、ρ_w 分别为重悬浮液的密度、加重质的密度和水的密度，g/cm³。

重悬浮液应具有密度高、黏度低、化学稳定性好(不与所处理的废物发生化学反应)、无毒、无腐蚀性、易回收再生等特性。

2. 重介质分选工艺

颗粒密度大于重介质密度的重物料下沉，集中于分选设备的底部成为重产物；颗粒密度小于重介质密度的轻物料上浮，集中于分选设备的上部成为轻产物，分别排出，从而达到分选的目的。正因为颗粒在重介质中的分离主要取决于其密度，受粒度和形状影响较小，因此，待选物料颗粒粒度范围较宽，适合于各种固体废物的分选。但是，粒度过小，分离过程缓慢，所以，实际分离操作前，应筛去细粒部分。对于大密度物料，粒度下限为 2~3 mm；对于小密度物料，粒度下限为 3~6 mm。采用重悬浮液时，粒度下限可降至 0.5 mm。

重介质分选工艺流程一般包括重介质制备、分选、介质回收与再生等，如图4-14所示。

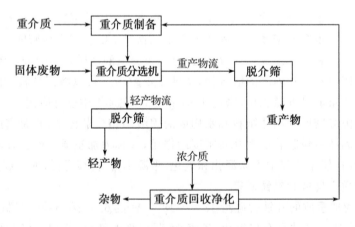

图4-14 重介质分选工艺流程

3. 重介质分选设备

目前在工业上应用的重介质分选机，按分选槽形式，分为鼓形重介质分选机、浅槽重介质分选机和深槽重介质分选机；按分选粒度范围，分为块状物料分选机和粉状物料分选机。

鼓形重介质分选机是一圆筒形转鼓，水平安装，由四个辊轮支撑，通过圆筒腰间的大齿轮由传动装置带动旋转(转速为 2 r/min)，如图4-15(a)所示。在圆筒的内壁沿纵向设有扬板，用于提升重产物到溜槽内。固体废物和重介质一起由圆筒一端给入，在向另一端流动过程中，密度大于重介质的颗粒沉于槽底，由扬板提升落入溜槽内，排出槽外成为重产物；密度小于重介质的颗粒随重介质流从圆筒溢流口排出，成为轻产物。

鼓形重介质分选机适用于分离粒度较粗(40~60 mm)的固体废物,具有结构简单、操作方便、分选机内密度分布均匀、动力消耗低等优点;缺点是轻重产物量调节不方便。

浅槽重介质分选机如图 4 - 15(b)所示,用泵将重介质通过水平流和上升流送到分选槽体中,并保持溢流状态。待分选物料从入料端与重介质的水平流同一方向进入槽体,密度大于重介质的物料沉到槽体底部,随刮板运行到排料口排出,密度小于重介质的物料上浮到重介质表面,随水平流从溢流堰排出。

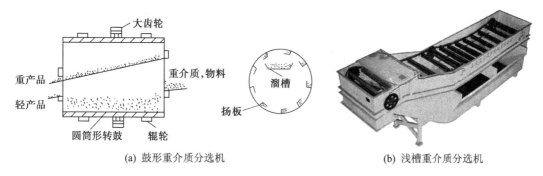

(a) 鼓形重介质分选机   (b) 浅槽重介质分选机

图 4 - 15   重介质分选机

第三节   磁力分选

一、磁力分选原理

磁力分选(magnetic separation),是利用固体废物中各种物质的磁性差异,在非均匀磁场中进行分选的一种方法。在非均匀磁场中,磁性物质沿着磁场强度升高的方向移动,最后吸在磁极上。磁力分选设备分选空间中的磁场,不仅要有一定的磁场强度,还要有较高的磁场梯度。磁力分选过程如图 4 - 16 所示,将固体废物送入磁选机后,磁性物质在非均匀磁场的作用下被磁化,受磁场吸引力的作用吸在圆筒上,并随圆筒进入排料端排出;非磁性物质由于所受的磁场作用力很小,仍留在废物中而被排出。

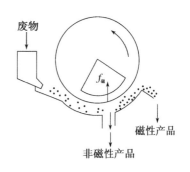

图 4 - 16   磁力分选

二、磁力分选设备

磁选机主要根据磁场类型、磁场强度、分选介质和分选机构的结构特点进行分类。

根据磁场类型,分为:恒定磁场磁选机,磁场强度和方向不随时间变化,磁源为永久磁铁或直流电磁铁;旋转磁场磁选机,磁场强度和方向随时间变化,磁源一般为绕轴旋转的极性交替变化的永久磁铁;交变磁场磁选机,磁场强度和方向随时间变化,磁源为交流电磁铁;脉动磁场磁选机,磁场强度随时间变化,而其方向不变化,磁源为同时通交流电和直流电的电磁铁。

根据磁场的强弱,分为:弱磁场磁选机,磁极表面的磁感应强度为 0.1~0.2 T;中磁场磁选机,磁极表面的磁感应强度为 0.2～0.5 T;强磁场磁选机,磁极表面的磁感应强度为 0.5～2 T。

　　根据分选介质,分为:干式磁选机,分选介质为空气;湿式磁选机,分选介质为水或磁流体。

　　根据分选机构,分为:圆筒式、带式、辊式、盘式和环式等。

　　磁选机的选用主要取决于被选物料的磁性和粒度。

　　下面分别介绍几种磁选设备。

1. 悬吊磁铁器

　　悬吊磁铁器分为带式除铁器、磁鼓式分选机和一般式除铁器,主要用于去除铁。带式除铁器在传送带上方配有固定磁铁,用于吸着磁性物质,当所吸着的磁性物质被传动皮带送到非磁性区时,就会自动掉落,如图 4-17 所示。磁鼓式分选机将一个悬挂式的磁鼓装在物料传送机的一端,当废物进入磁鼓的磁场后,磁性物质被磁鼓吸着,并随磁鼓转动,于非磁性区脱落,非磁性物质由于未被磁鼓吸着而与磁性物质分开,如图 4-18 所示。一般式除铁器通过电磁铁除铁,如图 4-19 所示。

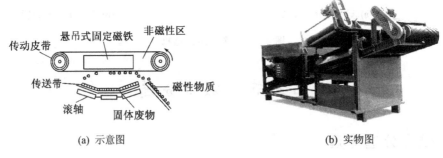

(a) 示意图　　　　　　　　　　　　　　(b) 实物图

图 4-17　带式除铁器

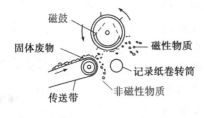

图 4-18　磁鼓式分选机

图 4-19　一般式除铁器

2. 磁力滚筒

　　磁力滚筒又称磁滑轮,分为永磁和电磁两种。如图 4-20 所示,将固体废物均匀地给在皮带运输机上,当废物经过磁力滚筒时,非磁性或弱磁性物质在离心力和重力的作用下脱离皮带;而磁性较强的物质受磁力作用被吸着在皮带上,并随皮带转到磁力滚筒的下部,当皮带离开磁力滚筒伸直时,由于磁场强度减弱而落入磁性物质收集槽中。该设备主要用于工业固体废物或生活垃圾的破碎机或焚烧炉前。

3. 湿式磁选机

　　湿式磁选机的构造形式分为顺流式和逆流式,其物料流动方向与圆筒旋转方向或磁性物质的移动方向相同或相反,如图 4-21 所示。该设备适用于粒度≤3 mm 强磁性颗粒的回收,如在含铁尘泥和氧化铁皮中回收铁,以及回收重介质分选产品中的加重质。

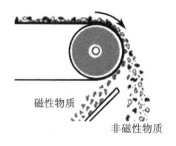

图 4-20　磁力滚筒

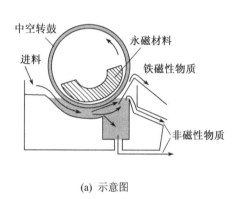

(a) 示意图

(b) 实物图

图 4-21　湿式磁选机

4. 磁流体分选机

磁流体是指某种能够在磁场或磁场和电场联合作用下磁化,呈现似加重现象,对颗粒产生磁浮力作用的稳定分散液。

通常使用的磁流体包括强电解质溶液、顺磁性溶液和铁磁性胶体悬浮液。理想的分选介质应具有磁化率高、密度大、黏度低、稳定性好、无毒、无刺激味、价廉易得等特点。

顺磁性盐溶液有 30 余种,Mn、Fe、Ni、Co 盐的水溶液均可作为分选介质,常用的有 $MnCl_2 \cdot 4H_2O$、$MnBr_2$、$Mn(NO_3)_2$、$FeCl_2$、$FeSO_4$、$Fe(NO_3)_2 \cdot 2H_2O$、$NiCl_2$、$NiBr_2$、$NiSO_4$、$CoCl_2$、$CoBr_2$ 和 $CoSO_4$ 等。这些溶液的体积磁化率约为 $8 \times 10^{-7} \sim 8 \times 10^{-8}$,真密度约为 $1\ 400 \sim 1\ 600\ kg/m^3$。$MnCl_2$ 和 $Mn(NO_3)_2$ 溶液基本具有上述分选介质所要求的特性条件,是较理想的分选介质。$FeSO_4$、$MnSO_4$ 和 $CoSO_4$ 水溶液价格更便宜,适合分离固体废物(轻产物密度<$3\ 000\ kg/m^3$)。

铁磁性胶体悬浮液一般采用超细磁铁矿胶粒作为分散质,用油酸、煤油等非极性液体介质,并添加表面活性剂为分散剂,调制成铁磁性胶体悬浮液。其真密度为 $1\ 050 \sim 2\ 000\ kg/m^3$,在外磁场及电场作用下,可使介质加重到 $20\ 000\ kg/m^3$。这种磁流体介质黏度高,稳定性差,介质回收再生困难。

磁流体分选(MHS)是利用磁流体作为分选介质,在磁场或磁场和电场的联合作用下,产生"加重"作用,按固体废物各组分的磁性和密度的差异或磁性、导电性和密度的差异分离各组分,如图 4-22 所示。当固体废物中各组分间的磁性差异小而密度或导电性差异较大时,可以采用磁流体分选有效分离。

图 4 - 22　磁流体分选机

根据分离原理和介质的不同,磁流体分选分为磁流体动力分选和磁流体静力分选两种。

（1）磁流体动力分选

磁流体动力分选(MHDS),是在磁场(包括均匀磁场或非均匀磁场)与电场的联合作用下,以强电解质溶液为分选介质,按照固体废物中各组分间密度、比磁化率和电导率的差异分离各组分。磁流体动力分选技术较成熟,其优点是分选介质为导电的电解质溶液,其来源广,价格便宜,黏度较低,分选设备简单,处理能力较大,可达 50 t/h;缺点是分选精度较低。

（2）磁流体静力分选

磁流体静力分选(MHSS),是在非均匀磁场中,以顺磁性溶液和铁磁性胶体悬浮液为分选介质,按固体废物中各组分间密度和比磁化率的差异进行分离。由于不加电场,不存在电场和磁场联合作用产生的特性涡流,故称为静力分选。其优点是介质黏度较小,分选精度高;缺点是分选设备较复杂,分选介质价格较高,回收困难,处理能力较小。

通常,分选精度要求高时,采用磁流体静力分选;固体废物中各组分间电导率差异大时,采用磁流体动力分选。

磁流体分选是一种重力分选和磁力分选联合作用的分选过程。各种物质在似加重介质中按密度差异分离,这与重力分选相似;在磁场中按各种物质间磁性(或电性)差异分离,与磁选相似。磁流体分选可以将磁性和非磁性物质分离,也可以将非磁性物质按密度差异分离。因此,磁流体分选法在固体废物处理中占有特殊的地位,不仅可以分离各种工业固体废物,还可以从生活垃圾中回收铝、铜、铅、锌等金属。

5. 高梯度磁选机

高梯度磁选,是在包铁螺线管所产生的均匀磁场中,设置钢毛、钢板网之类的聚磁介质,使之被磁化后在径向表面产生高梯度磁化磁场。利用高梯度非均匀磁场,可以分离一般磁选机难以分选的磁性弱的细粒物料,并大大降低分选粒度下限,改善分选指标,如图 4 - 23 所示。高梯度磁选机适用于弱磁性物质的分选,如弱磁性尾矿回收,氧化铝厂赤泥选铁,也可用于钢铁厂、发电厂及电镀厂的废水处理。

三、磁力分选的应用

在固体废物处理中,磁力分选主要用于回收或去除磁性物质,如:

① 用磁力分选方法从钢铁工业的尘泥、废渣中回收金属铁和氧化铁皮,可回用作炼铁原料;钢渣中含大量铁粒,采用磁选分离回用,可提高钢渣的利用率。

② 磁力分选法从生活垃圾中回收废钢铁,已获广泛应用。生活垃圾中含有的铁质包装容器、废物的零部件、工具等可用磁选回收。在生活垃圾焚烧系统中,为了保护焚烧设备,也需将其中的铁类物质分选出来。

③ 硫铁矿磁化焙烧-磁选回收炼铁原料。工业上从稀有金属精矿中用焙烧法去除其中的

(a) 盘式高梯度磁选机

(b) 复合脉动立环高梯度磁选机

图 4 - 23 高梯度磁选机

硫铁矿时,常采用磁化焙烧法,将硫铁矿转变成为磁性氧化铁,再用磁选法将磁性氧化铁选出作为炼铁原料。

第四节 电力分选

一、电力分选原理

电力分选(electrostatic separation),是利用固体废物各种组分在高压电场中电性的差异实现分选的一种方法。

按电场特征,电力分选主要分为静电分选和电晕-静电复合电场电选:

① 静电分选,如图 4 - 24(a)所示,废物直接与传导电极接触,导电性好的废物将获得与电极极性相同的电荷而被排斥,导电性差的废物或非导体与带电辊筒接触被极化,在靠近滚筒一端产生相反的束缚电荷被滚筒吸着,从而实现分离。

② 电晕-静电复合电场电选,如图 4 - 24(b)所示,废物由给料斗均匀地给入辊筒上,随着辊筒的旋转,废物颗粒进入电晕电场区,由于空间带有电荷,使导体和非导体颗粒都获得负电荷(与电晕电极电性相同)。导体颗粒一面荷电,一面又把电荷传给辊筒(接地电极),其放电速度快,因此,当废物颗粒随辊筒旋转离开电晕电场区而进入静电场区时,导体颗粒的剩余电荷少,而非导体颗粒则因放电速度慢,剩余电荷多。导体颗粒进入静电场后不再继续获得负电荷,但仍继续放电,直至放完全部负电荷,并从辊筒上得到正电荷而被辊筒排斥,在电力、离心力和重力的综合作用下,离开辊筒,在辊筒前方落下。偏向电极的静电引力作用更增大了导体颗粒的偏离程度。非导体颗粒由于有较多的剩余负电荷,被吸着在辊筒上,带到辊筒后方,被毛刷强制刷下。半导体颗粒的运动轨迹则介于导体与非导体颗粒之间,成为半导体产品落下,从而完成电选分离过程。

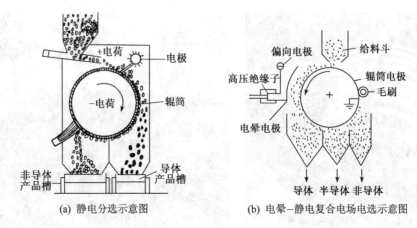

(a) 静电分选示意图   (b) 电晕-静电复合电场电选示意图

图 4-24　电力分选

二、电力分选设备及应用

1. 辊筒式静电分选机

将含有铝和玻璃的废物,通过电振给料器均匀地给到带电辊筒上,铝为良导体,从辊筒电极获得相同符号的大量电荷,因而被辊筒电极排斥落入铝收集槽内;玻璃为非导体,与带电辊筒接触被极化,随辊筒带至后面被毛刷强制刷落进入玻璃收集槽,从而实现铝与玻璃的分离。将纸和塑料的混合物润湿,润湿后的纸成为导体,润湿后的塑料依然是非导体,采用电选法可将纸和塑料分离,如图 4-25(a)所示。辊筒式静电分选机还可用于药板、铝塑板、铝塑冲压件等材料中的铝和塑料的分离。

2. 高压电选机

高压电选机如图 4-25(b)所示,具有较宽的电晕电场区、特殊的下料装置和防积灰漏电措施。整机密闭性能好,采用双筒并列式,结构紧凑,处理能力大,效率高,可作为粉煤灰脱炭专用设备。该机的工作原理是:将粉煤灰均匀给到旋转接地的辊筒上,带入电晕电场区后,炭

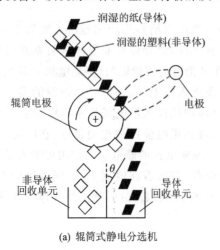

(a) 辊筒式静电分选机

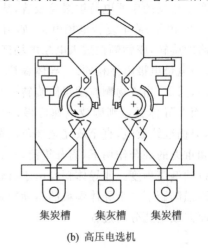

(b) 高压电选机

图 4-25　电力分选应用

粒由于导电性良好,很快失去电荷,进入静电场后从辊筒电极获得相同符号的电荷而被排斥,在离心力、重力及静电斥力综合作用下落入集炭槽成为精煤;而灰粒由于导电性较差,能保持电荷,与带相反符号电荷的辊筒相吸,并牢固地吸着在辊筒上,最后被毛刷强制刷入集灰槽,从而实现炭灰分离。粉煤灰经二级电选分离后成为脱炭灰,其含碳量小于 8%,可作为建材原料;精煤含碳量大于 50%,可作为型煤原料。

第五节　摩擦与弹跳分选

一、摩擦与弹跳分选原理

摩擦与弹跳分选(rubbing and bouncing separation),是根据固体废物中各组分的摩擦系数和碰撞恢复系数的差异,废物在斜面上运动,或与斜面碰撞弹跳时产生不同的运动速度和弹跳轨迹,从而实现不同组分分离的一种处理方法,分为固定斜面分选和运动斜面分选。

固定斜面分选,物料从斜面顶端给入,沿着斜面向下运动,其运动方式随颗粒的形状或密度不同而异。其中,纤维状或片状物料几乎全靠滑动,球形颗粒有滑动、滚动和弹跳三种运动形式。当颗粒单体不受干扰地在斜面上运动时,纤维状或片状物料的滑动运动加速度较小,运动速度慢,所以,它脱离斜面抛出的初速度较小;而球形颗粒由于是滑动、滚动和弹跳相结合的运动,其加速度较大,运动速度较快,因此,它脱离斜面抛出的初速度较大。当物料离开斜面抛出时,因受空气阻力的影响,抛射轨迹并不严格沿着抛物线前进,其中,纤维状和片状物料受空气阻力影响较大,在空气中减速较快,抛射轨迹表现出严重的不对称(抛射开始接近抛物线,其后接近垂直落下),这使得它们抛射不远;球形颗粒受空气阻力影响较小,抛射轨迹表现对称,抛射较远。因此,纤维状、片状与颗粒物料,因形状不同,在斜面上运动或弹跳时,产生不同的运动速度和运动轨迹,因而可以彼此分离,常用于矿物分选。

运动斜面分选,固体废物自一定高度给到运动的斜面上,其中的废纤维、有机垃圾和灰土等近似塑性碰撞,不产生弹跳,随斜面向上运动;而砖瓦、金属、碎玻璃、废橡胶等则属于弹性碰撞,产生弹跳,向斜面下部运动,他们的运动轨迹不同,因而得以分离。

二、摩擦与弹跳分选设备与应用

1. 带式筛

带式筛是一种倾斜安装带有振打装置的运输带,其带面由筛网或刻沟的胶带制成,带面安装有一定倾角,如图 4-26 所示。废物从带面下半部的上方给入,由于带面的振动,颗粒废物在带面上做弹性碰撞,向运输带的下端弹跳,又因带面的倾角大于颗粒废物与运输带的摩擦角,所以颗粒废物向下运动,最后从带的下端排出。纤维废物与带面为塑性碰撞,不产生弹跳,并且带面倾角小于纤维废物与运输带的摩擦角,所以纤维废物不沿带面下滑,随带面一起向上运动,从运输带的上端排出。在向上运动过程中,由于带面的振动,一些细粒灰土透过筛孔从运输带下排出,从而使细粒废物与纤维废物分离。

2. 斜板运输分选机

斜板运输分选机如图 4-27 所示。生活垃圾由给料皮带运输机从斜板运输分选机的下半

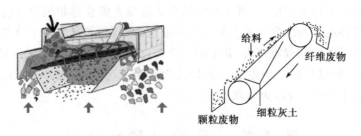

图 4 - 26　带式筛示意图

部的上方给入,其中砖瓦、金属、玻璃等与斜板板面发生弹性碰撞,向板面下端弹跳,从斜板分选机下端排入重的弹性产品收集仓,而纤维织物、木屑等与斜板板面发生塑性碰撞,随板面向上运动,从斜板上端排入轻的非弹性产品收集仓,从而实现分选。

3. 反弹滚筒分选机

反弹滚筒分选机如图 4 - 28 所示。废物由倾斜抛物皮带运输机抛出,与回弹板碰撞,其中金属、砖瓦、玻璃等与回弹板、分料滚筒发生弹性碰撞,被抛入重的弹性产品收集仓,而纤维废物、木屑等与回弹板发生塑性碰撞,被分料滚筒抛入轻的非弹性产品收集仓,从而实现分选。

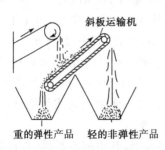

图 4 - 27　斜板运输分选机

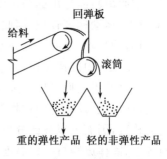

图 4 - 28　反弹滚筒分选机

摩擦与弹跳分选除了用于选矿,还可用于生活垃圾和建筑垃圾的分选。

第六节　浮　选

一、浮选概述

1. 浮选原理

浮选(froth flotation),是根据物质表面润湿性的差异进行分选的一种方法,适于处理细粒物料。所谓润湿性,是指物质被水润湿的程度。易被水润湿的物质,称为亲水性物质;不易被水润湿的物质,称为疏水性物质。

浮选过程中,在固体废物与水调制的料浆中加入浮选药剂,并鼓入空气形成细微气泡,细微气泡首先与水中的悬浮颗粒黏附,形成整体密度小于水的"气泡-颗粒"复合体,使悬浮颗粒随气泡一起浮升到水面,如图 4 - 29 所示。悬浮颗粒能否与气泡黏附,主要取决于颗粒的表面性质。一般,疏水性颗粒容易与气泡黏附,而亲水性颗粒则不易与气泡黏附,亲水性越强,黏附越困难。因此,实现浮选必须具备以下三个基本条件:一是必须在水中产生足够数量的细微气泡;二是必须使待分离的污染物形成不溶性的固态或液态悬浮体;三是必须使气泡能够与悬浮颗粒相黏附。第一个条件需要有性能优良的机械搅拌或气体释放器,以获得足够数量的细微气泡,第二和第三个条件的实现离不开浮选剂。

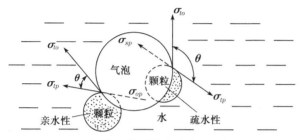

(a) 不同润湿性颗粒与气泡的黏附情况

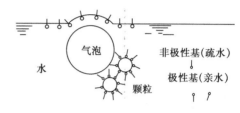

(b) 浮选药剂对改变亲水性颗粒表面性质的作用

图 4 - 29　浮选原理

2. 浮选剂

浮选剂是浮选中所用药剂的总称,按功能不同可分为捕收剂、起泡剂和调整剂三类,捕收剂能选择性地吸附在欲选物质颗粒表面,使其疏水性增强。起泡剂是一种表面活性物质,主要作用在水-气界面上,使其界面张力降低,促使空气在料浆中形成小气泡,防止气泡兼并,增大分选界面,提高气泡与颗粒的黏附及上浮过程中的稳定性。调整剂按其作用不同可分为活化剂、抑制剂、介质的调整剂、分散与混凝剂四种类型。活化剂用于促进捕收剂与欲选物质的作用,从而提高欲选物质颗粒的可浮性;抑制剂用于削弱非选物质颗粒与捕收剂之间的作用,增大其与欲选物质颗粒间的可浮性差异;介质调整剂用于调整浆料性质,改变浮选的介质环境;分散与混凝剂用于调整料浆中细粒的分散、团聚与絮凝,以减小细粒对浮选的不利影响,改善和提高浮选效果。

二、浮选机

浮选机是浮选工艺的主要设备,如图 4 - 30 所示。按搅拌和充气方式的不同,可分五种:

① 机械搅拌式。搅拌和充气都由机械搅拌器实现,机械搅拌器分为离心叶轮、星形转子和棒形转子等类型。搅拌器在浮选槽内高速旋转,驱动料液流动,在叶轮腔内产生负压而吸入空气。

② 充气机械搅拌式。除机械搅拌外,另向浮选槽中充入低压空气。

③ 充气式。靠压入空气进行搅拌并产生气泡,如浮选柱和泡沫分离装置等。

图 4 - 30　浮选机

④ 气体析出式。采用降低压力,或先加压后降至常压的方法,使料液中溶解的空气析出,形成微泡。

⑤ 压力溶气式。利用高压将充入的空气预溶于水,然后在常压下于浮选槽内析出,形成大量微泡。

三、浮选的应用

1. 粉煤灰中浮选炭

炭粒是高度分散的颗粒,当粉煤灰浆液中加入浮选剂后,一方面,捕收剂与炭粒的亲和力比灰强;另一方面,由于捕收剂是一种异极性物质,能改变水中炭粒表面浸润性,使炭粒表面由亲水性变成疏水性,从而附着于气泡上,并随着浮选机运行过程中产生的气泡一起浮到水面,收集过滤,即得到精煤。

工艺流程:由电站锅炉水膜除尘器排出的粉煤灰浆液用砂浆泵打至浓缩池,靠重力沉降使悬浮物浓缩,其中固体含量由入口的1.7%左右提高到出口的27%左右。上层清液流入集水池,再用清水泵送到热电站做冲渣水用;下层浆液用砂浆泵打入搅拌槽,加入捕收剂0#柴油和发泡剂,并补加精煤过滤机返回的滤液至悬浮物浓度为23%,加速搅拌进入浮选机,浮选机中通入空气并继续搅拌。炭粒对油的亲和力比灰强,在不断搅拌下,发泡剂产生大量气泡,这些气泡在上升至表面的过程中将黏附油的炭粒带到液体上部形成泡沫层,再通过刮板送至精选单元,经精煤过滤机过滤得到含水率小于5%的精煤滤饼,通过带式运输机送至精煤仓。灰粒通过精选与扫选,进一步回收炭后送至尾灰浓缩桶,浓缩后到尾灰过滤机,过滤后的灰饼通过皮带运输机送至尾灰仓。精煤滤液用泵打回搅拌槽调节浮选液浓度。尾灰滤液送至灰渣沉淀池,沉淀后的水达标排放。

2. 选　矿

浮选可用于选矿。例如方铅矿(PbS)一般品位不高,必须经过浮选才能冶炼。浮选流程是:将方铅矿矿石粉碎,放在浮选槽中,加入水和表面活性剂黄原酸钾,通入空气鼓泡,黄原酸根与方铅矿矿粒表面吸附,极性基与矿粒表面的金属原子互相吸引,非极性基朝外,使矿粒的润湿性大大降低,易于附着在气泡上,从水中"逃出",漂浮于水面被收集,从而与矿石中的泥沙等杂质分离。

第七节　　其他分选方式

一、光电分选

光电分选(photometric sorting),是利用物质表面光反射特性的不同分离物料。光电分选如图4-31所示,物料预先分级、排队进入光检区。物料受光源照射,背景板显示物料的颜色或色调,如果物料颜色与背景颜色不同,反射光经光电倍增管转换为电信号,电子电路分析后,产生控制信号驱动高频气阀,喷射出压缩空气,将其吹离原来下落轨道,加以收集。而颜色符合要求的物料仍按原来的轨道自由下落加以收集,从而实现分离。光电分选机可用于分离不同颜色的玻璃或塑料袋。

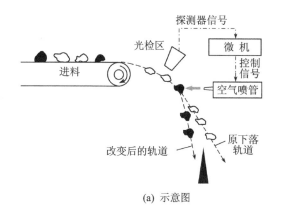

(a) 示意图　　　　　　　　　　　　　(b) 实物图

图 4-31　光电分选

二、涡电流分选

涡电流分选(eddy current separation),基于两个重要的物理现象:一个随时间变化的交变磁场总是伴生一个交变电场;载流导体产生磁场。如图 4-32 所示,当废物流以一定的速度通过一个交变磁场时,有色金属内部会产生感应涡流,因而磁场对产生涡流的有色金属产生排斥力,排斥力的方向与磁场方向和废物流的方向均呈 90°。排斥力随物料的固有电阻、导磁率等特性以及磁场密度变化速度而异,利用涡电流分选可使一些有色金属(如铅、铜、锌等物质)从混合物料中分离。在电子废物回收处理生产线中,主要用于从混合物料中分选出铜和铝等非铁金属,应用十分广泛。为保证分离效率,废物需破碎至 4～30 mm,并预先除铁。金属的氧化(如 Al 氧化成 Al_2O_3)会降低分选效率。

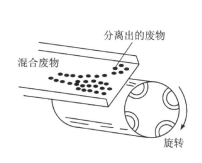

图 4-32　涡电流分选

第八节　分选回收综合系统

一、生活垃圾分选回收系统

　　生活垃圾回收系统包括收集、运输、破碎、筛选、重力分选、磁力分选、摩擦与弹跳分选、浮选等。下面介绍一种为堆肥工艺配备的生活垃圾分选工艺流程,如图 4-33 所示。

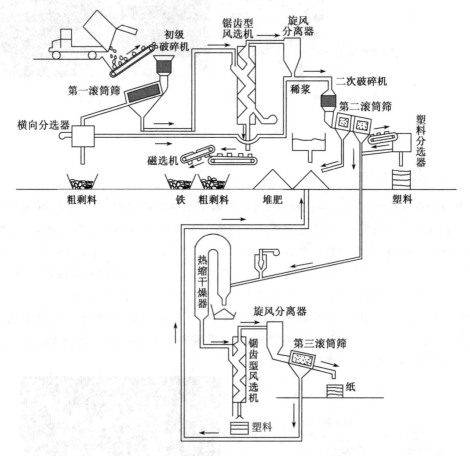

图 4-33　生活垃圾分选流程图

　　将生活垃圾用带式输送机由料仓送入初级破碎机(锤式破碎机),垃圾在破碎机内被破碎后,送入第一滚筒筛,筛溢流物主要由纸和塑料组成,将其送入横向分选器分离并导入循环,粗剩料被析出;筛落物送入锯齿型风选机,在风选机内分成轻组分和重组分,重组分借助磁选机被分成铁和粗剩料,轻组分(塑料、纸和有机物)送入旋风分离器,分离后送入二次破碎机。后续流程配备了两种不同筛孔的第二滚筒筛(筛孔先小后大),筛分出纸和有机成分,有机成分可用于堆肥;由纸和塑料组成的筛溢流物送入静电塑料分选器,塑料成分被选出和压缩,分离出的纸与其他纸组分合并。将从第二滚筒筛和塑料分选器中分离出的纸组分送入热缩干燥器,在热气流中干燥,随后进入热冲击器,这种热冲击器能使夹带的塑料收缩,发生形态变化,然后送入第二台锯齿型风选机中分离成轻组分和重组分,重组分包括热缩的塑料成分,轻组分经旋风分离回收后送入第三滚筒筛,其筛孔直径约 4 mm,纸在这里从粗组分中分离出来,细组分可进行堆肥。

二、废金属材料的回收

废物资源回收厂难以置备一整套分离和回收利用各种金属的系统,因此,这些废物一般都卖给其他处理厂。目前,可以选择性地回收一种或几种有经济效益的金属。

首先考虑分离黑色金属,因为这类金属很容易采用磁选法分离。如图 4-34 所示,黑色金属回收系统通常用到锤式破碎机,废金属的尺寸可以大如汽车车体,然后将这些废物分成轻、重两部分。磁选法分离出重组分中的黑色金属,利用压块机将其压成块,送往冶炼厂。也可在废物产生地点用目视法和磁选法将黑色金属和有色金属分开并装入各自的料斗,减少后续处理的工作量。

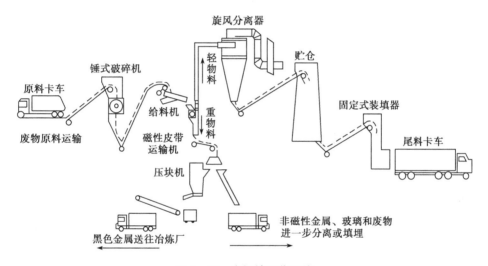

图 4-34 废钢铁回收系统

废金属的处理问题常常不容易解决。存在于工业废物、废渣和冶炼炉副产品、污泥以及焚烧炉中有回收价值的黑色和有色金属,在大多数情况下,往往以成分复杂的混合物形式呈现。最实际的回收和处理这些废物的方法是进行一定程度的富集,图 4-35 成功应用于回收金属合金及黄铜、青铜、铜、铅、锌、银、金、碳化硅和磨料等有用材料。

在金属分离综合流程中,废物先进入颚式破碎机,使其尺寸减小,形成较均匀的颗粒。大块的金属要从颚式破碎机的给料端挑出,或放入冲击式破碎机。然后,物料进入磨碎机磨碎至最终尺寸,并清除其他非金属废物。磨碎一般在球磨机中进行。球磨机产物再通过一台螺旋筛选机过筛分级。螺旋筛选机直接连在球磨机上,与球磨机一起旋转,产品尺寸一般在 0.48~0.64 cm 的范围内。如果螺旋筛选机筛出的细产品中含有金属细料,还要在跳汰机上分离回收,其目的是回收那些在筛选和分级操作中没有收回的细粒产品。由跳汰机排出的细料可用一台或几台摇床进行处理。

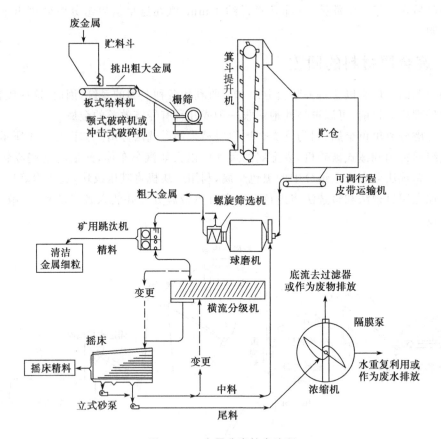

图 4-35　金属分离综合流程

思 考 题

1. 筛分的原理是什么？影响筛分效率的因素有哪些？

2. 简述各种重力分选设备的工作原理及其应用范围。

3. 试结合你了解的情况,阐述磁力分选在固体废物处理中的应用。

4. 简述电力分选的原理及应用。

5. 什么是摩擦与弹跳分选？举例说明其在生活垃圾处理中的应用。

6. 浮选中常用哪些浮选药剂？试举例说明浮选药剂的应用。

7. 简述光电分选和涡电流分选在固体废物处理中的应用。

8. 根据生活垃圾中各组分的性质,怎样优化分选回收系统？

9. 已知某物料的颗粒尺寸分布可表示为:$\beta_- = 1 - \exp[-(x/0.1)^2]$。今用 120 目筛(筛孔尺寸＝0.125 mm)进行筛分,当全部物料的 70% 通过筛网时,发现筛下产物中＋0.125 mm 颗粒占产物的 1.5%。试计算筛分效率。

第五章　焚烧与热解

第一节　概　述

焚烧(incineration)是一种高温热处理技术,即以一定量的过剩空气与被处理的有机废物在焚烧炉内进行氧化燃烧反应,废物中的有毒有害有机物质在高温下被破坏。焚烧可以处置生活垃圾、一般工业固体废物和危险废物。焚烧流程如图5-1所示。

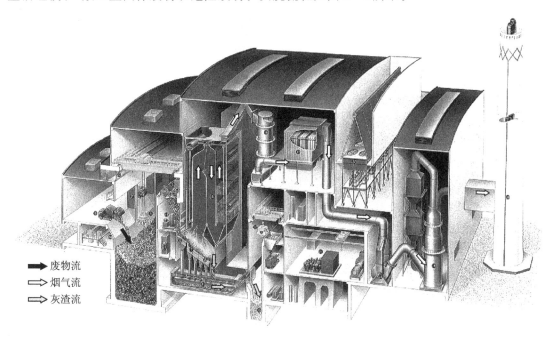

➡️ 废物流
⇨ 烟气流
⇨ 灰渣流

图5-1　焚烧流程示意图

一、焚烧目的

焚烧可实现废物减量化、无害化和资源化。固体废物经过焚烧处置,一般体积可减少80%～95%,实现减量化。一些危险废物经过焚烧,可以破坏其有毒有害有机物或杀灭病原菌,达到无害化的目的。可燃性固体废物通过焚烧回收热能,热值低的固体废物,需添加辅助燃料才能燃烧,这会使运行费用增高,如果有条件辅以适当的废热回收装置,则可降低废物焚烧处理成本。固体废物焚烧热能的利用方式包括供热、发电以及预热废物和燃烧空气等。若无十分把握回收热能,只能暂时放弃热能的利用,服从焚烧废物这个主要目的。

二、焚烧技术应用范围

焚烧技术可以处置固态废物、液态废物和气态废物。危险废物中的有机固态、液态和气态废物常常采用焚烧技术处理。在焚烧生活垃圾时,也常常将生活垃圾焚烧前贮存过程中产生的臭气引入焚烧炉进行焚烧。

废物焚烧厂按其处置规模和服务范围,分为区域集中处置厂和就地分散处置厂。其中,区域集中处置厂规模大、设备先进、无害化程度高,有利于能量的回收和利用。

一般,焚烧易燃烧、数量少、种类单一及间歇操作的废物时,工艺系统及焚烧炉本体的设计应尽量简单,不必设置废热回收设施。废物数量大并需要进行连续焚烧时,应尽可能考虑废热回收措施,以充分利用高温烟气的热能。为了安全可靠地回收热能,可将那些低熔点物质预先分出另做处理,则产生的烟气就比较干净,并可减少对废热锅炉等设备的腐蚀。

废物焚烧后的高温烟气还存在烟气净化问题,这是焚烧过程重要的组成部分,有时还成为较难处理的问题。烟气净化系统投资约占总投资的 15%～35%,甚至更高。

第二节　焚烧技术原理

一、废物焚烧过程

一般,废物的燃烧按其特性分为四类:蒸发燃烧,即固体受热熔化成液体,继而汽化成蒸气,与空气扩散混合而燃烧,例如蜡烛的燃烧;表面燃烧,固体受热后不发生熔化、蒸发和分解等过程,而是在固体表面与空气反应进行燃烧,如木炭的燃烧;分解燃烧,即固体受热后首先分解,轻的碳氢化合物挥发与空气扩散混合而燃烧,留下的固定碳与空气接触进行表面燃烧,例如木材和纸的燃烧;阴燃,即没有火焰的缓慢燃烧。废物的种类、数量、形态和燃烧特性是决定焚烧工艺流程及焚烧炉炉型的主要依据。

废物焚烧过程如图 5－2 所示,包括:

① 干燥和脱气。这个阶段,挥发物一般在 100～300 ℃挥发(例如烃类和水)。干燥和脱气过程中不需要任何氧化剂,仅依赖于焚烧炉所提供的热量。

② 热解和气化。热解是有机物在缺少氧化剂的条件下进一步分解,反应温度约 250～700 ℃。气化是指含碳残渣与水蒸气、空气和 CO_2 等气化介质反应,温度一般在 500～1 000 ℃,也能在高至 1 600 ℃的条件下发生。经过热解和气化,固体中的有机质转移到了气相中。除了温度以外,水和氧气也是维持反应的重要因素。

③ 燃烧。前一阶段产生的可燃性气体和焦炭氧化燃烧,并释放大量热量,烟气温度一般在 800～1 450 ℃。当固体废物的热值和氧气供应充足,形成热链反应和自持燃烧后,则不需要添加辅助燃料。为了防止炉排过热,这一阶段的炉排通常采用特殊材质钢,并辅以风冷或者水冷控制炉排温度。

(4) 燃烬。废物经完全燃烧后变成灰渣,在此阶段温度逐渐降低,炉渣被排出炉外。

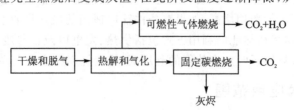

图 5－2　废物焚烧过程

各阶段在燃烧过程中通常部分重叠,这意味着在废物焚烧过程中只能在一定程度上对这些阶段进行时间和空间上的分离。事实上,这些过程平行发生并相互影响。因此,优化焚烧炉设计和空气量分配及控制工程,可以减少焚烧污染物的排放。

二、废物焚烧方式

1. 按燃烧气体流动方式分类

（1）逆流式

焚烧炉的燃烧气体流动与废物流动方向相反,适合于难燃烧、闪点高的废物。

（2）顺流式

焚烧炉的燃烧气体流动与废物流动方向相同,适用于易燃性、闪点低的废物。

2. 按助燃空气加入段数分类

（1）单段燃烧

单段燃烧一般必须送入大量的空气,并需较长停留时间,才能将未燃烧的碳颗粒完全燃烧。

（2）多段燃烧

多段燃烧,首先在第一次燃烧过程中提供不足量的空气,使废物进行蒸发和热解,产生大量的 CO、碳氢化合物和微小的碳颗粒;然后在第二次、第三次燃烧过程中再供给足量空气,使其充分燃烧。多段燃烧的优点是热解阶段所需的供气量较少,因此在第一燃烧室内送风量小,不易将底灰带出,产生颗粒污染物的可能性较小。目前最常用的是两段燃烧。

三、废物焚烧控制参数

焚烧温度、停留时间、混合强度及过剩空气系数是焚烧控制参数。

1. 焚烧温度

废物的焚烧温度是指废物中有害组分在高温下氧化、分解直至破坏所须达到的温度,高于废物着火温度。

焚烧炉温度是指焚烧炉燃烧室出口中心的温度。

一般,提高焚烧温度有利于废物中有机毒物的分解和破坏,并可抑制黑烟的产生。但过高的焚烧温度不仅增加了燃料的消耗量,还增加了废物中金属的挥发量及氮氧化物数量,引起二次污染。

合适的焚烧温度在一定的停留时间下由试验确定。大多数有机物的焚烧温度范围在 $800 \sim 1\,100\ ℃$ 之间,通常在 $800 \sim 900\ ℃$。

2. 烟气停留时间

烟气停留时间,是指燃烧气体从最后空气喷射口或燃烧器到换热面(如余热锅炉换热器)或烟道冷风引射口之间的停留时间。

烟气停留时间与废物进入炉内的形态(固体废物粒度、液体黏度及其雾化效果等)关系较大。一般可参考以下经验数据:

① 对于生活垃圾焚烧,如温度维持在 $850 \sim 1\,000\ ℃$ 之间,有良好的搅拌与混合,使垃圾的水气易于蒸发,燃烧气体在燃烧室的停留时间约为 $1 \sim 2\ s$。

② 对于一般有机废液,在较好的雾化条件及正常的焚烧温度条件下,焚烧所需的停留时间为 0.3~2 s,一般为 0.6~1 s;含氰化合物的废液较难焚烧,停留时间约为 3 s。

③ 对于废气,除去恶臭所需的焚烧温度并不高,停留时间一般在 1 s 以下。

3. 混合强度

要使废物燃烧完全,减少污染物形成,必须使废物与助燃空气充分接触、可燃气体与助燃空气充分混合,其扰动方式是关键所在。焚烧炉所采用的扰动方式包括空气流动扰动、机械扰动和旋转扰动。

空气流动扰动包括:

(1) 炉排下送风

助燃空气从炉排下送风,由废物层孔隙中窜出。这种扰动方式的优点是废物与助燃空气接触机会大,废物燃烧较完全,焚烧炉渣热灼减率较小;缺点是易将不可燃的底灰或未燃碳颗粒随气流带出,形成颗粒污染物。

(2) 炉床(或炉排)上送风

助燃空气由炉床(炉排)上方送风,废物进入炉内时从表面开始燃烧。其优点是形成的颗粒污染物较少,缺点是焚烧炉渣热灼减率较高。

二次燃烧室内氧气与可燃性气体的混合程度取决于二次助燃空气和燃烧气体的流动方式和湍流程度。一般,二次燃烧室气体流速为 3~7 m/s。如果气体流速过大,混合强度虽大,但气体在二次燃烧室的停留时间减少,不易燃烧完全。

(3) 流态化扰动

助燃空气从焚烧炉下部进入,经过气流分布板使床层产生流态化,扰动效果好。

机械扰动,主要通过各种形式的机械炉排和搅拌杆,搅动混合废物与助燃空气。旋转扰动,主要依靠回转窑体的转动,在重力和摩擦力的作用下混合废物与助燃空气。

4. 过剩空气系数

在实际燃烧系统中,氧气与可燃物质无法完全达到理想程度的混合及反应,需要比理论空气量更多的助燃空气量,可采用过剩空气系数(n)表示:

$$n = A/A_0 \tag{5-1}$$

式中:A_0 为理论空气量;A 为实际供应空气量。

废气中的氧含量间接反映过剩空气量,可从烟囱排气中测出,工程上可以根据过剩氧气量估计燃烧系统中的过剩空气系数。

助燃空气量供应是否充足,将直接影响焚烧效率,过剩空气系数过低,会使燃烧不完全,甚至冒黑烟,有害物焚烧不彻底;过剩空气系数过高,则会使燃烧温度降低,影响燃烧效率,造成系统的排气量和热损失增加。焚烧炉的过剩空气系数一般在 1.2~2.5,如废气焚烧炉为 1.3~1.5,液体焚烧炉为 1.4~1.7,流化床焚烧炉为 1.3~1.5,固体焚烧炉(旋转窑、多层炉)为 1.8~2.5。

5. 四个燃烧控制参数的互动关系

过剩空气系数由进料速率及助燃空气供应速率决定。气体停留时间由燃烧室几何形状、助燃空气供应速率及废气产生速率决定。助燃空气供应量将直接影响燃烧室的温度和流场混合程度。焚烧温度与烟气在炉内的停留时间关系密切,若停留时间短,则要求较高的焚烧温度;停留时间长,则可采用略低的焚烧温度。因此,设计焚烧工艺时应从技术、经济的角度确定焚烧温度,并通过试验确定所需的停留时间。

第三节　焚烧污染控制

一、焚烧产物

固体废物通常是一个高度异质性的混杂体系,主要包括有机物质、矿物质、金属和水分。废物焚烧产生烟气和焚烧灰渣。

废物完全焚烧产生的烟气热量高,其主要成分为:水蒸气、氮气、二氧化碳和氧气。由于废物组成和焚烧操作条件的不同,还会含有 CO、VOCs、SO_2、HCl、HF、NO_x、PCDD/F(二噁英)、PCBs(多氯联苯)和重金属及其化合物等。根据焚烧主要阶段的燃烧温度,废物中的挥发性重金属和无机化合物(如盐分)完全或部分蒸发,转移到烟气和飞灰中。

焚烧灰渣包括炉渣和飞灰。生活垃圾焚烧后,炉渣约占总体积的 10%,其质量约占废物投入量的 20%～30%。飞灰量相对较少,一般占废物投入量的 2%～5%,但流化床焚烧炉产生的飞灰约占废物投入量的 15%～20%。焚烧灰渣的性质与废物种类和焚烧过程有关。

二、焚烧烟气中的污染物及其控制

焚烧过程(特别是有害废物的焚烧)产生的空气污染物包括颗粒污染物、酸性气态污染物、重金属及其化合物、一氧化碳和碳氢化合物、毒性有机氯化物以及恶臭等。如将其直接排入环境,必然会导致二次污染,因此需对其进行适当的处理。

1. 颗粒污染物

颗粒污染物大致可以分为三类:

① 废物中的不可燃物,在焚烧过程中,较大残留物成为底灰排出,而部分粒状物则随废气排出炉外成为飞灰。飞灰所占比例与焚烧炉操作条件(送风量和炉温)、粒状物粒度分布、形状和密度有关,其粒度一般大于 10 μm。

② 部分无机盐在高温下熔融挥发,在炉外遇冷凝结成粒状物,或二氧化硫在低温下遇水滴而形成硫酸盐雾状微粒。

③ 未完全燃烧产生的煤烟,粒度约在 0.1～10 μm 之间。由于颗粒细微,难以去除,最好的控制方法是在高温下使其氧化分解。

Thomas. A 认为,煤烟是由碳氢燃料的脱氢、聚合或缩合生成。各类碳氢化合物发烟的倾向与组分中碳原子数与氢原子数的比值有关,通常情况下,比值小的发烟倾向小。例如,萘中 C/H 为 1.25,苯中 C/H 为 1,因此萘比苯易发烟。一般,萘系、苯系、二烯烃、烯烃、烷烃、含氧碳氢化合物发烟倾向依次变小,醇类、醚类等含氧碳氢化合物焚烧时很少发烟。在废物焚烧减容及无害化时,不可避免地会产生煤烟,并且在烟道中凝集变大。由于烟道温度及氧浓度都较低,煤烟一旦形成,很难再将其燃烧掉。

为了防止煤烟的形成,应在其尚未凝集成大颗粒之前,通过提高氧气浓度和焚烧温度等方法,加速煤烟的燃烧。通常,燃烧用氧气由空气供给,由于受到空气组成的限制,在燃烧过程中,常采用通入二次空气提高氧的浓度、利用辅助燃料燃烧提高焚烧温度等方法,防止煤烟的生成。此外,物料与空气均匀混合也很重要。燃烧室太小(炉子的单位负荷太大)、混合气体停留时间过短也会产生煤烟。因此,选择合适的焚烧条件、恰当的炉膛尺寸和形状,可有效减少煤烟生成。降低火焰高温区温度、减小火焰与废气的降温速率,有助于减少小粒度粒状污染物的形成。

颗粒污染物可采用静电分离、过滤、离心沉降及湿法洗涤去除。鉴于二噁英类物质在常温下多以固体形态存在,因此,颗粒污染物上附着二噁英。为此,规定生活垃圾焚烧厂的烟气除尘设施必须采用袋式除尘技术。

2. 酸性气态污染物

焚烧产生的酸性气态污染物主要包括 NO_x、SO_2、HCl、HF、HBr、HI 等。其中,NO_x 来源于焚烧炉内高温条件下空气中的 N_2 与 O_2 反应,以及废物中有机氮化物的燃烧;SO_2 一部分来源于生活垃圾焚烧,另一部分来源于焚烧炉的点火和停炉过程使用的轻质柴油;HCl 主要来源于有机和无机含氯物质的焚烧,HF 来源于有机氟化物的燃烧,如氟塑料废弃物、含氟涂料等,形成机理与 HCl 相似。一般,HCl 浓度最高,SO_2 和 HF 的浓度相对较低。

固体废物焚烧产生的酸性气态污染物及颗粒,对焚烧炉炉体会产生腐蚀作用,设计不合理的焚烧炉,几个月内碳钢炉壳就会被腐蚀掉。因此,炉体的防护非常重要,其主要措施有:

① 控制温度,避免 HCl 露点腐蚀。采用水墙式炉壁,即在炉壁四周装配水管墙吸收辐射热,控制炉壁温度在 HCl 露点以上至 HCl 直接与 Fe 反应的温度以下(108～400 ℃)。

② 提高灰分熔点。由于积灰加快了高温腐蚀速度,因此可向锅炉中投入高温防腐剂(Ca、Mg、Al 的氧化物)。

③ 选用耐腐蚀性强的钢材做炉壳,根据耐火材料的耐腐蚀特性分段选用,如在焚烧炉内,低温部分宜用黏土砖,而高温部位宜用高铝矾土砖。

NO_x 的控制优先考虑采用低氮燃烧技术,减少氮氧化物的产生量,烟气脱硝可采用选择性非催化还原法(SNCR)或选择性催化还原法(SCR)。SO_2、HCl 和 HF 等酸性气态污染物,采用适宜的碱性物质中和去除,可采用半干法(15% $Ca(OH)_2$ 乳液)、干法(95% 纯度 $Ca(OH)_2$ 粉)或湿法(45% $NaOH$ 溶液)处理工艺。

3. 重金属及其化合物

焚烧烟气中受控重金属,包括 Hg、Cd、Tl、Sb、As、Pb、Cr、Co、Cu、Mn、Ni、V 等,一般由废物中所含金属化合物或其盐类热分解产生。混杂的涂料、油墨、电池、灯管、含汞制品、电子线路板等含有重金属。一些重金属在炉内参与反应生成的氧化物或氯化物,比原金属元素更易气化挥发。高温挥发进入烟气中的重金属物质,随烟气温度降低,部分饱和元素态重金属(如镉、汞),会凝结成均匀的小粒状物,或凝结于烟气中的烟尘上;某些饱和温度较低的重金属,在飞灰表面的催化作用下,形成饱和温度较高且较易凝结的金属氧化物或氯化物,或吸附在烟尘表面。元素态重金属凝结而成的小粒状物,其粒径在 1 μm 以下;重金属凝结或吸附在烟尘表面,也多发生在比表面积大的小粒状物上,因此,小粒状物上的重金属浓度比大颗粒的要高,从焚烧烟气中收集下来的飞灰,通常被视为危险废物。

烟气中重金属的去除,可以在袋式除尘器前向烟气中喷射活性炭或其他多孔性吸附剂,或在袋式除尘器前喷入能与重金属反应的 Na_2S 或抗高温液体螯合剂,也可在袋式除尘器后设置活性炭或其他多孔性吸附剂吸附塔(床)或催化反应塔。

4. 一氧化碳和碳氢化合物

一氧化碳和碳氢化合物部分来源于废物中有机物的热分解,部分来源于不完全燃烧过程。一氧化碳燃烧所需的活化能高,是不完全燃烧的代表性产物,碳氢化合物包括多环芳烃等。焚烧有机氯化物时,常夹杂 CO 与燃烧中间产物,而燃烧中间产物分析较为困难,因此常以 CO 的含量判断燃烧是否完全。据国内外研究结果,一氧化碳与二噁英类的排放浓度具有统计相关性,目前,二噁英类污染物不能实现在线监测,因此,可通过对运行工况的在线监控,间接控制二噁英类污染物的排放水平。当焚烧炉烟气中一氧化碳浓度降低到 $100~mg/Nm^3$ 以下时,烟气中二噁英类物质浓度会大幅度降低。可通过改善燃烧条件、提高燃烧效率减少一氧化碳和碳氢化合物的排放量。

5. 毒性有机氯化物

废物焚烧过程中产生的毒性有机氯化物主要是二噁英类(Dioxin),此外还有多氯联苯、氯苯和氯酚等。二噁英类是首批列入《关于持久性有机污染物的斯德哥尔摩公约》受控名单的 POPs,包括多氯二苯二噁英(简称 PCDDs,共 75 种)和多氯二苯并呋喃(简称 PCDFs,共 135 种),如图 5-3 所示,其中毒性最大的是 2,3,7,8-四氯二苯二噁英(TCDD),它是目前已知毒性最强的化合物,具有强致癌性,毒性是氰化物的 130 倍。

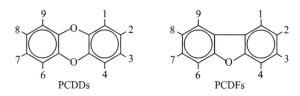

图 5-3　二噁英结构式

PCDDs/PCDFs 浓度的表示方法包括总量浓度和当量浓度。测出样品中二噁英各种衍生物的浓度,直接相加即为总量浓度。毒性当量系数是以毒性最强的 2,3,7,8-TCDD 为基准(系数为 1.0)制定,其他衍生物则按其相对毒性以系数表示。目前广为采用的是 I-TEF 当量系数,表 5-1 为二噁英同类物毒性当量因子表。

表 5-1　二噁英同类物毒性当量因子表

物质名称	毒性当量因子 TEF	物质名称	毒性当量因子 TEF
2,3,7,8-TCDD	1	2,3,7,8-TCDF	0.1
1,2,3,7,8-PeCDD	0.5	2,3,4,7,8-PeCDF	0.5
1,2,3,4,7,8-HxCDD	0.1	1,2,3,7,8-PeCDF	0.05
1,2,3,6,7,8-HxCDD	0.1	1,2,3,4,7,8-HxCDF	0.1
1,2,3,7,8,9-HxCDD	0.1	1,2,3,6,7,8-HxCDF	0.1
1,2,3,4,6,7,8-HpCDD	0.01	1,2,3,7,8,9-HxCDF	0.1
OCDD	0.001	2,3,4,6,7,8-HxCDF	0.1
		1,2,3,4,6,7,8-HpCDF	0.01
		1,2,3,4,7,8,9-HpCDF	0.01
		OCDF	0.001

PCDDs/PCDFs 源自三条途径:废物成分、炉内形成和炉外低温合成。

(1) 废物成分

废物本身可能含有 PCDDs/PCDFs 类物质,燃烧含 PCDDs/PCDFs 的废物,排出的烟气中往往会含有 PCDDs/PCDFs。生活垃圾成分复杂,加上普遍使用杀虫剂、除草剂、防腐剂、农药及喷漆等有机溶剂,生活垃圾中不可避免地含有 PCDDs/PCDFs 类物质。国外资料数据显示:1 kg 家庭垃圾中,PCDDs/PCDFs 的含量约在 11~255 ng(I-TEQ),其中塑胶类的含量较高,达 370 ng(I-TEQ)。危险废物中 PCDDs/PCDFs 的含量更为复杂。

(2) 炉内形成

PCDDs/PCDFs 的破坏分解温度不高(约 750~800 ℃),若能保持良好的燃烧条件,废物本身所夹带的 PCDDs/PCDFs 物质经焚烧后,大部分可以破坏分解。但是在废物焚烧过程中,可能先形成部分不完全燃烧的碳氢化合物,当炉内燃烧状况不良(如氧气不足、缺乏充分混合、炉温太低、停留时间太短)而未及时分解为 CO_2 和 H_2O 时,就可能与废物或烟气中的氯化物(如 NaCl、HCl 等)结合形成 PCDDs/PCDFs,以及破坏分解温度较 PCDDs/PCDFs 高出约 100 ℃ 左右的氯苯及氯酚等物质。

(3) 炉外低温合成

当燃烧不完全时,烟气中产生的氯苯或氯酚等物质被飞灰中的炭所吸附,并在特定的温度范围(250~400 ℃,300 ℃时最佳)被金属氯化物催化反应生成 PCDDs/PCDFs。烟气中氧与水分的含量影响 PCDDs/PCDFs 的再合成。典型的生活垃圾焚烧处置多采用过氧燃烧,且生活垃圾中水分含量较高,再加上重金属经过燃烧挥发后多凝结于飞灰上,烟气中往往含有大量 HCl 气体,提供了 PCDDs/PCDFs 再合成的环境,成为 PCDDs/PCDFs 产生的主要原因。废物中所含 PCB(多氯联苯)及相近结构的氯化物等,在焚烧过程中分解或组合,也是形成 PCDDs/PCDFs 的一个重要机制。

二噁英的控制可从以下几个方面入手:

① 控制来源。通过废物分类收集,避免含 PCDDs/PCDFs 物质及含氯成分高的物质(如 PVC 塑料)进入垃圾。

② 减少炉内形成。焚烧炉应保持足够的燃烧温度及气体停留时间,焚烧炉出口烟气中氧气含量为 6%~10%(体积百分数),但同时要注意控制 NO_x 污染。

③ 避免炉外低温再合成。在燃烧区后设置急冷装置,使烟气迅速冷却,在 1 s 内降到 250 ℃ 以下,防止 PCDDs/PCDFs 再合成。

④ 吸附捕集。采用活性炭或其他多孔性吸附材料吸附烟气中的二噁英,经袋式除尘器捕集下来。

⑤ 处置。PCDDs/PCDFs 通常采用高温焚烧法处理。

6. 恶　臭

废物在贮存和焚烧的过程中,常会产生恶臭。恶臭物质是贮存时废物生物降解的产物,或者是未完全燃烧的有机物,多为含硫或氮的物质,如硫化氢、低级脂肪胺等。它们刺激人的嗅觉器官,引起人们厌恶或不愉快,有些物质还危害人体健康。

消除恶臭,可在二次燃烧室中,用辅助燃料将焚烧温度提高到 850 ℃ 以上,使恶臭物质直接燃烧;或者采用填充式生物脱臭塔;还可用酸、碱和次氯酸钠溶液吸收、氧化恶臭物质。

三、焚烧灰渣

焚烧炉产生的灰渣包括炉渣和飞灰。炉渣,是指废物焚烧后直接从炉床排出的残渣;飞灰,是指废物焚烧厂正常运行和检修时间,烟气净化系统(FGT)捕集或收集的烟尘及反应生成物,包括烟气净化系统设备、烟道和烟囱底部沉积的烟尘及反应生成物。欧盟要求分别收集、储存、运输炉渣和 FGT 系统飞灰。

焚烧炉产生的灰渣是否具有回收的可能性主要取决于以下四个方面:灰渣中有机物含量;灰渣中重金属的总量;灰渣中金属、盐类和重金属的浸出性;灰渣的物理性质,如粒度和强度等。

灰渣的处理技术包括焚烧过程控制和后处理技术。焚烧过程控制的目的是通过改善焚烧参数,提高焚烧效率或改变金属在各种灰渣中的分布。后处理技术包括破碎、筛分、磁选、熟化和稳定化等。

1. 炉渣的处理

(1) 提高炉渣燃尽率

通过控制最佳燃烧参数,使固定碳燃烧完全,提高炉渣燃尽率。

炉渣中有机物含量可以用 TOC 或 LOI(烧失量)表示,炉渣中的 TOC 最主要的是单质碳,还包括少数的有机碳。TOC 与灰渣中金属的分布也有关系。例如,铜会以有机铜化合物形式沥滤下来,提高燃尽率,可降低炉渣中铜的沥出。随着流化床焚烧温度的提高,会增加炉渣中 CaO 的量,可能会提高两性金属的溶解性,当 pH 为 $11\sim12$ 时,铅有可能沥滤出来。欧盟垃圾填埋场规定了残渣可被接收的最大 TOC 量。

(2) 炉渣预处理

炉渣预处理包括:磁选回收炉渣中的铁;筛分分离不同粒度的颗粒;破碎减小粒度;风选回收轻质未燃烧组分(如塑料);涡电流分选回收炉渣中的有色金属。炉渣中铁含量约为 $1.3\%\sim25.8\%$,铁的回收率为 $55\%\sim60\%$(回收率=回收金属的质量/入料中金属的质量);炉渣筛分用的筛孔直径分别为 150 mm、32 mm、22 mm,破碎机一般安装在第一个筛的出口;有色金属 Al、Cu、Cr、Ni 优先存在于炉渣中,焚烧时金属的氧化(如 Al 变成 Al_2O_3)会降低涡电流分选的效率,分离出的有色金属中,含有 60% 的 Al,25% 的其他金属(Cu、Zn 和不锈钢的混合物),15% 的焚烧残渣,回收率约 50%。预处理后的炉渣可用作天然建筑材料——砂和沙砾的替代物,但也存在能源消耗和潜在的噪声或扬尘污染问题。

(3) 炉渣的熟化

分离出金属后的炉渣,通过吸收空气中的 CO_2 和 H_2O 进行熟化,降低其化学活性和金属的浸出。炉渣中的 Al 与 $Ca(OH)_2$ 和 H_2O 反应,生成 $Al(OH)_3$ 和 H_2,引发体积膨胀问题,因此,炉渣的熟化是利用之前的必须工序。

炉渣的熟化期一般是 $6\sim20$ 周不等,之后可用作建筑材料或进行填埋。熟化工艺过程可在封闭空间中进行,有利于防止灰尘、臭气、噪声污染和控制沥滤液;熟化工艺全过程或部分过程在室外进行,其优点是有更多的炉渣处理空间,利于空气在炉渣间流动,避免熟化过程中铝反应释放的氢气引发爆炸。熟化场地一般是混凝土地面,堆制的炉渣应保持湿润,可采用洒水系统抑制扬尘,熟化过程还需要定期翻堆,以保证对 CO_2 的吸收,缩短熟化时间,避免炉渣团聚变硬。

2. FGT 系统飞灰

(1) FGT 飞灰的固化/稳定化

FGT 飞灰可采用水泥固化,固化过程需加入药剂控制水泥的特性,通常采用硅氧基试剂降低 Pb 的浸出,加入硫化物降低其他金属的浸出,并需要足够的水以保证水泥的水合反应。水泥固化有利于难溶金属氢氧化物和碳酸盐的形成,短期内金属的释放量很少,但是,如果水泥固化体系 pH 较高,两性金属(如铅和锌)的浸出率将会提高。飞灰还可以直接在飞灰仓中螯合稳定化后,交给有资质的运输单位送至填埋场。

(2) FGT 飞灰的热处理

热处理过程分为玻璃化和熔融化技术,主要目的是破坏二噁英,获得的材料一般具有良好的浸出稳定性,但热处理会使 Hg、Pb 和 Zn 释放出来,热处理尾气需要处理。玻璃化和熔融化技术的区别在于冷却过程的不同,此外,不同的添加剂会使产物具有玻璃或晶体结构。热处理技术需要消耗能量,处理费用昂贵,处理 1 t 飞灰大约花费 100～600 欧元。

四、衡量焚烧处理效果的技术指标

1. 热灼减率

$$P = \frac{A-B}{A} \times 100\% \tag{5-2}$$

式中:P 为热灼减率,%;A 为干燥后原始焚烧炉渣在室温下的质量,g;B 为焚烧炉渣在 600 ℃±25 ℃经 3 h 热灼后冷却至室温的质量,g。焚烧炉渣热灼减率≤5%。

2. 燃烧效率

在焚烧处理生活垃圾及一般工业废物时,多以燃烧效率作为评估指标:

$$CE = [CO_2]/([CO_2] + [CO]) \tag{5-3}$$

式中:CE 为燃烧效率,%;$[CO_2]$ 和 $[CO]$ 分别为烟道气中该种气体的浓度。

3. 焚毁去除率

对于危险废物,以主要有害有机组成(principle organic hazardous constituents,POHC)的焚毁去除率(DRE)为衡量指标,要求达到 99.99% 以上。DRE 定义为从废物中除去的 POHC 的质量百分率:

$$DRE = \frac{W_i - W_o}{W_i} \times 100\% \tag{5-4}$$

式中:W_i 为被焚烧物中某有机物质的质量,g;W_o 为烟道气和焚烧残余物中与 W_i 相对应的有机物质的质量之和,g。

4. 烟气排放浓度限制指标

焚烧设施排放的大气污染物控制项目大致包括四个方面:烟尘,包括颗粒物(烟尘)、烟气黑度;有害气体,包括 NO_x、SO_2、HCl、HF、CO 和 TOC;重金属及其化合物,如 Hg、Cd、Tl、Sb、As、Pb、Cr、Co、Cu、Mn、Ni 和 V 等;有机污染物,如二噁英,包括多氯二苯二噁英(PCDDs)和多氯代二苯并呋喃(PCDFs)。

目前,我国已制定了《生活垃圾焚烧污染控制标准》(GB 18485—2014)、《危险废物焚烧污染控制标准》(GB 18484—2001)等,规定了焚烧污染物排放限值。

五、焚烧厂选址

焚烧厂的厂址选择应符合下列要求:

① 焚烧厂的选址,应符合城乡总体规划、环境保护规划、环境卫生专项规划以及国家现行有关法律和标准的规定。

② 应具备满足工程建设的工程地质条件和水文地质条件。

③ 不受洪水、潮水或内涝的威胁。受条件限制,必须建在受到威胁区时,应有可靠的防洪、排涝措施。

④ 不宜选在重点保护的文化遗址、风景区及其夏季主导风向的上风向。

⑤ 宜靠近服务区,运距应经济合理。与服务区之间应有良好的交通运输条件。

⑥ 应充分考虑焚烧产生的炉渣及飞灰的处理与处置。

⑦ 应有可靠的电力供应。

⑧ 应有可靠的供水水源及污水排放系统。

⑨ 对于利用焚烧余热发电的焚烧厂,应考虑易于接入地区电力网。对于利用余热供热的焚烧厂,宜靠近热力用户。

⑩ 应依据环境影响评价结论确定生活垃圾焚烧厂厂址的位置及其与周围人群的距离。经具有审批权的生态环境主管部门批准后,这一距离可作为规划控制的依据。

⑪ 在对生活垃圾焚烧厂厂址进行环境影响评价时,应重点考虑生活垃圾焚烧厂内各设施可能产生的有害物质泄漏、大气污染物(含恶臭物质)的产生与扩散以及可能的事故风险等因素,根据其所在地区的环境功能区类别,综合评价其对周围环境、居住人群的身体健康、日常生活和生产活动的影响,确定生活垃圾焚烧厂与常住居民居住场所、农用地、地表水体及其他敏感对象之间合理的位置关系。

第四节　焚烧炉

一、焚烧炉结构形式

焚烧炉由驱动装置、燃烧室及辅助设施组成。焚烧炉的结构形式与废物的种类、性质和燃烧特性等因素有关。根据所焚烧废物种类的不同,分为生活垃圾焚烧炉、一般工业固体废物焚烧炉和危险废物焚烧炉。按照所处理废物形态的不同,分为液体焚烧炉、气体焚烧炉和固体废物焚烧炉。其中,固体废物焚烧炉又分为炉排型焚烧炉、炉床型焚烧炉和流化床焚烧炉。

1. 炉排型焚烧炉

(1) 固定炉排焚烧炉

固定炉排焚烧炉分为水平固定炉排焚烧炉和倾斜固定炉排焚烧炉。水平固定炉排焚烧炉,废物从炉子上部投入,炉排下部的灰坑兼作通风室,由出灰口处靠自然通风送入燃烧空气,也可采用风机强制通风。在燃烧过程中需对焚烧物料层进行翻动,燃尽的灰渣落在炉排下的灰坑。该种焚烧炉的劳动条件和操作稳定性差,炉温不易控制。倾斜固定炉排焚烧炉的炉排布置成倾斜式,有的倾斜炉排后仍有水平炉排,增加的倾斜段可作为含水率较大固体废物的干燥段。固定炉排焚烧炉适于少量易燃固体废物的焚烧,间歇操作。

(2) 活动炉排焚烧炉

活动炉排焚烧炉又称机械炉排焚烧炉,炉排是焚烧炉的心脏,其性能直接影响废物焚烧处理效果,可使焚烧操作自动化和连续化,功能较好的炉排均为专利炉排。

2. 炉床式焚烧炉

炉床式焚烧炉采用炉床盛料,燃烧在炉床上物料的表面进行,适宜处理颗粒小或粉状固体废物以及泥浆状废物,分为固定炉床和活动炉床。

(1) 固定炉床焚烧炉

最简单的炉床式焚烧炉是水平固定炉床焚烧炉,适用于蒸发燃烧的固体废物,例如塑料、油脂残渣等;不适用于橡胶、焦油、沥青、废活性炭等表面燃烧的固体废物。

倾斜式固定炉床焚烧炉的炉床做成倾斜式,便于投料、出灰,并使在倾斜床上的物料一边下滑一边燃烧,改善了燃烧条件。这种焚烧炉多采用间歇操作,但如果固体废物焚烧后灰分很少,并设有较大的贮灰坑,或有连续出灰机和连续加料装置,可连续操作。

(2) 活动炉床焚烧炉

活动炉床焚烧炉的炉床可动,可使废物在炉床上松散和移动,进行自动加料和出灰操作。应用最多的是回转窑焚烧炉。

3. 流化床焚烧炉

流化床焚烧炉利用炉底分布板吹出的热风,先将载热体流态化,再将废物加入到流化床中,与高温的载热体接触、传热,进行燃烧。

二、机械炉排焚烧炉

1. 机械炉排焚烧炉概述

机械炉排焚烧炉(mechanical grate incinerator)主要用于生活垃圾的处理。从加料斗进入炉排的固体废物,首先在干燥段干燥后,随着炉排的运动,固体废物从干燥炉排移动到燃烧炉排上进行分解燃烧,燃烧所需的空气由炉排下的风机供给。未燃尽的固体废物,随炉排的运动移到后燃烧炉排,在此燃尽。灰渣从炉排落入熄火槽,用机械送入炉渣贮槽。燃烧产生的辐射热和热气体,可与进入炉膛的垃圾换热后进入废热锅炉以回收热能,同时将气体冷却,再经除尘器除尘后进入风机,由烟囱排出。由于焚烧时产生的热量大,温度高,采用水管排在焚烧炉炉壁内,一方面可降低炉内壁温度,减少腐蚀,另一方面也可回收辐射热能。

2. 机械炉排

机械炉排焚烧炉的关键设备是炉排,各种炉排的区别在于其结构形式和运动方式。炉排的种类有移动式、往复式、翻转式和摇动式等,这些机械炉排对废物在炉膛内的移动起着重要的作用。

(1) 往复炉排

往复炉排(reciprocating grates)包括固定炉条和活动炉条,并横向交替放置。活动炉条的往复运动由液压油缸或机械方式推动,往复的频率根据生产能力可以在较大范围内调整,操作控制方便。往复运动的炉排能将料层翻动扒松,适应性较强,可用于含水率较高的垃圾和以分解燃烧为主的固体废物的燃烧,但不适于细微粒状物和塑料等低熔点废物。

往复炉排分为顺推往复炉排和逆推往复炉排,如图 5-4 所示。逆推往复炉排又称马丁炉排,其长度固定,宽度则依所需炉排面积确定。炉排倾斜度约 26°,可动炉条逆向运动。当炉排上的垃圾在重力作用下向下移动时,垃圾料层底部受倾斜向上的推力,部分垃圾向上运动,促进垃圾层的搅拌和燃烧。与传统的顺推装置相比,逆推往复炉排促使新加入的垃圾与灼热层混合,干燥和点火可在短时间内完成;从干燥到燃烧过程均在逆推炉排上进行,炉排效率高;在后燃烧阶段,残留可燃物通过逆推方式送回燃烧区,使垃圾焚烧更充分;垃圾料层平整,燃烧状态稳定。逆推往复炉排无明显分段,也无段间落差。

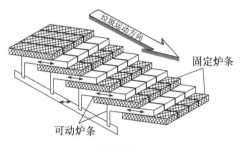

(a) 顺推往复炉排　　　　　　　　　　　　(b) 逆推往复炉排

图 5-4　往复炉排

(2) 西格斯多级炉排

西格斯多级炉排(seegers multistage grates)为台阶式炉排,每个标准炉排单元由固定炉条、滑动炉条和翻动炉条组成,可以各自单独控制,如图 5-5 所示。滑动炉条推动垃圾层向炉排末端运动,翻动炉条使垃圾变得蓬松并充满空气,每个单元的滑动炉条和翻动炉条均可根据垃圾特性和燃烧状况分别控制,适于处理高水分、低热值垃圾。

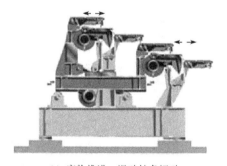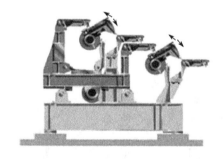

(a) 废物推进:滑动炉条运动　　　　　　　(b) 混合、燃烧:翻动炉条运动

图 5-5　西格斯多级炉排

(3) 阶段往复摇动炉排

阶段往复摇动炉排(stage reciprocating rocking grates)的固定炉条和可动炉条纵向交替配置,如图 5-6 所示。可动炉条由连杆及棘齿组成,在可动炉条支架上向上和向前做往复运动,推动和搅拌垃圾层;在燃烧区的固定炉条上有切断刀刃装置,其功能为松动垃圾块、垃圾层及调整垃圾停留时间,使供给的空气分布均匀。此型炉排由三个不同位阶的炉排组成,采用大阶段落差以增加燃烧效果,其干燥区倾斜度为 20°,燃烧区为 30°,后燃烧区为 33°。相似炉排

还包括德国诺尔、日本田熊 SN、日立造船等。

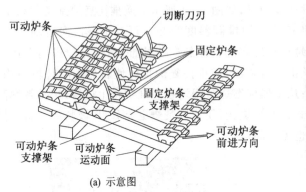

(a) 示意图　　　　　　　　　　　　　　(b) 实物图

图 5-6　阶段反复摇动炉排

(4) 逆动翻转炉排

逆动翻转炉排(reverse turnover grates)由固定炉条及可动炉条横向交替配置,如图 5-7 所示。可动炉条由连杆曲柄机构组成,靠液压传动装置驱动,在固定炉条两侧的可动炉条以相反方向反复运动,使垃圾在前进及翻转中被搅动。因为炉排为水平安装,无倾角及阶段落差,故焚烧炉所需的高度相对降低。

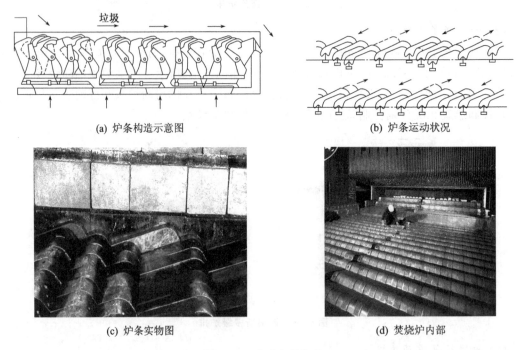

(a) 炉条构造示意图　　　　　　　　　　(b) 炉条运动状况

(c) 炉条实物图　　　　　　　　　　(d) 焚烧炉内部

图 5-7　逆动翻转炉排

(5) 滚动炉排

滚动炉排(roller grates)如图 5-8 所示,是在中空的圆柱体表面安装炉排片,每个炉排片呈弧形,若干个炉排片覆盖一周。滚筒的数量一般为 6~7 个,滚筒之间设有挡板,防止垃圾和灰渣落下,常用于经过预处理的生活垃圾焚烧。

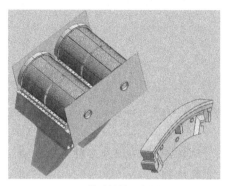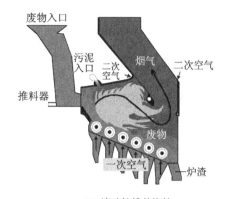

(a) 滚动炉排示意图　　　　　　　　(b) 滚动炉排焚烧炉

图 5 - 8　滚动炉排

（6）移动炉排

移动炉排（travelling grates），如图 5 - 9 所示，其结构简单，对垃圾没有搅拌和翻动作用，容易出现局部垃圾已烧透，而局部垃圾尚未燃尽的现象（尤其是大型焚烧炉），不适于焚烧粒状废物及废塑料等废物。

(a) 示意图

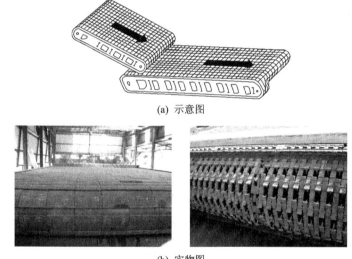

(b) 实物图

图 5 - 9　移动炉排

还有一些专利焚烧炉排不再一一介绍。各种炉排在垃圾残渣自清、燃烧空气孔自清、垃圾剪断、垃圾搅拌混合、炉条装设位置、可动炉条施力方向和大小、炉排冷却方式和助燃空气配置等方面各有特点。

3. 机械炉排焚烧炉特点

机械炉排焚烧炉对较大的垃圾团块不用预处理即可燃烧，对进炉垃圾粒度没有特别要求，典型处理能力为 120～720 t/d。炉内最低温度为 750 ℃，没有恶臭排出，最高温度可达 1 050 ℃，可使灰渣熔融。垃圾中含有塑料时，会发生熔融而透过炉排，在炉排下面焚烧，造成炉排损坏。

此外,酸性气体会使炉膛腐蚀;活动炉条和固定炉条由耐热合金钢制造,设备造价较高,对操作、控制和维护要求高。

三、流化床焚烧炉

1. 流化床焚烧炉概述

流化床焚烧炉(fluidized bed furnace)是工业上广泛采用的一种焚烧炉,它借助载热体的均匀传热与蓄热,达到完全燃烧的目的。

在固体废物焚烧处理过程中,流化床焚烧炉能够处理污泥、油渣以及多种有机废液。由于介质之间所能够提供的孔道狭小,因此无法接纳较大颗粒废物。

流化床焚烧炉是一竖直的内衬耐火材料的钢制圆筒,在焚烧炉的下部安装气流分布板,板上放置载热的惰性颗粒,典型的载热体多用砂子。如果废物中含有无机物质,床层上的载热体可被产生的无机物质逐渐置换。空气从焚烧炉的下部进入,经过气流分布板使床层产生流态化。固体废物由炉顶或炉侧进入炉内,与高温载热体和气流交换热量而被干燥、分散并燃烧,产生的热量贮存于载热体中,并将气流的温度提高,流化床上部自由空间的温度通常在850～950 ℃之间。流化床本身的温度不可太高,约为650 ℃,否则床层材料将出现黏结现象。焚烧烟气须进行气固分离,分离出的载热体再回到炉内循环使用。

2. 流化床焚烧炉类型

流化床焚烧炉有多种类型,它们在本质上是相同的,区别在于:气体流速和气流分布板形式;流化床上层有无扩大的"自由空间";加料口的位置和供料方式。

鼓泡流化床焚烧炉(bubbling fluidized bed)、循环流化床焚烧炉(circulating fluidized bed)和抛煤机炉(spreader - stoker furnace)是常见的流化床焚烧炉。

鼓泡流化床焚烧炉流态化速度较低,主要的燃烧过程发生在下部流化床层内,因此沿炉膛高度温度下降很快,限制了燃料挥发分气体的燃尽和对污染物的控制,如图5-10所示。

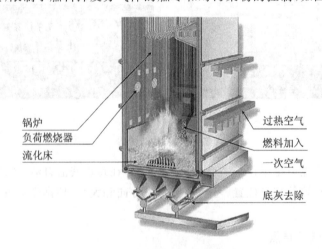

图5-10　鼓泡流化床焚烧炉

循环流化床焚烧炉,提高了流态化速度,增加了物料循环回路,炉膛处于均匀的高温燃烧状态,确保烟气在高温区的有效停留时间,使有毒有害物质的分解破坏更为彻底,应用范围更广,倾向于废物与煤混烧的大规模应用,分为内循环流化床焚烧炉和外循环流化床焚烧炉,如图 5-11 所示。

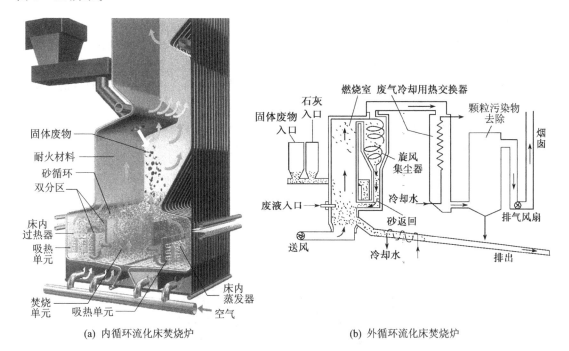

(a) 内循环流化床焚烧炉　　　　　　　(b) 外循环流化床焚烧炉

图 5-11　循环流化床焚烧炉

抛煤机炉,综合了机械炉排焚烧炉和流化床焚烧炉的特点,废物(如垃圾衍生燃料,污泥等)被抛入焚烧炉,部分细颗粒直接参与焚烧过程,而较大的颗粒落在移动炉排上,如图 5-12 所示。相比于机械炉排焚烧炉,抛煤机炉热负荷和机械负荷较小,炉排结构相对简单;与流化床焚烧炉相比,抛煤机炉对物料颗粒大小及均匀性要求不高,堵塞风险较低。

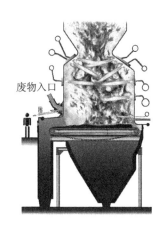

图 5-12　抛煤机炉

3. 流化床焚烧炉特点

流化床焚烧炉中,废物与助燃空气和载热体之间传热和传质速度快,炉床单位面积处理能力大,典型处理能力为 $36 \sim 200$ t/d。物料在床层内几乎呈完全混合状态,投向床层的废物,除大块外能迅速分散均匀。床层的温度保持均一,避免局部过热,床层温度易于控制。由于载热体储蓄大量的热量,可以避免投料时炉温急速变化。对含挥发分多的废物,无爆炸的危险。焚烧炉构造简单,造价便宜,且无机械的传动零件,不易产生故障。在进料口加入石灰粉或其他碱性物质,可以在流化床内直接去除酸性气体。

流化床焚烧炉对入炉废物粒度有要求,大块废物需破碎至适合流态化的大小,以免妨碍流态化。通常粒度小于 50 mm,循环流化床也可接受粒度达 $200 \sim 300$ mm 废物。破碎耗能,增加了处理费用。流化床焚烧炉不适合处理黏附性高的污泥,排气中粉尘比其他焚烧炉多。若气流分布不匀,使流化层不稳定,将会增加载热体的飞出量。流化床焚烧炉动力消耗大。

四、回转窑焚烧炉

1. 回转窑焚烧炉概述

回转窑焚烧炉(rotary kiln furnace)是一个略为倾斜并内衬耐火砖的钢制空心圆筒,窑体较长,如图 5-13 所示。大多数废物由燃烧过程中产生的气体以及窑壁传输的热量加热。固体废物可从前端或后端送入窑中进行焚烧,窑体以定速旋转达到搅拌混合废物的目的。旋转时窑体必须保持适当倾斜,以利于固体废物下移。固体废物在窑炉中停留 30~90 min,停留时间由窑体倾角和转速决定。此外,废液和废气可以从前段、中段、后段同时配合助燃空气给入,甚至整桶装的废物(污泥)也可送入回转窑焚烧炉焚烧。

(a) 外观

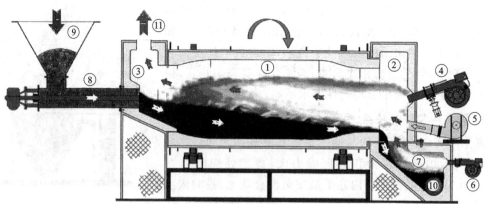

1—燃烧室;　2—窑头;　3—窑尾;　4—燃烧器;　5——次风机;　6—灰室燃烧器;　7—灰室;
8—推料器;　9—废物进料;　10—卸灰阀;　11—烟气排放

(b) 结构示意图

图 5-13　回转窑焚烧炉

每一座回转窑常配有 1~2 个燃烧器,可装在回转窑的前端或后端。开机时,燃烧器把炉温升高到要求的温度后开始进料,其使用的燃料可以是燃料油、液化气或高热值的废液。进料方式多采用批式进料,以螺旋推进器配合旋转式空气锁。废液有时与垃圾混合后一起送入,或借助空气或蒸气雾化后直接喷入。二次燃烧室通常也装有一至数个燃烧器,其容积约为第一燃烧室的 30%～60%，有时也设有若干阻挡板，配合鼓风机以提高助燃空气的搅拌能力。

由于驱动系统在回转窑体之外，设备维护要求较低。随着回转窑尺寸的减少，设备对于过量热释放更为敏感，温度更难控制。

2. 回转窑焚烧炉的类型

回转窑焚烧炉有两种类型：基本型回转窑焚烧炉和后回转窑焚烧炉。基本型回转窑焚烧炉由回转窑和一个二燃室组成，如图 5-14(a)所示，当废物向窑体的下方移动时，其中的有机物被焚烧，在回转窑和二燃室中都使用辅助燃料。后回转窑焚烧炉可以用来处理夹带液体的大体积固体废物，在干燥区，水分和挥发性有机物被蒸发，蒸发物绕过回转窑进入二燃室；固体废物进入回转窑之前，在通过燃烧炉排时被点燃；废液和废气则送入回转窑或二燃室，具有废物干燥区的回转窑焚烧炉如图 5-14(b)所示。在这两种结构中，二燃室能使挥发性有机物和气体中的悬浮颗粒所带的有机物完全燃烧。灰分主要是灰渣和其他不可燃物质(如金属等)，冷却后排出系统。

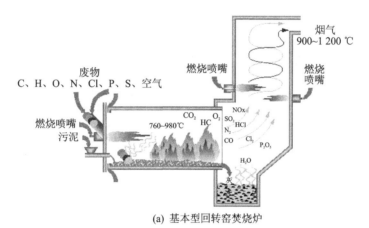

(a) 基本型回转窑焚烧炉

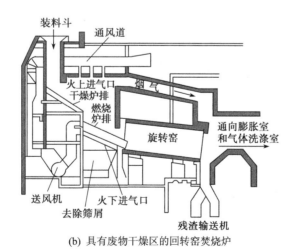

(b) 具有废物干燥区的回转窑焚烧炉

图 5-14　回转窑焚烧炉

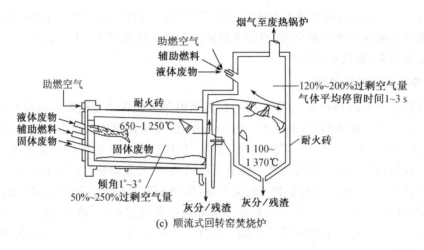

(c) 顺流式回转窑焚烧炉

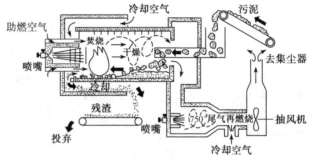

(d) 逆流式回转窑焚烧炉

图 5 - 14　回转窑焚烧炉(续)

　　回转窑焚烧炉按气流与物料流动方向,分为顺流式与逆流式两种。顺流式操作时,干燥、挥发、燃烧及后燃烧的阶段性现象明显,废气的温度与焚烧残渣的温度在回转窑的尾端趋于接近,适于热值较高的废物,如图 5 - 14(c)所示。逆流式可提供较佳的气、固混合,提高其燃烧效率和传热效率,适于湿度大、热值较低的废物,如图 5 - 14(d)所示。逆流式回转窑焚烧炉处理污泥时,空气和物料从两端加入,窑炉倾斜度为 1/100～3/100,转速为 0.5～3 r/min,炉体内设有提升挡板,可提升、翻动和破碎污泥,污泥被燃烧区过来的热气流加热,逐渐干燥和着火,焚烧后排出残渣。

　　根据回转窑内温度范围及灰渣物态,可将回转窑焚烧炉分为灰渣式和熔渣式(vitrification)。灰渣式回转窑焚烧炉,温度通常在 650～980 ℃之间,窑内固体尚未熔融;熔渣式回转窑焚烧炉,温度则在 1 200～1 430 ℃之间,废物中的惰性物质,除高熔点的金属及其化合物外,皆在窑内熔融,熔融的流体从窑内流出,经急速冷却后凝固,形成类似矿渣或岩浆的残渣,其透水性低,颗粒大,可将有毒的重金属化合物固化在其中,因此其毒性较灰渣式旋转窑所排放的灰渣低。当处理桶装危险废物时,须设计成熔渣式。熔渣式回转窑焚烧炉,平时也可操作在灰渣式状态。熔渣式回转窑焚烧炉运行要求高,如果温度控制不当,窑壁上可能附着不同形状的熔渣,熔渣出口容易堵塞。如果进料中含低熔点的钠、钾化合物,熔渣在急速冷却时,可能会产生物理爆炸。

　　某些含有重金属的固体废物,在一般温度下焚烧后的残渣不能直接填埋,否则灰渣中重金属的浸出将会污染地下水,此时必须使焚烧后的残渣进一步烧结固化,才能填埋处理。采用熔渣式回转窑炉处理这类废物时,就不必另外设置烧结炉,焚烧和烧结过程可以连续地在一座炉内完成,不仅节省了操作费用,同时得到的熔渣粒度均匀,方便后续的处置和利用。

3. 回转窑焚烧炉特点

回转窑焚烧炉比其他炉型操作弹性大,可以耐废物性状(黏度、水分和粒度)、发热量、加料量等条件变化的冲击,能处理多种混合固体废物。另外,回转窑焚烧炉机械结构简单,故障少,可以长期连续运转。但是,回转窑焚烧炉热效率低,只有 35% ～40% 左右,因此在处理较低热值的固体废物时,必须加入辅助燃料。其次,高黏度污泥在干燥区容易在炉内黏附结块,影响传热效率。由于从回转窑焚烧炉排出的尾气经常带有恶臭,须加设高温后燃室,燃烧温度维持在 900～1 200 ℃,或者导入脱臭装置脱臭。由于窑身较长,其占地面积大。

回转窑焚烧炉可处置多种物料,除污泥外,还能焚烧处置各类废塑料、废树脂、沥青渣和医疗废物等,通常,处理危险废物时,焚烧炉温度范围为 850～1 300 ℃。回转窑焚烧炉典型处理能力为 10～350 t/d。利用回转窑焚烧炉处理塑料和树脂类固体废物时,由于它们受热后容易相互熔融黏结,沉向炉底,增大了热负荷,很多黏结块体来不及完全烧尽就从炉底排出,焚烧炉渣热灼减率高,所以回转窑有时只用作部分燃烧的热分解炉,分解产生的气体在另外一座炉内二次燃烧。

五、立式多段炉

1. 立式多段炉概述

立式多段炉(multiple hearth furnace,又称多段竖炉、多层炉),自 19 世纪 50 年代开始,就用于化学工业作为焙烧炉,现在经常把它用于固体废物的焚烧处理。

立式多段炉由多段燃烧空间(炉膛)构成,是一个内衬耐火材料的钢制圆筒,如图 5－15 所示。按照各段的功能把炉体分成三个操作区:上部是干燥区,温度在 310～540 ℃之间,用于蒸发废物中的水分;中部为焚烧区,温度在 760～980 ℃之间,固体废物在该区燃烧;下部为焚烧后灰渣的冷却区,温度为 150～300 ℃。炉中心有一个顺时针旋转的中空中心轴,各段的中心轴上带有多个搅拌杆(一般,燃烧区有两个搅拌杆,干燥区有四个搅拌杆)。上部干燥区的中心轴由单筒构成,燃烧区的中心轴由双层套筒构成,两者均在筒内通入空气作为冷却介质。炉顶有固体废物加料口,炉底有排渣口,燃烧器及废液喷嘴则安装于垂直的炉壁上,每层炉壳外都有一环状空气管线以提供二次空气。有的设计还包含一个二次燃烧室,以确保可燃性气体完全燃烧。

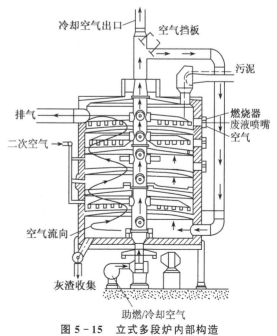

图 5－15　立式多段炉内部构造

　　立式多段炉操作时,污泥及粒状固体废物经输送带或螺旋输送器,连续地供给到最上段的外围处,并在搅拌杆的作用下,迅速在炉床上分散,然后从中间孔落到下一段。第二段上,固体废物在搅拌杆的作用下,边分散边向外移动,最后从外围落下。这样,固体废物在1,3,5奇数段由外向里运动,在2,4,6偶数段由里向外运动,并在各段的移动与下落过程中搅拌、分散,同时进行干燥和焚烧。助燃/冷却空气由中心轴的内筒下部进入,然后进入搅拌杆的内筒流至臂端,由外筒回到中心轴的外筒,集中于筒的上部,再由管道送至炉底空气入口处,入口空气已被预热到150~200 ℃,如图5-16所示。进入炉膛的空气与下落的灰渣逆流接触,进行热量交换,既冷却了灰渣,又加热了空气。

2. 立式多段炉特点

　　立式多段炉的操作弹性大,适应性强,可以长期连续运行,适用于处理含水率高、热值低的污泥和泥渣,几乎70%以上的污泥焚烧设备使用立式多段炉,如图5-17所示,这主要是由于污泥在点燃之后容易结成饼或灰分覆盖在燃烧表面上,使火焰熄灭,所以需要连续不断地搅拌,反复更新燃烧面,使污泥得以充分焚烧。立式多段炉可以使用多种燃料,利用任何一层的燃烧器以提高炉内温度。在立式多段炉内,各段都设有搅拌杆,物料在炉体内的停留时间长,能挥发较多水分,但温度调节较为迟缓。立式多段炉由于机械设备较多,需要较多的维修与保养,搅拌杆、搅拌齿、炉床、耐火材料均易受损。另外,通常需要设二次燃烧设备,以消除恶臭污染。立式多段炉不适于处理含可熔性灰分的废物,以及需要较高温度才能破坏分解的物质。

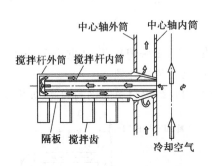

图5-16　立式多段炉中心轴剖面图

图5-17　污泥焚烧装置

六、多室焚烧炉

1. 多室焚烧炉概述

　　多室焚烧炉有多个燃烧室,又称静态焚烧炉(static hearth furnace)。多室焚烧炉中废物的燃烧过程分两步进行:首先是一燃室中废物的初级燃烧(或称固体燃烧)过程,包括固体废物的干燥、引燃和燃烧;接着是二级燃烧(或称气相燃烧)过程。二级燃烧区域由两部分组成,一个是下行烟道(或混合室),另一个是上行的扩大室(或二次燃烧室)。废物中的挥发分和燃烧产物从火焰口向下通过混合室,在混合室内同时引入二次空气后进入二次燃烧室充分燃烧。烟气中的飞灰和其他固体颗粒,由于流动方向的突然改变而与炉壁相撞,或由于单纯的沉降作用被收集在燃烧室中。

2. 多室焚烧炉类型

多室焚烧炉有两种基本类型：一类是烟气流动所通过的各室呈 U 形分布，称为曲径式；另一类各室按直线排列，称为同轴式。

（1）曲径式多室焚烧炉

典型的曲径式多室焚烧炉如图 5-18 所示，其内部设有多个导流板，结构紧凑。导流板所处位置能使燃烧气体在水平和垂直方向作 90°的转弯运动，每次烟气气流方向变化时，均有灰尘从烟气流中掉落。一燃室炉排位置较高，收集灰渣的灰坑较深。一次空气和二次空气分别从一燃室炉排的下方和上方，通过鼓风机以控制的风量进入炉内。混合燃烧气体通过火焰口进入二燃室或二燃室前的一个较小的混合室。火焰口是一个把一燃室和二燃室分隔开的跨接墙上方的孔道。一燃室和二燃室均设有燃烧器，可加入辅助燃料助燃。如果废物在点燃后炉温可提高到维持废物不断自燃的程度，则一燃室不再需要加入辅助燃料；二燃室通常需要不断添加辅助燃料，当有混合室时，二燃室单独设进风口。由一燃室至二燃室须经过火焰口及混合室，形成燃烧带。废物在一燃室的固定炉排上干燥、着火并燃烧，所产生的挥发分部分在一燃室燃烧，其余部分随气流通过火焰口向下流经混合室在二燃室燃烧。

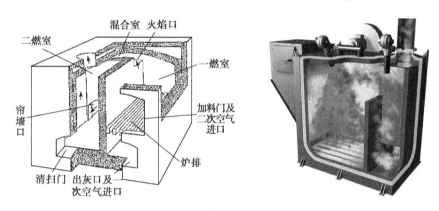

图 5-18　曲径式多室焚烧炉

曲径式多室焚烧炉适合采用少量多次间歇式操作方式，焚烧固态含挥发分高的废物，其处理能力在 10～375 kg/h。食品加工厂、研究所、医院和制药厂排出的家畜、家禽及动物尸体、内脏、切除组织、排泄物、污浊物等固体废物，往往会产生恶臭，传染疾病，造成公害，可以采用曲径式多室焚烧炉处理。由于这类废物水分较多，容易产生不完全燃烧现象，尾气常带有恶臭，所以一般应使用辅助燃料在 1 000 ℃左右的高温下进行二次或三次燃烧。

（2）同轴式多室焚烧炉

同轴式多室焚烧炉比曲径式多室焚烧炉处理量大，助燃空气直接进入焚烧炉，烟气流动只在垂直方向上变化。与曲径式多室焚烧炉相似，由于烟气在焚烧炉内流动方向的变化和与墙壁碰撞，烟气中的固体颗粒从气流中掉落，可燃性挥发分在二燃室混合均匀，充分燃烧。处理量大于 500 kg/h 的焚烧炉通常配备自动连续进料和出灰设备，炉排可用固定式或活动式机械炉排。图 5-19（a）为采用固定炉排、人工加料的同轴式多室焚烧炉，只能用于间歇式或半连续式操作。图 5-19（b）为采用活动炉排、连续进料的同轴式多室焚烧炉，可连续处理废物。同轴式多室焚烧炉适合大处理量运行，在小型结构时工作状态不佳。

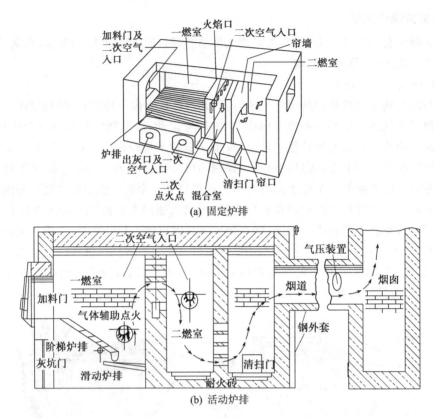

图 5 - 19　同轴多室焚烧炉

七、控气式焚烧炉

控气式焚烧炉(controlled air furnace)由一燃室和二燃室组成,分两段燃烧,操作过程中严格控制进入一燃室和二燃室的空气量。引入一燃室的助燃空气量的典型值为理论助燃空气量的 70%~80%,贫氧条件下,分解、燃烧产生的含有可燃组分的热解气体在二燃室中燃烧;引入二燃室的助燃空气量的典型值为理论助燃空气量的 140%~200%。与其他焚烧方式相比,一燃室中焚烧和热解废物的助燃空气量少,气流速度低,使得气流带走的颗粒物的数量少;完全燃烧在二燃室中完成,产生的废气清洁且几乎不含颗粒物,通常可以满足排放标准,而不必使用附加的空气净化装置(如涤气器或袋式除尘器等)。

温度通常作为控制一燃室和二燃室中气体流量的判据。对于一燃室:温度过高时,减少进气量以降低温度,温度过低时,增大进气量;对于二燃室:温度过高时,增大进气量以降低温度,温度过低时,减小进气量。

图 5 - 20 所示为控气式焚烧炉,可以连续进料及排灰,回收废热产生蒸气和热水,已成为主要的小型废物焚烧炉型,适用于废纸、生活垃圾和医疗废物的处置,典型处理能力为 1~75 t/d。

八、炉型的选择

生活垃圾焚烧可选择机械炉排焚烧炉或流化床焚烧炉;污泥焚烧可选择回转窑焚烧炉、立式多段炉或流化床焚烧炉,也可在机械炉排焚烧炉或水泥窑等其他工业炉窑系统中协同燃烧,

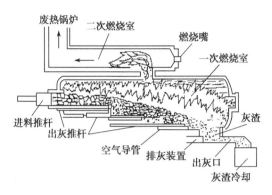

(a) 控气式焚烧炉构造图

(b) 控气式焚烧炉实物图

图 5-20　控气式焚烧炉

污泥含水率较高,通常需要干燥,或额外添加燃料,以确保燃烧的高效稳定;危险废物和医疗废物的焚烧常选用回转窑焚烧炉,经过预处理的危险废物可采用流化床焚烧炉,化工厂废物的现场处置多采用控气式焚烧炉和多室焚烧炉。

九、焚烧处置成本

焚烧处置成本通常受以下因素的影响:土地费用;规模(小规模运营可能会存在明显的弊端);设备负荷率;烟气/废水处理的实际要求,例如利用排放限值可以迫使经营者选择特定的技术,势必增加投资和运营成本;灰渣处置/回收,如果炉渣用做建筑材料,可节省填埋费用,飞灰的处置费用因其处置要求和方法不同而差异显著;能量回收率及收益,无论废物转化为热能还是电能,能量转化的单位成本都是影响总成本的重要因素;金属回收收益;废物处理补贴;建筑要求;外围垃圾收集系统及其他基础设施;运行可靠性要求相关设备一用一备,增加了投资成本;规划和建设成本/折旧期;税收和补贴,资本成本;保险费用;设备运行费,人员津贴。

第五节　生活垃圾焚烧处置系统

一般,低位发热量小于 3 300 kJ/kg 的垃圾属低发热量垃圾,不适宜焚烧处理;低位发热量介于 3 300~5 000 kJ/kg 的垃圾为中发热量垃圾,适宜焚烧处理;低位发热量大于 5 000 kJ/kg 的垃圾属高发热量垃圾,适宜焚烧并回收其热能。生活垃圾焚烧厂的建设应符合《生活垃圾焚烧处理工程项目建设标准》(建标 142—2010)和《生活垃圾焚烧处理工程技术规范》(CJJ 90—2009)。图 5-21 所示为生活垃圾焚烧工艺流程。生活垃圾焚烧厂的建设水平和运行管理,采用《生活垃圾焚烧厂评价标准》(CJJ/T 137—2010)评价。

可以直接进入生活垃圾焚烧炉进行焚烧处置的垃圾包括:

① 由环境卫生机构收集或生活垃圾产生单位自行收集的混合生活垃圾。

② 由环境卫生机构收集的服装加工、食品加工以及其他为城市生活服务的行业产生的性质与生活垃圾相近的一般工业固体废物。

③ 生活垃圾堆肥处理过程中筛分工序产生的筛上物,以及其他生化处理过程中产生的固态残余组分。

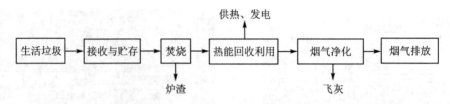

图 5 - 21　生活垃圾焚烧工艺流程

④ 按照《医疗废物化学消毒集中处理工程技术规范》(HJ/T 228—2005)、《医疗废物微波消毒集中处理工程技术规范》(HJ/T 229—2005)、《医疗废物高温蒸汽集中处理工程技术规范(试行)》(HJ/T 276—2006)要求进行破碎毁形和消毒处理,并满足消毒效果检验指标的《医疗废物分类目录》中的感染性废物。

在不影响生活垃圾焚烧炉污染物排放达标和焚烧炉正常运行的前提下,生活污水处理设施产生的污泥和一般工业固体废物可以进入生活垃圾焚烧炉进行焚烧处置。危险废物(不包括处理后符合要求的医疗废物)和电子废物及其处理处置残余物不得在生活垃圾焚烧炉中焚烧处置,国家生态环境主管部门另有规定的除外。

我国生活垃圾焚烧厂规模划分如表 5 - 2 所列。

表 5 - 2　生活垃圾焚烧厂规模

类　　型	额定日处理能力/(t·d^{-1})	焚烧线数量/条	单条焚烧线处理能力/(t·d^{-1})	汽车衡/台
特大类垃圾焚烧厂	≥2 000	≥3	—	≥3
Ⅰ类垃圾焚烧厂	1 200~2 000(含1 200)	2~4	≥400	2~3
Ⅱ类垃圾焚烧厂	600~1 200(含600)	2~4	≥200	2~3
Ⅲ类垃圾焚烧厂	150~600(含150)	1~3	≥100	1~2

垃圾焚烧厂(见图 5 - 22)包括接收和贮存系统,焚烧和锅炉系统,烟气净化系统,热能利用系统,灰渣处理系统,给排水及污水处理系统,仪表及自动化控制系统,电气系统,消防系统,物流输送及计量系统,以及启停炉辅助燃烧系统、压缩空气系统和化验、维修等其他辅助系统。

1. 垃圾接收和贮存系统

该系统包括垃圾称量设施、垃圾卸料平台、垃圾卸料门、垃圾池、垃圾抓斗起重机、除臭设施、渗滤液导排等垃圾池内的其他必要设施以及故障排除/监视设备组成。大件可燃垃圾较多时,可考虑在场内设置大件垃圾破碎设施。

垃圾焚烧厂应设置汽车衡,计量入场垃圾总量。垃圾卸料平台宽度应根据最大垃圾运输车的长度和车流密度确定,不宜小于 18 m,有必要的安全防护设施和充足的采光,有地面冲洗、废水导排设施和卫生防护措施,设置交通指挥系统。垃圾池卸料口处应设置垃圾卸料门,使垃圾池密闭,数量应以维持正常卸料作业和垃圾进厂高峰时段不堵车为原则,且不应少于 4 个。垃圾卸料门应耐腐蚀、强度高、寿命长和开关灵活,宽度不应小于最大垃圾车宽加 1.2 m,高度应满足顺利卸料作业的要求。垃圾池卸料口处必须设置车挡和事故报警设施。

垃圾池,如图 5 - 23 所示,是垃圾贮存、混合及去除大型垃圾的场所,垃圾堆栈发酵可使垃

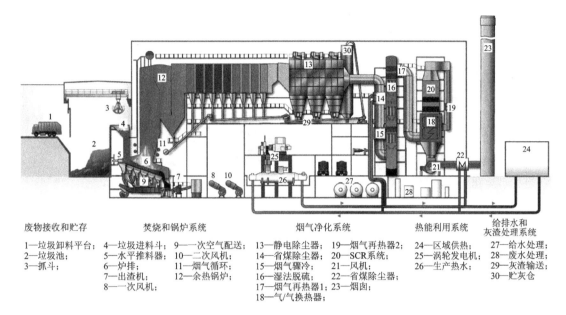

<table>
废物接收和贮存 | 焚烧和锅炉系统 | 烟气净化系统 | 热能利用系统 | 给排水和灰渣处理系统
</table>

废物接收和贮存　焚烧和锅炉系统　烟气净化系统　热能利用系统　给排水和灰渣处理系统

1—垃圾卸料平台；　4—垃圾进料斗；　9—一次空气配送；　13—静电除尘器；　19—烟气再热器2；　24—区域供热；　27—给水处理；
2—垃圾池；　5—水平推料器；　10—二次风机；　14—省煤除尘器；　20—SCR系统；　25—涡轮发电机；　28—废水处理；
3—抓斗；　6—炉排；　11—烟气循环；　15—烟气骤冷；　21—风机；　26—生产热水；　29—灰渣输送；
　　7—出渣机；　12—余热锅炉；　16—湿法脱硫；　22—省煤除尘器；　　30—贮灰仓
　　8—一次风机；　　17—烟气再热器1；　23—烟囱；
　　　　18—气/气换热器；

图 5-22　垃圾焚烧厂

圾的组分均匀,避免进炉的垃圾热值忽高忽低导致炉温波动过大。垃圾池有效容积宜按 5~7 d 额定垃圾焚烧量确定,垃圾池净宽度不应小于抓斗最大张角直径的 2.5 倍。垃圾池应处于负压封闭状态,并应设照明、消防、事故排烟及停炉时的通风除臭装置。垃圾焚烧厂停运检修期间,垃圾池内的恶臭污染物对周围环境影响较大,应采取措施减小其影响。与垃圾接触的垃圾池内壁和池底,应有防渗、防腐蚀措施,应平滑耐磨、抗冲击,池底宜有不小于 1% 的渗滤液导排坡度,并设置垃圾渗滤液导排收集设施。垃圾渗滤液收集和贮存系统应采取防堵、防渗和防腐措施,并应配备检修人员防毒设施。

图 5-23　垃圾池

垃圾抓斗起重机应有计量功能,计量入炉垃圾总量,应设有防止碰撞的措施,数量不宜少于 2 台。

2. 焚烧和锅炉系统

垃圾焚烧系统应包括垃圾进料装置、焚烧装置、驱动装置、出渣装置、助燃空气装置、辅助燃烧装置及其他辅助装置。垃圾焚烧采用连续焚烧方式,焚烧线年可利用小时数不应小于 8 000 h。焚烧系统设计应提供物料平衡图,分别标示出下限工况、额定工况和上限工况下,焚烧线各组成系统输入和输出物质的量化关系,即垃圾输入量,炉渣、飞灰及废金属输出量,烟气污染物产生量与排放量,供水量和排水量,垃圾渗滤液产生量,空气输入量,燃料油或燃气用量,石灰和活性炭输入量以及其他必需的物流量。焚烧系统设计应提供焚烧炉的燃烧图,反映焚烧炉正常工作区域、短期超负荷工作区域以及助燃工作区域,并标明各工作区域的参数。垃圾焚烧系统设计服务期限不应低于 20 年。

焚烧炉应采用自动进料系统,进料斗有不小于 0.5~1 h 的垃圾储存量,如图 5-24 所示。

进料口配备保持气密性的装置,以保证焚烧炉内焚烧工况的稳定。料斗应设有垃圾搭桥破解装置,设置垃圾料位监测或监视装置。

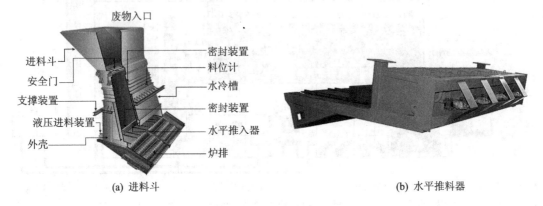

(a) 进料斗　　　　　　　　　　　　　(b) 水平推料器

图 5 - 24　垃圾进料系统

垃圾进料的方式主要有以下四种,如图 5 - 25 所示。

① 推入器式。通过水平推料器的往复运动,将料斗滑道内的垃圾推至炉内。可通过改变推入器的冲程、运动速度及时间间隔调节垃圾供给量,驱动方式通常采用油压式。

② 炉床并用式。将干燥炉床的上部延伸到进料料斗下方,使进料装置与炉床成为一体,依靠干燥炉床的运动将料斗通道内的垃圾送入焚烧炉,但无法调节进料量。

③ 螺旋进料器。螺旋进料器可维持较高的气密性,并兼有破袋与破碎的功能,通常以螺旋转数控制垃圾供给量。

④ 旋转进料器。气密性高,供给量可通过调整进料输送带的速度控制,且旋转转速也能与进料输送带同步变速。一般只能输送破碎过的垃圾,并须在旋转进料器后装设播撒器,使垃圾均匀分散进入炉内。

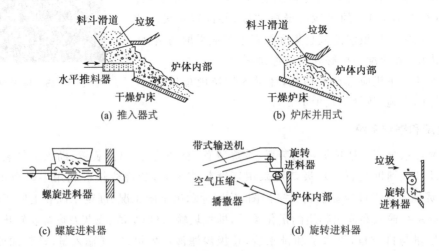

(a) 推入器式　　　　　　　　　　　(b) 炉床并用式

(c) 螺旋进料器　　　　　　　　　　(d) 旋转进料器

图 5 - 25　垃圾入料方式

炉排及其上部空间构成燃烧室,如图 5 - 26 所示。研究表明,较为理想的焚烧温度为850～1 000 ℃。若燃烧室烟气温度过高,烟气中颗粒物被软化或熔融,黏结在受热面上,不但降低传热效果,还易造成受热面腐蚀,也会对炉墙产生破坏性影响;若烟气温度过低,挥发分燃烧不彻底,恶臭和二噁英不能有效分解,烟气中 CO 含量可能增加,并且炉渣热灼减率可能达不到规定的要求。为避免焚烧过程中未分解的恶臭或异味从焚烧装置向外扩散,又不造成大量空气渗入而破坏工况,焚烧装置应采用微负压焚烧形式。垃圾渗滤液 COD、BOD 等指标高,可采用喷入炉内高温分解的方式,但是我国生活垃圾热值普遍较低,还不具备将渗滤液喷入炉内的条件。

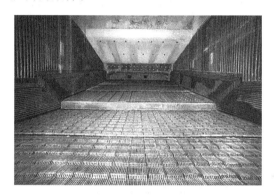

图 5 - 26 燃烧室

垃圾焚烧炉必须配备点火燃烧器和辅助燃烧器。燃烧器应满足炉温控制的要求,具有良好的负荷调节性能和较高的燃烧效率,其数量和安装位置由焚烧炉设计确定。

余热锅炉用以回收废物焚烧产生的热能。余热锅炉包括布置在燃烧室四周的锅炉炉管(即蒸发器)、过热器、节热器、炉管吹灰设备、蒸汽导管、安全阀等装置。锅炉炉水循环系统为一封闭系统,炉水不断在锅炉管中循环。

余热锅炉的额定出力应根据额定垃圾处理量、垃圾低位热值和余热锅炉设计热效率等因素确定。对于采用汽轮机发电的焚烧厂,余热锅炉蒸汽参数不宜低于 400℃、4 MPa,鼓励采用 450℃、6 MPa 及以上的蒸汽参数,并应充分考虑烟气对余热锅炉的高温和低温腐蚀。余热锅炉的受热面应设置有效的清灰设施,主要的清灰方式包括机械振打、蒸汽吹灰、激波吹灰等。

3. 热能利用系统

焚烧垃圾产生的热能应加以有效利用,垃圾热能利用方式应根据焚烧厂的规模、垃圾焚烧特点、周边用热条件及经济性综合比较确定,周边具有热用户的焚烧厂应优先采用热电联产的热能利用方式。

余热锅炉产生的高温高压蒸汽被导入发电机后,在急速冷凝的过程中推动发电机的涡轮叶片,产生电力,并将未凝结的蒸汽导入冷却水塔,冷却后贮存在凝结水贮槽,由饲水泵再打入锅炉炉管中,进行下一循环的发电工作。

4. 烟气净化系统

垃圾焚烧线必须配置烟气净化系统,并应采取单元制布置方式。烟气排放指标限值应满足焚烧厂环境影响评价报告批复的要求。烟气净化系统应有防止飞灰阻塞的措施,材料和设备应有可靠的防腐蚀、防磨损和防水汽凝结特性。近年来多采用干法工艺、半干法工艺或湿法工艺去除酸性气态污染物,喷入活性炭吸附二噁英和重金属,再配合袋式除尘器去除悬浮微粒。宜设置 SNCR(选择性非催化还原法)脱 NO_x 系统。

5．灰渣处理系统

垃圾焚烧过程产生的炉渣与飞灰应分别收集、输送、贮存和处理,主要采用螺旋输送机、气力输送机、水封刮板出渣机、水冷螺旋输送机等设备。

炉渣处理系统包括出渣冷却、输送、贮存、除铁等设施,与焚烧炉衔接的出渣机应有可靠的机械性能和保证炉内气密性的措施,如图 5-27 所示。大中型焚烧炉宜采用水封出渣机,流化床焚烧炉等易产生高温小颗粒残渣的设备宜配备水冷螺旋输送机。炉渣贮存设施的容量,宜按 3~5 d 的储存量确定;应对炉渣进行磁选,并及时清运;炉渣宜进行综合利用。对于机械炉排焚烧炉,有少量细小颗粒物和未完全燃烧物质从炉排缝隙掉落,应定期清理和处理,以免影响一次空气的供给。

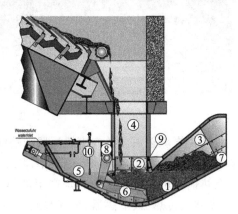

1—渣池; 2—入渣口; 3—排渣口; 4—连接部件;
5—水位; 6—卸渣推杆; 7—排渣口边缘;
8—传动轴; 9—空气密封墙; 10—液位计

图 5-27　出渣机

飞灰收集、输送与处理系统包括飞灰收集、输送、贮存、排料、受料、处理等设施。飞灰粒度小,并富集二噁英和重金属,属于危险废物,各装置应保持密闭状态。余热锅炉排灰宜采用板式输送机,满足间歇运行的输送能力。除尘器收集的飞灰应连续排出,保证除尘器中不存灰。气力除灰系统应采取防止空气进入、防止灰分结块的措施。飞灰贮存装置宜采取保温、加热措施,避免结块和搭桥。飞灰可采用熔融热处理法,破坏其中的二噁英类污染物,固定重金属,如图 5-28 所示;在满足《生活垃圾填埋场污染控制标准》(GB 16889—2008)规定的条件下,可按规定进入生活垃圾卫生填埋场处置。

6．给排水及污水处理系统

饲水处理系统主要处理外界送入的自来水或地下水,将其处理到纯水或超纯水,再送入锅炉水循环系统,其处理方法包括活性炭吸附、离子交换及反渗透等。

锅炉泄放的废水、员工生活污水、实验室废水或洗车污水、垃圾池渗滤液,可以综合在废水处理厂一起处理,达到排放标准后排放或回收利用。废水处理系统一般由物理、化学及生物处理单元组成。

仪表及自动化控制系统、电气系统、消防系统、物流输送及计量系统,以及启停炉辅助燃烧系统、压缩空气系统和化验、维修等其他辅助系统就不在此赘述。

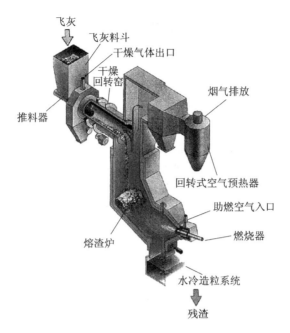

图 5 - 28　飞炭熔融热处理

第六节　危险废物焚烧处置系统

危险废物焚烧厂的建设规模应根据焚烧厂服务范围内的危险废物可焚烧量、分布情况、发展规划以及变化趋势等因素综合考虑确定。危险废物焚烧处置工程建设内容应包括:进厂危险废物接收系统、分析鉴别系统、贮存与输送系统、焚烧系统、热能利用系统、烟气净化系统、残渣处理系统、自动化控制系统、在线监测系统、电气系统等,以及燃料供应、助燃空气供应、供配电、给排水、污水处理、消防、通信、暖通空调、机械维修、车辆冲洗等设施。与生活垃圾焚烧厂相比,危险废物焚烧厂在危险废物的接收、分析鉴别、贮存与预处理,烟气净化,焚烧残渣处理等方面要求更为严格。

焚烧厂人流和物流的出入口设置应符合城市交通有关要求,实现人流和物流分离,方便危险废物运输车进出。焚烧厂周围应设置围墙或其他防护栅栏,防止家畜和无关人员进入。厂内作业区周围应设置集水池,并且能够收集 25 年一遇暴雨的降水量。

焚烧厂总平面布置应以焚烧厂房为主体进行布置,其他各项设施应按危险废物处理流程合理安排。危险废物物流的出入口,以及接收、贮存、转运、处置场所等主要设施,应与焚烧厂的办公和生活服务设施隔离建设。

危险废物集中焚烧处置工程建设应遵照《危险废物集中焚烧处置工程建设技术规范》(HJ/T 176—2005)。

一、危险废物的接收、分析鉴别与贮存

1. 接　收

焚烧厂应设进厂危险废物计量设施。地磅的规格应按运输车最大满载质量的1.7倍设置。地磅房应设在焚烧厂出入口处,与厂界的距离应大于一辆最长车的长度,且宜为直通式,并应具备良好的通视条件。

危险废物的接收应执行危险废物转移联单制度。危险废物现场交接时,应认真核对危险废物的数量、种类、标识等,确认与"危险废物转移联单"是否相符,并应对接收的废物及时登记。焚烧厂应当详细记载每日收集、贮存、利用或处置危险废物的类别、数量、危险废物的最终去向、有无事故或其他异常情况等,并按照危险废物转移联单的有关规定,保管需存档的转移联单。危险废物经营活动记录档案和危险废物经营活动情况报告,与危险废物转移联单同期保存。焚烧厂有责任协助运输单位,对危险废物包装发生破裂、泄漏或其他事故进行处理。

2. 分析鉴别

焚烧厂应设置化验室,并配备危险废物特性鉴别及污水、烟气和灰渣等常规指标监测和分析的仪器设备。危险废物特性分析鉴别应包括下列内容:

① 物理性质:物理组成、容重、粒度。

② 工业分析:固定碳、灰分、挥发分、水分、灰熔点、低位热值。

③ 元素分析和有害物质含量。

④ 特性鉴别(腐蚀性、浸出毒性、急性毒性、易燃易爆性)。

⑤ 反应性。

⑥ 相容性。

对鉴别后的危险废物应进行分类。

3. 贮　存

危险废物贮存容器应符合下列要求:应使用符合国家标准的容器盛装危险废物;贮存容器必须具有耐腐蚀、耐压、密封和不与所贮存的废物发生反应等特性;贮存容器应保证完好无损并具有明显标志;液体危险废物可注入开孔直径不超过70 mm并有放气孔的桶中。

经鉴别后的危险废物应分类贮存于专用贮存设施内,危险废物贮存设施应满足以下要求:

① 危险废物贮存场所必须有符合《环境保护图形标志——固体废物贮存(处置)场》(GB 15562.2—1995)要求的专用标志。

② 不相容的危险废物必须分开存放,并设有隔离间隔断。

③ 应建有堵截泄漏的裙角,地面与裙角采用防渗材料,建筑材料必须与危险废物相容。

④ 必须有泄漏液体收集装置及气体导出口和气体净化装置。

⑤ 应有安全照明和观察窗口,并应设有应急防护设施。

⑥ 应有隔离设施、报警装置和防风、防晒、防雨设施以及消防设施。

⑦ 墙面、棚面应防吸附,用于存放装载液体、半固体危险废物容器的地方,必须有耐腐蚀的硬化地面,且表面无裂隙。

⑧ 库房应设置备用通风系统和电视监视装置。

⑨ 贮存库容量的设计应考虑工艺运行要求,并应满足设备大修(一般以15天为宜)和废

物配伍焚烧的要求。

⑩ 贮存剧毒危险废物的场所必须有专人 24 h 看管。

危险废物输送设备的选择，应根据焚烧厂的规模和危险废物的物理特性：含水率小于 85％的污泥，可使用皮带输送机；含水率大于 85％的浆状物，可使用螺旋式输送机、离心泵等。贮存和卸载区应设置必备的消防设施。

二、危险废物焚烧处置系统

危险废物焚烧处置系统应包括预处理及进料系统、焚烧炉、热能利用系统、烟气净化系统、残渣处理系统、自动控制和在线监测系统及其他辅助装置。危险废物在焚烧处置前，应对其进行预处理或特殊处理，达到进炉要求，以利于危险废物在炉内充分燃烧。处理氟、氯等元素含量较高的危险废物，应考虑耐火材料及设备的防腐问题。对于用来处理含氟较高或含氯大于 5％的危险废物焚烧系统，不得采用余热锅炉降温，其尾气净化必须选择湿法净化方式。整个焚烧系统运行过程中应处于负压状态，避免有害气体逸出。危险废物焚烧厂设计服务期限不应低于 20 年。

1. 预处理及进料系统

危险废物入炉前需根据其成分、热值等参数进行搭配，以保障焚烧炉稳定运行，降低焚烧残渣的热灼减率。危险废物的搭配应注意相互间的相容性，避免不相容的危险废物混合后产生不良后果。危险废物入炉前应酌情进行破碎和搅拌处理，使废物混合均匀，以利于焚烧炉稳定、安全、高效运行。对于含水率高的废物（如污泥、废液），可适当进行脱水处理，以降低能耗。在设计危险废物混合或加工系统时，应考虑废物的性质、破碎方式、液体废物的混合及供料和管道系统的布置。

危险废物输送、进料装置应符合下列要求：

① 采用自动进料装置，进料口应配备保持气密性的装置，以保证炉内焚烧工况的稳定。

② 进料时应防止废物堵塞，保持进料畅通。

③ 进料系统应处于负压状态，防止有害气体逸出。

④ 输送液体废物时，应充分考虑废液的腐蚀性，以及废液中的固体颗粒物堵塞喷嘴问题。

2. 焚烧炉

可根据危险废物种类和特性选用不同炉型。按照焚烧炉的结构和处理量，可分为：

① 小型处理系统，一般处理量在 1 t/d 以下。

② 中型处理系统，处理量在 1～100 t/d 之间。

③ 大型处理系统，处理量大于 100 t/d。

④ 专用系统，按照给定的处理要求进行设计。

危险废物焚烧炉的选择应符合下列要求：

① 焚烧炉的设计应保证其使用寿命不低于 10 年。

② 焚烧炉所采用的耐火材料，应满足焚烧炉燃烧气氛的要求，能够承受焚烧炉工作状态的交变热应力。

③ 应有适当的冗余处理能力，废物进料量应可调节。

④ 焚烧炉应设置防爆门或其他防爆设施，燃烧室后应设置紧急排放烟囱，并设置联动装

置,使其只能在事故或紧急状态时才可启动。

⑤ 必须配备自动控制和监测系统,在线显示运行工况和尾气排放参数,并能够自动反馈,对有关主要工艺参数进行自动调节。

⑥ 确保焚烧炉出口烟气中氧气含量达到 6%～10%(干烟气)。

⑦ 应设置二次燃烧室,并保证烟气在二次燃烧室 1 100 ℃以上停留时间大于 2 s。

⑧ 炉渣热灼减率应＜5%。

⑨ 正常运行条件下,焚烧炉内应处于负压燃烧状态。

⑩ 焚烧控制条件应满足国家《危险废物焚烧污染控制标准》(GB 18484—2001)。

助燃空气供给能力,应能满足炉内燃烧物完全燃烧的配风要求;可采用空气加热装置;风机台数应根据焚烧炉设置要求确定;风机的最大风量应为最大计算风量的 110%～120%;风量调节宜采用连续方式。启动点火及辅助燃烧设施,应能满足点火启动和停炉要求,并能在危险废物热值较低时助燃。辅助燃料燃烧器应有良好的燃烧效率,其辅助燃料应根据当地燃料来源确定。采用油燃料时,储油罐总有效容积应根据全厂使用情况和运输情况综合确定;供油泵的设置应考虑一备一用;供油、回油管道应单独设置,并在供、回油管道上设有计量装置和残油放尽装置;采用重油燃料时,应设置过滤装置和蒸汽吹扫装置。

3. 热能利用系统

焚烧厂宜考虑对其产生的热能以适当形式加以利用。危险废物焚烧热能利用方式应根据焚烧厂的规模、危险废物种类和特性、用热条件及经济性综合比较后确定。利用危险废物焚烧热能的锅炉,应充分考虑烟气对锅炉的高温和低温腐蚀问题。危险废物焚烧的热能利用应避开 200～500 ℃温度区间。利用危险废物焚烧热能生产饱和蒸汽或热水时,热力系统中的设备与技术条件应符合国家《锅炉房设计规范》(GB 50041—2008)中有关规定。

4. 烟气净化系统

烟气净化技术的选择,应充分考虑危险废物特性、组分和焚烧污染物产生量的变化及其物理、化学性质的影响,并应注意组合技术间的相互关联作用。可根据不同的废物类型及其组分含量,选择采用湿法烟气净化、半干法烟气净化以及干法烟气净化三种方式:

① 湿法净化工艺包括骤冷洗涤器和吸收塔(填料塔、筛板塔)等单元,应符合下列要求:必须配备废水处理设施,以去除其中的重金属和有机物等有害物质;为了防止风机带水,应降低烟气水含量后,再经烟囱排放。

② 半干法净化工艺包括半干式洗气塔、活性炭喷射、袋式除尘器等处理单元,应符合下列要求:反应器内的烟气停留时间应满足烟气与中和剂充分反应的要求;反应器出口的烟气温度应在 130 ℃以上,以保证烟气在后续管路和设备中不结露。

③ 干法净化工艺包括干式洗气塔或干粉投加装置＋袋式除尘器等处理单元,应符合下列要求:反应器内的烟气停留时间应满足烟气与药剂进行充分反应的要求;应考虑收集下来的飞灰、反应物以及未反应物的循环处理问题;反应器出口的烟气温度应在 130 ℃以上,以保证烟气在后续管路和设备中不结露。

烟气净化装置应有可靠的防腐蚀、防磨损和防止飞灰阻塞的措施。酸性污染物包括氯化氢、氟化氢和硫氧化物等,应采用适宜的碱性物质作为中和剂,在反应器内进行中和反应。

除尘设备的选择应根据下列因素确定:

① 烟气特性:温度、流量和飞灰粒度分布。

② 除尘器的适用范围和分级效率。

③ 除尘器同其他净化设备的协同作用或反向作用的影响。

④ 维持除尘器内的温度高于烟气露点温度 30 ℃以上。

烟气净化系统的除尘设备应优先选用袋式除尘器。若选择湿式除尘装置,必须配备完整的废水处理设施。袋式除尘器应注意滤袋和袋笼材质的选择。

危险废物焚烧过程应采取以下二噁英控制措施:

① 危险废物应完全焚烧,并严格控制燃烧室烟气的温度、停留时间和流动工况。

② 焚烧废物产生的高温烟气应采取急冷处理,使烟气温度在 1 s 内降到 200 ℃以下,减少烟气在 200~600 ℃温区的滞留时间。

③ 在中和反应器和袋式除尘器之间,可喷入活性炭或多孔性吸附剂,也可在袋式除尘器后设置活性炭或多孔性吸附剂吸收塔(床)。活性炭或多孔性吸附剂及相关设备,应具有兼顾去除重金属的功能。

对于含氮量较高的危险废物,必须考虑氮氧化物的去除措施。应优先考虑通过焚烧过程控制,抑制氮氧化物的产生;焚烧烟气中氮氧化物的净化方法宜采用选择性非催化还原法。

经净化后的烟气排放和烟囱高度的设置,应符合《危险废物焚烧污染控制标准》(GB 18484—2001)要求;引风机应采用变频调速装置。

5. 残渣处理系统

焚烧残渣包括炉渣和飞灰,焚烧炉渣应按照《危险废物鉴别技术规范》(HJ/T 298—2007)进行特性鉴别,经鉴别属于危险废物的,应按照危险废物进行安全处置,不属于危险废物的,按一般废物进行处置。产生的炉渣由处置厂进行特性鉴别分析,至少 1 次/d,并保留渣样;由生态环境主管部门委托监测部门进行抽查鉴别分析,1 次/月。焚烧飞灰、吸附二噁英和其他有害成分的活性炭等残余物,须经稳定化处理后送填埋场处置。

残渣处理系统应包括炉渣处理系统和飞灰处理系统。炉渣处理系统应包括出渣冷却、输送、贮存、碎渣等设施。飞灰处理系统应包括飞灰收集、输送、贮存等设施。炉渣与飞灰的生成量,应根据废物物理成分、炉渣热灼减率及焚烧量核定。

残渣处理技术与规模,应根据炉渣与飞灰的产生量、特性及当地自然条件、运输条件等,经过技术经济比较后确定,应具有稳定可靠的机械性能并易维护。

炉渣处理装置的选择应符合下列要求:

① 与焚烧炉衔接的出渣机应有可靠的机械性能和保证炉内密封的措施。

② 炉渣输送设备应有足够宽度。

炉渣和飞灰处理系统各装置应保持密闭状态。烟气净化系统采用半干法时,飞灰处理系统应采取机械除灰或气力除灰方式,气力除灰系统应采取防止空气进入和灰分结块的措施。采用湿法烟气净化时,应采取有效的脱水措施。

飞灰收集应采用避免飞灰散落的密封容器,其容量宜按飞灰额定产生量确定。贮灰罐应设有料位指示、除尘和防止灰分板结的设施,并宜在排灰口附近设置增湿设施。

6. 自动控制及在线监测系统

焚烧厂的自动控制系统必须适用、可靠,应根据危险废物焚烧设施的特点设计,并应满足设施安全、经济运行和防止对环境二次污染的要求;应采用成熟的控制技术和可靠性高、性能价格比适宜的设备和元件。设计中采用的新产品、新技术应在相关领域有成功运行的经验。

危险废物集中焚烧处置应有较高的自动化水平,能在中央控制室通过分散控制系统实现对危险废物焚烧线、热能利用及辅助系统的集中监视和分散控制。

对不影响整体控制系统的辅助装置,可设就地控制柜,必要时可设就地控制室,但重要信息应送至中央控制室。对贮存库房、物料传输过程以及焚烧线的重要环节,应设置现场工业电视监视系统。对重要参数的报警和显示,可设光字牌报警器和数字显示仪。应设置独立于分散控制系统的紧急停车系统。

危险废物焚烧厂的检测应包括下列内容:

① 主体设备和工艺系统在各种工况下安全、经济运行的参数。

② 辅机的运行状态。

③ 电动、气动和液动阀门的启闭状态及调节阀的开度。

④ 仪表和控制用电源、气源、液动源及其他必要条件供给状态和运行参数。

⑤ 必需的环境参数。

计算机监视系统的全部测量数据、数据处理结果和设施运行状态,应能在显示器显示。

应对焚烧烟气中的烟尘、硫氧化物、氮氧化物、氯化氢等污染因子,以及氧气、一氧化碳、二氧化碳、一燃室和二燃室温度等工艺指标实行在线监测,并与当地环保部门联网。烟气黑度、氟化氢、重金属及其化合物应每季度至少采样监测1次。二噁英采样监测频次不少于1次/年。

热工报警应包括下列内容:

① 工艺系统主要工况参数偏离正常运行范围。

② 电源、气源发生故障。

③ 热工监控系统故障。

④ 主要辅机设备故障。

计算机监视系统功能范围内的全部报警项目,应能在显示器上显示,并能打印输出。

三、公用工程

公用工程包括电气系统、给排水和消防、采暖通风与空调、建筑与结构及其他辅助设施。

此外,危险废物焚烧处置厂应建立应急预案,应急预案内容应至少包括以下内容:

① 危险废物贮存过程中发生事故时的应急预案。

② 危险废物运送过程中发生事故时的应急预案。

③ 焚烧设施、设备发生故障、事故时的应急预案。

第七节　焚烧厂工程实例

垃圾焚烧发电厂主要包括垃圾接收、垃圾焚烧、余热利用、烟气净化、灰(渣)处理、引风排烟、点火助燃、烟气连续监测、渗滤液处理、锅炉汽水系统、自控系统等。

一、垃圾接收

垃圾运输车从垃圾收集站或垃圾中转站装车后至垃圾焚烧发电厂,所有进厂垃圾车都必须经过地磅称量。该厂设置一台地磅,其台面为混凝土结构,称量范围 0~50 t,并将记录的时间、车辆编号、总质量和净质量等数据传入中央控制电脑数据库。垃圾车称量后,通过架空车道进入焚烧车间的垃圾卸料区。卸料区为室内布置,进出口均设置气幕机,以防止卸料区臭气外逸。进入卸料区的垃圾车依据信号指示灯,倒车至指定的卸料平台,此时垃圾池的卸料门自动开启,垃圾倒入坑内。当垃圾车离开一定距离时,卸料门自动关闭,以保证垃圾池中的臭味不外逸。

垃圾池为钢筋混凝土结构,其上方空间设有抽气系统,以控制臭味和甲烷的积聚,并使垃圾池区保持负压。通风口位于焚烧炉进料斗的上方,所抽出的空气作为焚烧炉的助燃空气。由于垃圾含水率高,将有部分水分从垃圾中渗出,因此垃圾池底部为倾斜设计,坡度不小于1%,以收集渗滤液,并排入垃圾渗滤液贮坑,经水泵抽至调节池。垃圾在垃圾池中贮存 5~10 d,以沥除其中大部分水分,另外,特殊的抓斗可以将垃圾中的水分挤出,利于垃圾在炉内燃烧。

垃圾池的上方设置了两台桥吊抓斗,一用一备,用于垃圾池内垃圾的混合以及向焚烧炉喂料。垃圾桥吊抓斗,由操作人员在垃圾池上部中间位置的操作室内,进行半自动化操作:抓斗抓料为人工操作,抓斗抓起后的行走为自动操作,可避免抓斗与焚烧炉料斗及操作室的碰撞。垃圾池严密封闭,垃圾池与桥吊操作室之间用玻璃分隔,在操作室内可以清晰地看到垃圾池内的情况。操作室通风良好,呈微正压密闭状态,并不断向室内注入新鲜空气。抓斗配备自动称量系统,可累积记录进入焚烧炉的垃圾量。操作人员可在操作室内清楚地看到料斗中垃圾的料位,以便及时加料,保持料斗中必需的料位高度,防止逆燃。

二、垃圾焚烧系统

采用倾斜往复炉排,以适应高水分低热值垃圾的焚烧。每一焚烧炉均配置了垃圾进料斗及溜槽。在正常运行期间,料斗中应充满垃圾。料斗的容量必须大于垃圾抓斗的容量。料斗的内部装有液压传动的挡板,当垃圾在料斗中搭桥时,可通过挡板的往复开启破坏搭桥现象。另外,焚烧炉拟停炉时,挡板可调至关闭状态,以防止炉火窜到料斗燃烧。溜槽必须有一定的高度,可保证垃圾顺利落料,并维持焚烧炉内的负压,起到料封的作用。

焚烧炉内衬采用耐高温耐磨损的材料,炉排周围采用耐磨的碳化硅材料,其他部位采用黏土耐火砖。

焚烧炉必须保证的工艺条件:烟气在 850 ℃时的停留时间不得小于 2 s;炉渣中有机物(未燃分)不得大于 3%;焚烧炉必须负压操作,一般为 -50~-30 Pa。

为了避免一些低熔点的物质在高温下熔融并黏结在高温段的炉壁上,引起炉壁腐蚀分层剥落,采用了高温区炉壁冷却风措施。

助燃空气系统主要由一次风机、二次风机、炉壁冷却风机和中、低压暖风器等设备组成。

一次空气来自垃圾贮坑上部的抽气装置,抽出的气体经吸风滤网过滤后,由一次风机送到中、低压暖风器预热空气,加热后的空气温度约为 200 ℃(空气温度随垃圾热值可以调节),从焚烧炉的底部送入炉排空气分配装置,通过炉排进入炉内,提供垃圾燃烧所需空气,并对温度高达 400~500 ℃的炉排进行冷却。

二次空气(常温)也来自垃圾贮坑,由高速喷嘴将二次空气喷入燃烧室,使燃烧室的烟气产生高度湍流。炉壁冷却空气(常温)也来自垃圾贮坑,其主要作用是冷却燃烧室高温侧墙,减少外侧墙的热损失。

三、热力系统

热力系统由两台余热锅炉和两台凝汽式汽轮发电机组及相应的辅机、除氧器、给水泵和高、低压加热器等设备组成。由余热锅炉产生的蒸汽进入汽轮机做功后,排入凝汽器冷却为凝结水,由凝结水水泵经汽封冷却器、低压加热器进入除氧器,经除氧和加热的凝结水由给水泵经高压加热器送入锅炉内。主蒸汽及主给水系统均采用母管制。汽轮机采用中压单缸凝汽式,主要供除氧器和回热系统除氧、加热给水及暖风器预热燃烧空气用。热力系统汽水损失的补充由除盐水系统提供。

四、烟气净化系统

烟气脱硝采用选择性非催化还原脱硝技术,在焚烧炉内适宜处喷入氨或尿素等氨基还原剂脱除 NO_x。

余热锅炉出口处的烟气采取急冷处理后温度约 220 ℃,挟带大量烟尘和有害气体进入酸性气体吸收塔,同时,来自石灰浆制备系统的石灰浆液(浓度 9%～13%),通过吸收塔的喷嘴或高速旋转喷雾器喷入吸收塔,通过水分挥发降低烟气温度,提高其湿度,并与烟气中的 HCl、SO_2、HF 发生中和反应,生成的 $CaCl_2$、$CaSO_4$(或 $CaSO_3$)、CaF_2 微粒掉落至吸收塔底部。

脱除酸性气体后的烟气温度约 160 ℃,挟带着燃烧产生的烟尘、中和反应产生的钙盐以及未反应完全的氢氧化物,离开洗涤塔进入集尘器(袋式除尘器),去除颗粒物后进入引风机。

袋式除尘器必须设旁通管,当进入袋式除尘器的烟气温度高于 160 ℃或低于 120 ℃时,属事故状态,将自动关闭集尘器进出口阀门,打开旁路阀,烟气不经过袋式除尘器,从中和洗涤塔经过旁通管进入引风机,避免烟气温度过高,毁坏滤袋,或烟气温度过低,酸腐蚀滤袋,阀门启闭全部由自控系统控制。

烟气处理设备(包括中和吸收塔、集尘器、引风机)共三套,与焚烧炉相对应。石灰浆制备系统和剩余反应物输送贮存系统为三条线共用。

五、灰渣处理系统

底灰和细渣被排入下面的渣斗,在渣斗的水池中被冷却,由捞渣机捞出,卸到旁边的带式输送机上,将其输送到厂区内的贮灰间,皮带上设有磁选机分选出金属。锅炉灰和飞灰由一个全封闭的链条式输送机送至贮灰间,经螯合剂固化后,用汽车运至填埋场。

六、引风排烟系统

焚烧炉、半干式吸收塔、袋式除尘器均为负压运行,根据焚烧炉负压,将信号输送到中央控制室,并对引风机的运转情况实现自动控制。由于袋式除尘器对烟气温度比较敏感,当烟气温度高出一定范围时,必须自动开启旁路,实行安全操作。每条生产线配置一台引风机和一根耐腐蚀的烟道。三台焚烧炉合用一个三筒钢管烟囱,烟囱高度 60 m。

七、燃料油助燃系统

辅助燃油提供垃圾焚烧炉点火和停炉过程中所需的热量,并在操作过程中使炉内最低温度大于 850 ℃。垃圾焚烧炉每年运行时间在 8 000 h 以上,且正常运行期间炉温能保持在 850 ℃以上,故辅助燃烧系统基本处于停运状态。

燃油系统由贮油箱、过滤器、油泵、喷嘴及自动点火、火焰监察、灭火报警及重新起动等设备组成,可以在中央控制室实行自动操作,也可以在现场手动操作。

八、烟气连续监测

在线的连续监测仪表用于测定烟气中污染物排放浓度,安装在引风机和烟囱之间的水平烟道上,每条焚烧线一套,共三套,监测内容包括颗粒物、NO_X、HCl、HF、SO_2、NH_3、O_2、CO、CO_2、CHX(碳氢化合物),以及烟气温度、压力、流速和湿度等,监测数据输送到总控室屏幕显示及打印。

九、主要设备设计参数

该垃圾焚烧发电厂以处理生活垃圾为主,日处理垃圾 1 000 t,余热发电,不承担电网的供电负荷调节,因此,机组容量的选择和配置应根据垃圾处理量确定。主要设备设计参数如下:

1. 焚烧炉

炉型:往复炉排焚烧炉

燃料(生活垃圾)低位发热量(设计值):5 650 kJ/kg

每条垃圾处理生产线设计能力:14.0 t/h

锅炉蒸发量:26.0 t/h　　　　　　　　　过热器出口温度:400 ℃

过热器出口压力:3.82 MPa　　　　　　　焚烧炉年连续工作时间:8 000 h

锅炉效率:75%　　　　　　　　　　　　垃圾处理生产线:3 条

2. 烟气净化

烟气处理量:65 380 N·m^3/h(锅炉出口处)

烟囱出口烟气温度:200～240 ℃

烟气净化处理方式:选择性非催化还原脱硝＋半干式吸收塔＋袋式除尘器

烟气净化线:3 条

3. 汽轮机

机型:中压、单缸、凝汽式汽轮机　　　　功率:8 MW

汽机进汽量:38.5 t/h　　　　　　　　　汽机进汽压力:3.43 MPa(a)

汽机进汽温度:395 ℃

4. 发电机

额定功率:8 MW　　　　　　　　　　　额定电压:6.3 kV

功率因数:0.8　　　　　　　　　　　　额定转速:3 000 r/min

第八节　热　解

一、概　述

热解(pyrolysis)是有机物在无氧或缺氧条件下的高温加热分解技术,与燃烧时的放热反应有所不同,热解是吸热反应。有机物的燃烧过程,主要产物为二氧化碳和水,而热解主要是使高分子化合物分解为低分子物质,其产物为燃气、燃油和炭黑。

热解应用于工业生产已有很长的历史,木材和煤的干馏、重油裂解生产各种燃料油等早已为人们所熟知,但将热解应用到固体废物获得燃料,还是受石油危机对工业化国家经济冲击的影响,于 20 世纪 70 年代初期才开始研究。

将热解技术用于固体废物资源化,具有以下优点:

① 可以将固体废物中的有机物转化为以燃气、燃油和炭黑为主的贮存性能源;

② 由于是缺氧分解,排气量少,有利于减轻对大气环境的二次污染;

③ 废物中的硫、重金属等有害成分,大部分被固定在炭黑中;

④ NO_x 的产生量少。

热解适用于处理具有一定热值的有机固体废物,可用于生活垃圾、废塑料、废橡胶和农业固体废物等的处理。

美国是最早开发固体废物热解技术的国家。1970 年,随着美国将《固体废物法》改为《资源再生法》,固体废物资源化的技术得到大力推进。生活垃圾资源化的方向之一是垃圾衍生燃料(RDF)技术的开发,在开发生活垃圾热解技术的同时,充分考虑配套的生活垃圾破碎、分选等预处理技术,但需要消耗大量动力和安装复杂的机械系统。

欧洲最早开发了生活垃圾焚烧技术,并将垃圾焚烧余热广泛用于发电和区域性集中供热。为了减少垃圾焚烧造成的二次污染,配合广为实行的垃圾分类收集,欧洲各国建立了一些以垃圾中的纤维素物质(如木材、庭院废物、农业废物等)和合成高分子(如废橡胶、废塑料等)为对象的热解试验研究,其目的是将热解作为焚烧处理的辅助手段。

加拿大的热解技术研究主要围绕农业废物和林业废物等生物质,特别是木材的气化。

日本有关生活垃圾热解技术的研究从 1973 年实施的 Star Dust'80 计划开始,该计划利用双塔式循环流化床,对生活垃圾中的有机物进行气化,随后开发出利用单塔式流化床,对生活垃圾中的有机物液化回收燃油的技术。

纵观早期的开发过程,热解技术的研究主要集中在两个方面:一个以美国为代表,以回收贮存性能源(燃气、燃油和炭黑)为目的;另一个以日本为代表,减少焚烧造成的二次污染和需要填埋处置的废物量,以无公害型固体废物处置系统的开发为目的。

二、热解工艺流程

由于供热方式、产品状态、热解炉结构等方面的不同,热解方式各异。按供热方式,可分为内部加热和外部加热。内部加热是供给适量空气,使可燃物部分燃烧以提供热解所需要的热能;外部加热是从外部供给热解所需要的热能。外部供热效率低,故采用内部加热的方式较多。按热解与燃烧反应是否在同一设备中进行,可分为单塔式和双塔式。按热解产物的状态,可分为气化方式、液化方式和炭化方式。按热解炉的结构,分为固定床、移动床、流化床和回转窑。由于热解方式的不同,形成了诸多不同的热解流程及热解产物。

热解主要影响因素包括废物的组分、粒度及均匀性、含水率、反应温度及加热速率等。高温热解温度在 1 000 ℃以上,主要热解产物为燃气;中温热解温度在 600~700 ℃之间,主要热解产物为类重油物质;低温热解温度在 600 ℃以下,主要热解产物为炭黑。热解系统根据运行要求可连续或者间歇运行。

以下分别介绍典型固体废物的热解工艺流程。

1. 塑料的热解

根据受热分解后的产物,塑料可分为解聚反应型塑料和随机分解型塑料,以及两者兼而有之的中间分解型塑料。

解聚反应型塑料受热时,单体分子之间的结合键被切断,聚合物解离、分解成单体,这类塑料包括聚氧化甲烯、聚 a-甲基苯乙烯、聚甲基丙烯酸甲酯、聚四氟乙烯塑料等。

随机分解型塑料受热分解时,碳链随机断裂,产生由数目不同的碳原子和氢原子组成的低分子化合物,这类塑料包括聚乙烯、聚氯乙烯等。

大多数塑料的受热分解,两者兼而有之。各种分解产物的比例,随塑料的种类、热解温度不同而异,一般,热解温度越高,气态碳氢化合物的比例越高。由于产物组成复杂,要分离提纯单个组分比较困难,一般只以气态、液态和固态三类组分回收利用。

当塑料中含氯、氰基团时,热分解产物中一般含 HCl 和 HCN。塑料制品中含硫较少,热分解得到的油品含硫分也相应较低,是一种优质的低硫燃料油,为此,日本开发了废塑料与高硫重油混合热解制取低硫燃油工艺。此外,也有利用塑料的不完全燃烧回收炭黑的热解类型。

由于塑料的导热系数较低,约为 0.29~1.25 kJ/(m·h·℃),且塑料品种多,废塑料分选困难,因此开发了独特的废塑料热解流程。

（1）减压分解流程

日本三洋电机根据塑料导热系数低的特点,开发利用微波炉与热风炉加热、减压蒸馏的流程,于 1972 年 6 月完成 3 t/d 处理量的试验性工厂。经破碎的废塑料送入熔化炉,并在其中加入发热效率高的热媒体(例如碳粒),由热风和微波同时加热至 230~280 ℃,塑料熔融,聚氯乙烯分解产生的氯化氢可以在回收塔回收。熔融的塑料送入反应炉,用热风加热到 400~500 ℃减压分解(6.7×10^4 Pa),生成的气体经冷却液化回收得到燃油。

（2）低温热分解流程

由日本川崎重工开发,利用聚氯乙烯(PVC)脱 HCl 的温度比聚乙烯(PE)、聚丙烯(PP)和聚苯乙烯(PS)分解温度低的特点,将 PVC、PE、PP、PS 加入到 380~400 ℃的 PE、PP、PS 的热浴媒体中,分解温度低的 PVC 首先脱除 HCl 汽化,然后 PE、PP、PS 熔融形成热浴媒体,根据停留时间的长短逐渐分解。分解产物包括 HCl 和 C_1~C_{30} 的碳氢化合物,以及 CO、N_2、H_2O 及残渣等。C_1~C_4 是气体,C_5~C_6 是液状,C_7~C_{30} 为油脂状的碳氢化物,经冷凝塔及水洗塔,回收油品及 HCl,气体经碱洗后,作为燃气燃烧,供给热解所需要的热量。该流程利用对流传热代替热传导,提高了传热效率;由于热解温度较低,没有金属(PVC 的稳定剂)的散逸。

（3）流化床法

为了使热解炉内温度均一,改善传热效果,多使用流化床热解炉。载热体采用 0.3 mm 左右的砂,从预热炉来的热风把载热体层加热到 400~450 ℃,将破碎至 5~20 mm 的废塑料送入热解炉,从载热体获得热量进行分解,同时部分废塑料燃烧产生热量,贮存于载热体中,继续供给分解所需要的能量。正常运转时,预热炉停止工作。载热体层内设置搅拌桨,以保证流化床层温度均一,同时可防止废塑料与载热体黏附在一起,影响流化。该热解炉的优点是采用内热式供热,热效率高;操作简单,容易控制,适于负荷波动较大的情况选用。但是,由于部分塑料的燃烧,产生的非活性气体 N_2、H_2O 及 CO_2 等夹在热解气中,热解气的热值不高,回收率也较其他方法低。

2. 橡胶的热解

橡胶分为天然橡胶和人工合成橡胶。废橡胶包括废轮胎(天然橡胶)、工业部门的废皮带和废胶管等。人工合成的氯丁橡胶和丁腈橡胶,由于热解时会产生 HCl 和 HCN,不宜热解。废轮胎热解的产物非常复杂,其中,气体占 22%,液体占 27%,炭灰占 39%,钢丝占 12%,热解产品组成随热解温度不同而变化。

废轮胎的热解主要采用流化床法。流化床由砂组成,采用分置为两层的 7 根火管间接加热。整轮胎通过气锁进入反应器,轮胎到达流化床后,慢慢沉入砂内,热的砂粒覆盖在它的表面,使轮胎热透软化,流化床内的砂粒与软化的轮胎不断交换能量,发生摩擦,使轮胎渐渐分解,轮胎全部分解后,残留在砂床内的钢丝由伸入流化床内的移动格栅移走。热解烟气经过旋风分离器及静电除尘器,除去其中的橡胶、热媒体、炭黑和氧化锌后,通过油洗涤器冷却,分离出含芳香烃的油品,最后得到含甲烷和乙烯的热解气体,热解气体的燃烧为热解反应提供热量,整个过程所需要的能量可以自给。产品中芳香烃馏分含硫量小于 0.4%,气体含硫量小于 0.1%。氧化锌和含硫化物的炭黑,通过气流分选可以得到符合质量标准的炭黑,再应用于橡胶工业;残余部分可以回收氧化锌。

3. 生活垃圾的热解

随着工业的发展和生活水平的提高,生活垃圾中所含的可燃组分日趋增长,纸张、塑料以及合成纤维等占有较大比重,因此,生活垃圾可作为资源回收。热解是利用生活垃圾回收能源的一个有效途径,国外对此做了较多研究,开发了许多工艺流程。下面介绍几种热解流程。

(1) 移动床热分解工艺

该工艺是生活垃圾热解技术中最成熟的方法,代表性系统有新日铁系统和 Purox 系统。

① 新日铁系统

如图 5-29 所示,该系统是将热解和熔融一体化的设备,通过控制炉温和供氧条件,使垃圾在同一炉体内完成干燥、热解、燃烧和熔融。干燥段温度约为 300 ℃,热解段温度为 300~1 000 ℃,熔融段温度为 1 700~1 800 ℃。垃圾由炉顶投料口进入炉内,为了防止空气的混入和热解气体的泄漏,投料口采用双重密封阀结构。进入炉内的垃圾在竖式炉内由上向下移动,通过与上升的高温气体换热,垃圾中的水分受热蒸发,逐渐降至热解段,在控制的缺氧状态下,有机物发生热解,生成可燃气和灰渣。可燃气导入二燃室进一步燃烧,并利用尾气的余热发电。灰渣进一步下移至燃烧区,灰渣中残存的热解固相产物——炭黑,与从炉下部通入的空气发生燃烧反应,其产生的热量不足以满足灰渣熔融所需的温度,可通过添加焦炭提供炭源。灰渣熔融后形成玻璃体,体积大大减少,重金属等有害物质被完全固定在固相中。

② Purox 系统

Purox 系统由 Union Carbide 公司开发。垃圾由炉顶加入并在炉内缓慢下移。纯氧从炉底送入,首先到达燃烧区,参与垃圾燃烧。垃圾燃烧产生的高温烟气,与向下移动的垃圾在炉体中部相互作用,有机物在还原状态下发生热解。热解气向上运动穿过上部垃圾层并使其干燥,最后,烟气离开热解炉去净化系统处理回收。此烟气中包括水蒸气、高沸点有机物冷凝的油雾和少量飞灰,其余气体混合物以 CO、CO_2、H_2 为主,约占 90%。这种气体的热值不高,约为 1.29×10^4 kJ/m³。为了使气体的热值与管道天然气热值相当,在系统后续有一甲烷化过程,低热值气体先经加压变换,在催化剂作用下,CO 与 H_2O 反应生成 CO_2 及 H_2。当 CO 与 H_2 的比例达到甲烷化要求时,再将气体经洗涤器除去部分 CO_2 及 H_2S,可从中回收元素硫。经洗涤的气体进入甲烷化装置,得到人造天然气,其热值可达 3.65×10^4 kJ/m³。在燃烧区,一些不可燃成分形成熔融体,流经炉底的水封槽,成为坚硬的颗粒状熔渣。

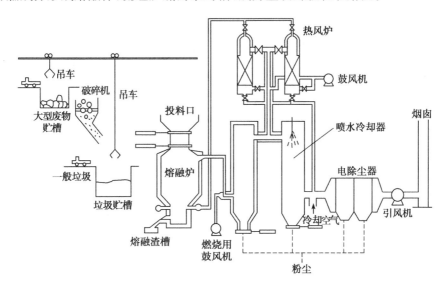

图 5 - 29　新日铁系统示意图

该处理系统垃圾不需前处理,流程简单。有机物几乎全部分解,分解温度高达 1 650 ℃。由于不是供应空气而是采用纯氧,NO_x 产生量极少。垃圾减量较多,约为 $95\% \sim 98\%$,该法的关键是能否获得廉价的纯氧。

(2) Occidental 系统

Occidental 系统是以有机物液化为目的的技术,由 Occidental Research Corporation 开发。如图 5 - 30 所示,垃圾从贮料坑中被抓斗吊吊起送至带式输送机,由破碎机破碎至约 76.2 mm 以下,通过磁选分离出铁,再通过风选,将垃圾分为重组分(无机物)和轻组分(有机物)。利用热解气体的热量,将轻组分干燥至含水率 4% 以下,通过二次破碎装置,使有机物粒径小于 3.17 mm,再由空气跳汰机分离出其中的玻璃等无机物后,作为热解原料。

热解设备为一不锈钢制筒式反应器,有机原料由空气输送至炉内。热解反应产生的炭黑加热至 760 ℃后,返回至热解反应器内,提供热解反应所需的热能,热解反应在炭黑和垃圾的混合物通过反应器的过程中完成。热解气体首先经过旋风分离器,分离出新产生的炭黑,再经过 80 ℃的急冷,分离出燃油。残余的气体,一部分用作垃圾输送载体,其余部分用作加热炭黑和送料载气的热源。产生的燃油平均热值约为 2.44×10^4 kJ/kg,黏度较普通燃油高。

风选出来的重组分经滚筒筛分成三部分:粒度小于 12.7 mm 的,进入玻璃回收系统;粒度

在 12.7～102.8 mm 的,进入铝金属回收系统;大于 102.8 mm 的部分,重新返回至一次破碎
装置。玻璃的回收采用气浮分选,垃圾中玻璃的回收率约为 77％,铝的回收采用涡电流分选
方式,回收率达到 60％。

Occidental 系统由于炭黑产生量大(约占垃圾总质量的 20％,含有总热值的 30％以上能
量),大部分热能以炭黑的形式损失,系统的有效性没有得到充分的发挥。另外,此法前处理工
艺复杂,破碎过程动力消耗大,运行费用高,机械故障多。

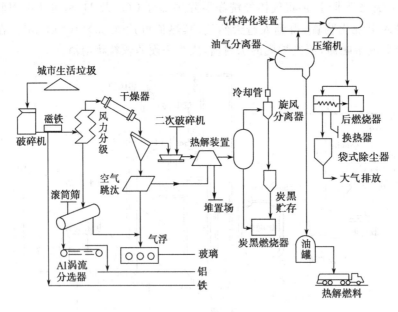

图 5-30　Occidental 系统示意图

思 考 题

1. 简述焚烧和热解的定义,并说明它们的主要区别。
2. 简述衡量焚烧处理效果的技术指标。
3. 二噁英是怎样产生的? 有哪些控制途径?
4. 简述各种焚烧炉的特点及其适用范围。
5. 焚烧烟气中有哪些污染物质? 如何控制它们的污染?
6. 如何控制焚烧厂的恶臭?
7. 生活垃圾焚烧厂通常包括哪些系统?
8. 危险废物焚烧厂通常包括哪些系统?
9. 简述危险废物焚烧进料配伍方法。
10. 简述热解技术在固体废物处置中的应用。

第六章 填 埋

第一节 概 述

固体废物经过减量化和资源化后,余下的无再利用价值的残渣,往往富集了不同种类的污染物,对生态环境和人体健康具有即时性和长期性的影响,必须妥善处置。安全、可靠地处置这些固体废物的残渣,是固体废物全过程管理必不可少的最终环节。用于处置固体废物的方法包括海洋处置和地质处置。海洋处置包括海上倾倒和海上焚烧,现已被《防止倾倒废物及其他物质污染海洋的公约》(又称《伦敦公约》)禁止。地质处置包括填埋、废矿井处置、深井灌注和岩穴处置等,其中应用最多的是填埋。

填埋(landfill)技术成熟,作业相对简单,在不考虑土地成本和后期维护的前提下,其建设和运行费用相对较低,应用广泛。发达国家大约70%的生活垃圾采用填埋处置;发展中国家生活垃圾的热值一般较低,达不到焚烧的基本要求,垃圾处置主要依靠填埋技术。填埋也是处置危险废物的主要手段。

图6-1所示是旧式填埋场,存在较多环境问题。图6-2所示是现代填埋场,控制了填埋气和渗滤液对环境的影响,并加强封场后的监测管理。

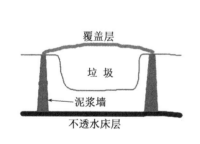

图 6-1 旧式填埋场

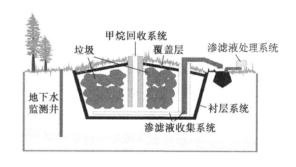

图 6-2 现代填埋场

设计不合理的填埋场将带来诸多环境问题,如填埋场排放的填埋气及渗滤液对环境造成污染及危害。因此,应对填埋场的建设、运行和管理制定严格的要求和标准。我国对生活垃圾、危险废物的填埋作了具体规定,颁布了以下污染控制标准:《生活垃圾填埋场污染控制标准》(GB 16889—2008)、《危险废物填埋污染控制标准》(GB 18598—2001)和《一般工业固体废物贮存、处置场污染控制标准》(GB 18599—2001)。

第二节　填埋技术原理

一、填埋处置原则

废物的种类、数量和性质,相关法规,公众的观念和可接受性,场地特征等,决定了固体废物土地填埋的可行性。固体废物填埋处置遵循下列原则:

(1) 区别对待,分类处置,严格管制危险废物和放射性废物

根据所处置的固体废物对环境危害程度的大小和危害时间的长短,区别对待:生活垃圾进入卫生填埋场,危险废物进入安全填埋场。严禁将生活垃圾和危险废物混合填埋,严禁危险废物进入生活垃圾填埋场。

(2) 最大限度将危险废物、放射性固体废物与生物圈相隔离

采用多重屏障系统,将所处置的固体废物与生态环境相隔离,即废物屏障系统(对废物进行固化/稳定化处理,以减轻废物的毒性或减少渗滤液中有害物质的浓度)、封闭屏障系统(利用工程措施将废物封闭,其封闭效果取决于封闭材料的品质、设计水平和工程质量)、地质屏障系统(地质屏障对有害物质的防护性能取决于地质构造、水文地质特征以及污染物本身的物理化学性质)。地质屏障系统决定废物屏障系统和封闭屏障系统的基本结构,制约固体废物处置场的工程安全和投资。

(3) 集中处置

将危险废物集中处置,可以节约人力、物力和财力,有利于监督管理。

二、填埋场构造

填埋场的构造与地形地貌、工程地质和水文地质条件、填埋废物种类有关。填埋场构造分为自然衰减型、全封闭型和半封闭型。

1. 自然衰减型填埋场

自然衰减型填埋场允许部分渗滤液由填埋场底部渗透,并利用下部包气带土层和含水层的自净功能,降低渗滤液中污染物的浓度,使其达到可接受的水平,如图 6-3 所示。通常,包气带土层不可能使渗滤液中所有的污染物自然衰减,只有那些无害固体废物,或会发生生物降解、化学降解或物理衰变的废物,才能采用自然衰减型填埋场。自然衰减型填埋场将会改变地下水水质,通常渗滤液的硬度高于地下水,其中的某些成分,如氯化物、硝酸盐、硫酸盐和部分有机物,不能被未饱和土层所衰减。因此,自然衰减型填埋场仅可用于处置相对稳定的废物。

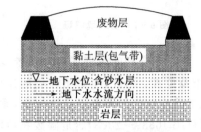

图 6-3　自然衰减型填埋场

2. 全封闭型填埋场

全封闭型填埋场将废物和渗滤液与环境隔绝,废物可安全贮存数十年甚至上百年。这类填埋场,通常利用地层结构的低渗透性或工程密封系统,减少渗滤液的产生量及通过底部泄漏

渗入地下水层的渗滤液量,将对地下水的污染减少到最低限度,并对所收集的渗滤液进行处理,执行封场后的监测管理。如图 6-4 所示,全封闭型填埋场的底部、边坡和顶部,均需设置由黏土或土工膜衬层或两者兼备的密封系统,并在顶部安装渗水收排系统,底部安装渗滤液收集系统和渗滤液监测系统。

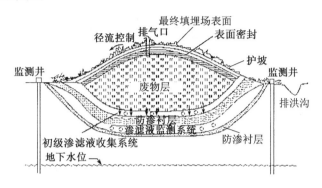

图 6-4 全封闭型填埋场

3. 半封闭型填埋场

半封闭型填埋场介于自然衰减型和全封闭型填埋场之间。其顶部封闭系统一般要求不高,底部一般设置单层衬层系统和渗滤液导排系统。大气降水会有部分进入填埋场,渗滤液也可能会部分泄漏进入下包气带和地下含水层,特别是只采用黏土衬层时。但是,由于大部分渗滤液可被收集排出,渗入下包气带和地下含水层的渗滤液量显著减少。

通常,小规模废物处置适合采用自然衰减型填埋场,大规模废物处置适合采用封闭型填埋场。如果废物的产生速率小且不允许采用自然衰减型填埋场时,则应将废物收集贮存,定期运到附近的大型填埋场,这比建一个小型的封闭型填埋场更经济。

三、填埋方式

填埋场填埋方式与地形地貌有关,可分为山谷型填埋、平原型填埋、坡地型填埋和滩涂型填埋。

1. 山谷型填埋

山谷型填埋(canyon method of landfill),又称洼地填埋,如图 6-5 所示。通常在山谷出口处设垃圾坝,在填埋场上方设截洪坝,填埋场四周开挖排洪沟,严格控制场外地表径流进入填埋场。填埋场的防渗可采用垂直密封技术,在填埋场周边设置垂直防渗帷幕,水文地质条件较好的填埋场也可仅在垃圾坝下面设置垂直防渗帷幕;也可采用水平基础密封和边坡密封技术,在填埋场底部和边坡铺设防渗衬层。山谷型填埋场征地费用相对较低。

2. 平原型填埋

(1) 地上式填埋

地上式填埋(area method of landfill,又称平面填埋法)通常适用于地下水位较高或者地形不适合挖掘的地区,如图 6-6 所示。该法是把废物铺撒在场地的表面,压实后用薄层土壤覆盖,然后再压实。地上式填埋可在坡度平缓的地方采用,建设时应在库区周围修建垃圾坝作为初始单元的屏障。

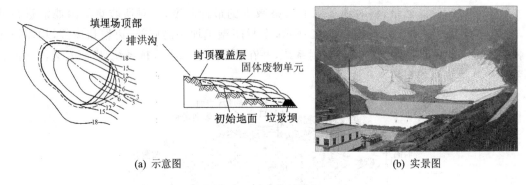

(a) 示意图　　　　　　　　　　　(b) 实景图

图 6-5　山谷型填埋

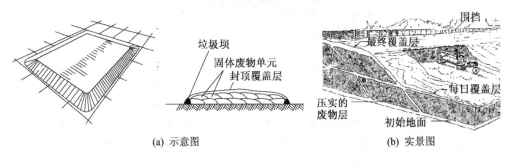

(a) 示意图　　　　　　　　　　　(b) 实景图

图 6-6　地上式填埋

(2) 地下式填埋

地下式填埋(trench method of landfill,又称沟渠填埋法)适用于地下水位较低的地区,如图 6-7 所示。该法是把废物铺撒在预先挖掘的沟渠内,然后压实,把挖出的土作为覆盖材料铺撒在废物之上并压实,构成了基本的填埋单元。填埋单元边长一般为 60～300 m,宽 5～15 m,深 3～9 m。地下式填埋场作业期间存在降雨汇集的问题,所以在填埋场底部应铺设渗滤液导排系统,并建有集水井。

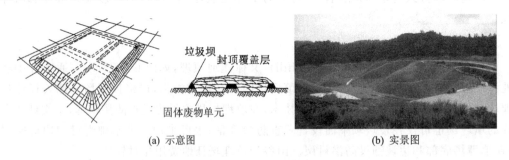

(a) 示意图　　　　　　　　　　　(b) 实景图

图 6-7　地下式填埋

3. 坡地型填埋

坡地型填埋利用丘陵坡地填埋垃圾,适于丘陵地区采用。坡地型填埋具有以下特点:

① 坡地能较好地适应填埋场场底处理的要求,土方工程量小,易于渗滤液的导排和收集。

② 一般不占用耕地,征地费用较低。

③ 容易进行水平防渗处理。

④ 容易进行单元填埋和填埋作业期间的雨污分流,填埋场外汇水面积小,有利于减小渗滤液的产生量。

⑤ 地下水位一般较低,有利于防止地下水污染。

4. 滩涂型填埋

滩涂型填埋在海边滩涂地填埋垃圾,适于沿海城市采用。滩涂型填埋具有以下特点:

① 滩涂地一般处于城市地下水和地表水流向的下游,不会对城市水源造成污染。

② 滩涂型填埋场产生的污水可利用湿地处理,以减少污水处理的投资费用和运行费用。

③ 容易进行水平防渗处理。

④ 容易进行单元填埋和填埋作业期间的雨污分流,有利于减小渗滤液的产生量。

⑤ 地下水水位一般较高,不利于防止地下水污染。

⑥ 滩涂地地基承载力一般较小,场底往往需要加固处理。

四、填埋场运行

填埋场建设和运行包括:填埋场规划布局、填埋操作以及封场和封场后的管理等,如图 6-8 所示。

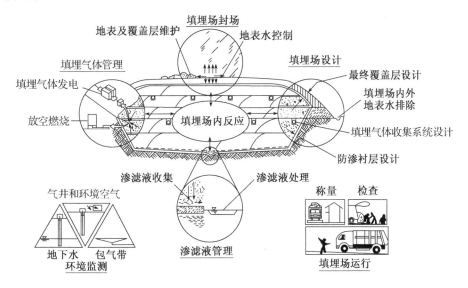

图 6-8 填埋场运行图解

1. 规划布局

填埋场的规划布局按功能分区布置,便于施工和作业。填埋场布局应考虑:

① 进出场地的道路,道路分为主要道路和辅助道路、临时道路和永久性道路,满足交通量、车载负荷及使用年限需求。

② 垃圾坝、填埋库区、围挡、绿化带,填埋库区的占地面积宜为总面积的70%～90%,不得小于60%。

③ 特殊废物存放场地、废物处理回收场地(如堆肥化场地、固化/稳定化场地等)。

④ 覆盖层物质堆放场地、填埋场气体收集利用设施场地、渗滤液处理设施场地。

⑤ 排洪沟和雨水导排系统。

⑥ 地下水和渗滤液监控设施,包括本底监测井、污染监测井和污染扩散监测井等。

⑦ 应急设施,包括垃圾临时存放、紧急照明等设施。

⑧ 填埋场配套工程及辅助设施和设备,如办公用房、地磅房及门房、设备房、冲洗和洒水、生活服务设施场地等。

典型布置如图6-9所示。

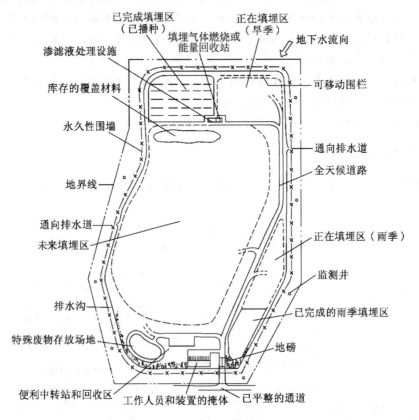

图6-9　填埋场典型布置

2. 填埋操作

为保证填埋作业的顺利进行,必须根据场地的布局,制订一份完整计划,为操作人员明确操作规程、交通线路、记录和监测程序、定期操作进度表、意外事故的应急计划及安全措施等。

废物进入填埋场必须进行检查和计量。对形状尖锐的物体,应进行破碎,避免破坏防渗、封场覆盖材料以及填埋作业的机械设备,保证现场工作人员的安全。在大件垃圾较多的情况下,宜设置破碎设备,对填埋物中可能造成腔型结构的大件物品应进行破碎,避免填埋气体局部聚集爆炸。运输车辆离开填埋场前,宜冲洗轮胎和底盘。

填埋场内,垃圾在卸车平台卸车,分层推铺、压实。推铺作业方式有从上往下、从下往上、平推三种,从下往上推铺压实效果好,因此宜选用从作业单元的边坡底部向顶部的方式进行推铺。每层垃圾的厚度应根据填埋作业设备的压实性能、压实次数及垃圾的可压缩性确定,厚度不宜超过60 cm;垃圾压实密度应大于600 kg/m³。每一单元的垃圾高度宜为2~4 m,最高不宜超过6 m,单元作业宽度按填埋作业设备的宽度及高峰期同时进行作业的车辆数确定,最小宽度不宜小于 6 m。单元的坡度不宜大于 1:3。

填埋工艺要求压实的垃圾应进行日覆盖,每一作业区完成一定高度后,暂时不在其上继续填埋时,应进行中间覆盖,覆盖层厚度宜根据覆盖材料确定,宜大于 30 cm。中间覆盖层常用于填埋场部分区域长期维持开放(2 年以上)的情况,可将层面上的降雨排出填埋场。在实际运行中,尽可能采用日覆盖和阶段性覆盖(没有达到中间覆盖要求但需要覆盖的区域)替代材料,尽量减少覆盖土的用量,当采用膜材料作为替代材料时,有利于控制气体的无序迁移。

一个或几个填埋单元完成之后,在其表面开挖水平导气盲沟,沟渠内放砾石,中间铺设开孔的塑料管道,并根据需要设置边坡渗滤液导排设施。已完成的填埋区域需铺设最终覆盖层(1~2 m 厚),可将垂直导气井安装在完工的填埋区。由于固体废物中有机物的分解,填埋区域会发生沉降,填埋场的建设工作必须包括沉降表面的再填置和修补。最终覆盖层的表面应有 3%~5% 的坡度,以利于迅速排出地表降水。

填埋场应有灭蝇、灭鼠、防尘和除臭措施,填埋场道路应定期清扫和洒水。

3. 填埋作业方式

填埋作业方式可根据场地的地形特点确定,对于平原型填埋场,填埋作业可以从一端向另一端进行水平填埋。对于地处斜坡或山谷地区的填埋作业,可采用水平填埋和垂直填埋相结合的方式,从上到下或从下往上进行垂直填埋,较短时间内,可使填埋区域达到最终填埋高度,既减少了垃圾的暴露时间,又有助于减少渗滤液的产生量。

为了控制填埋场作业时的污染,须对填埋场进行分区作业。理想的分区计划是使每个填埋单元在尽可能短的时间内封顶覆盖,如图 6-10 所示。

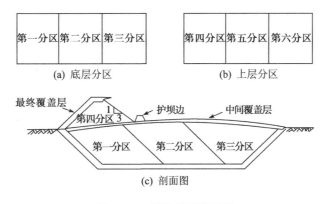

图 6-10 填埋分区计划图

五、填埋场设备

设备的选择对于填埋作业十分重要。填埋场运行过程中有三项基本工作:将卸车后的废物摊开、铺匀;压实废物;推铺并压实每日覆盖层和中间覆盖层。因此,常用的填埋场设备包括:推土机、铲运机、压实机、挖掘机、破碎机、吊车和抓土机等;专门的压实设备,如滚子、夯实机或振动器等,以增加填埋物的密实性,提高场地利用率。推土机和压实机如图 6-11 所示。此外,填埋作业中经常用到喷药和洒水设备、工程巡视设备等。

(a) 推土机

(b) 压实机

图 6-11   填埋场设备

六、填埋场内的反应

在长期的堆置过程中,填埋场内发生着相互关联的生物、化学和物理反应。

1. 生物反应

这是处置含可生物降解有机废物时,在填埋场中发生的最重要反应,其产物是气体、水分和可溶性有机物,有机废物逐渐达到稳定化。

2. 化学反应

填埋场内发生的主要化学反应包括:

① 溶解/沉淀。进入填埋场的水在废物层中迁移时,会将废物中的或生物转化过程产生的可溶性物质溶解形成高有机物浓度和高盐分的渗滤液;当渗滤液 pH 变化时,还会发生溶解或沉淀反应。

② 吸附/解吸。填埋气中的挥发性和半挥发性有机化合物、渗滤液中的有机和无机污染物,会被所处置的废物和土壤吸附,条件变化时,会发生解吸作用,使污染物进入气体或液体。

③ 脱卤/降解。包括有机化合物的脱卤、水解和化学降解作用。

④ 氧化/还原。通过氧化还原反应,影响金属及其盐类的可溶性。

⑤ 其他反应。另外一些重要的化学反应发生在黏土衬层和某些有机化合物之间,导致衬层结构和渗透性的改变。

3. 物理反应

填埋场内发生的主要物理反应包括:

① 蒸发/气化。废物中的水分、挥发性和半挥发性有机化合物,通过蒸发和气化作用,进入填埋气体中。

② 沉降/悬浮。渗滤液中的悬浮物和胶体颗粒在重力作用下发生的反应。

③ 扩散/迁移。包括气体在填埋场中的横向扩散和向周围环境释放、渗滤液在填埋场和包气带中的迁移。

④ 物理衰变。发生在自然界的自发现象,随着时间的推移日渐明显。

七、生活垃圾卫生填埋

1. 概　述

卫生填埋(sanitary landfill),采取防渗、雨污分流、压实、覆盖等工程措施,并对渗滤液、填埋气体及臭味等进行控制的生活垃圾处置方法,填埋场封场后可作别用。

卫生填埋不同于堆放场,应着重考虑:

① 场址的选择。

② 防止渗滤液对地下水的污染。

③ 填埋气体的控制和利用。

④ 臭味和病原菌的消除。

⑤ 填埋作业时噪声和扬尘的控制。

⑥ 防治滋养动物(蚊、蝇、鼠、鸟)的影响。

⑦ 防渗衬层渗漏检测系统。

⑧ 场地的监测和利用。

填埋场的建设,应根据各地区的特点,结合环境卫生专项规划,合理确定填埋场建设规模,中小城市应进行区域性规划,集中建设填埋场,利于选址。填埋库区应一次性规划设计,分期和分区建设,避免工程投资的浪费。填埋场建设规模分类如表 6-1 所列。

表 6-1 填埋场建设规模分类

类 型	日均填埋量/(t·d^{-1})	类 型	日均填埋量/(t·d^{-1})
Ⅰ	≥1 200	Ⅲ	200~500
Ⅱ	500~1 200	Ⅳ	<200

填埋场主体工程包括:计量设施,地基处理与防渗工程,防洪、雨污分流及地下水导排系统,场区道路,垃圾坝,渗滤液收集和处理系统,填埋气体导排和处理(可含利用)系统,封场工程和监测井等。

填埋场辅助工程包括:进场道路,备料场,供配电,给水排水设施,生活和行政办公管理设施,设备维修设施,消防和安全卫生设施,车辆冲洗、通信、监控等附属设施或设备,并宜设置应急设施(包括垃圾临时存放、紧急照明等)。Ⅲ类以上填埋场宜设置环境监测室、停车场等设施。

卫生填埋分为厌氧填埋、准好氧填埋和好氧填埋,目前广泛采用的是厌氧填埋,其结构简单、操作方便、施工费用低,并可回收甲烷气体。

2. 生活垃圾卫生填埋场入场要求

(1) 可以直接进入生活垃圾卫生填埋场的废物

① 由环境卫生机构收集或者自行收集的混合生活垃圾,以及企事业单位产生的办公废物。

② 生活垃圾焚烧炉渣(不包括焚烧飞灰)。

③ 生活垃圾堆肥处理产生的固态残余物。

④ 服装加工、食品加工及其他城市生活服务行业产生的性质与生活垃圾相近的一般工业固体废物。

(2) 处理后可进入生活垃圾卫生填埋场的废物

①《医疗废物分类目录》中的感染性废物,按照 HJ/T 228、HJ/T 229 和 HJ/T 276 的要求进行破碎毁形以及化学、微波或高温蒸汽消毒处理,并满足消毒效果检验指标。

② 生活垃圾焚烧飞灰和医疗废物焚烧残渣(包括飞灰、底渣)处理后满足:含水率＜30％；二噁英含量＜3 μgTEQ/kg；按照 HJ/T 300 制备的浸出液中危害成分浓度低于 GB 16889 规定的限值。一般工业固体废物经处理后，按照 HJ/T 300 制备的浸出液中危害成分浓度低于 GB 16889 规定的限值。上述两种固体废物在生活垃圾填埋场中应单独分区填埋。

③ 厌氧产沼等生物处理后的固态残余物、粪便经处理后的固态残余物和生活污水处理厂污泥经处理后含水率须小于 60％。城镇污水处理厂污泥必须经过预处理，通过添加改性材料改善污泥的高含水率、高黏度、易流变、高持水性和低渗透系数的特性。

(3) 不得进入生活垃圾卫生填埋场的废物

① 未经处理的餐饮废物。

② 未经处理的粪便。

③ 禽畜养殖废物。

④ 电子废物及其处理处置残余物。

⑤ 除本填埋场产生的渗滤液之外的任何液态废物和废水。

⑥ 危险废物(经处理符合要求的除外)和放射性废物。

八、危险废物安全填埋

1. 概　述

安全填埋是当前处置危险废物最常用的方法之一，它必须保证被填埋的危险废物不再危害人类健康和周围环境(包括土壤、水体、大气和动植物等)。一般，危险废物安全填埋场必须与生活垃圾卫生填埋场分开，填埋场的选址、设计、施工、运行、封场和监测应满足《危险废物填埋污染控制标准》(GB 18598)、《危险废物安全填埋处置工程建设技术要求》等有关要求。

危险废物安全填埋场以省为服务区域，根据当地危险废物填埋量的情况，采取一步到位或分期建设的方式集中建设，避免过于分散建设危险废物填埋场，或已建填埋场长期闲置。

危险废物安全填埋场包括接收与贮存系统、分析与鉴别系统、预处理系统、防渗系统、渗滤液控制系统、填埋气体控制系统、监测系统、应急系统及其他公用工程等。

安全填埋场应设有初检室，对废物进行物理化学分类。废物接受区应放置放射性废物快速检测报警系统，避免放射性废物入场。应设置包装容器专用的清洗设施。

填埋场应设贮存设施，贮存设施的建设应符合《危险废物贮存污染控制标准》(GB 18597)的要求，便于废物的存放与回取。贮存设施内应分区设置，将已经过检测和未经过检测的废物分区存放；经过检测的废物应按物理、化学性质分区存放。不相容危险废物应分区并相互远离存放。单独设置剧毒危险废物贮存设施，以及废酸、废碱、表面处理废液等贮罐。贮存设施应有抗震、消防、防盗、换气、空气净化等措施，并配备相应的应急安全设备。

2. 危险废物安全填埋场废物入场要求

(1) 禁止填埋的危险废物

① 医疗废物。

② 与衬层不相容的废物。

(2) 可填埋的危险废物

可填埋的危险废物包括《国家危险废物名录》中除(1)中规定以外的所有危险废物。

① 可以直接入场填埋的废物

（a）根据《固体废物浸出毒性浸出方法》（GB 5086）和《固体废物浸出毒性测定方法》（GB/T 15555.1～11），测得的废物浸出液中有一种或一种以上有害成分浓度超过 GB 5085.3 中的标准值，并低于 GB 18598 规定的危险废物允许进入填埋区控制限值的废物。

（b）根据《固体废物浸出毒性浸出方法》（GB 5086）和《固体废物浸出毒性测定方法》（GB/T 15555.12），测得的废物浸出液 pH 在 7.0～12.0 之间的废物。

② 需要预处理后方能入场填埋的废物

（a）根据《固体废物浸出毒性浸出方法》（GB 5086）和《固体废物浸出毒性测定方法》（GB/T 15555.1～11），测得的废物浸出液中任何一种有害成分浓度超过 GB 18598 规定的允许进入填埋区控制限值的废物。

（b）根据《固体废物浸出毒性浸出方法》（GB 5086）和《固体废物浸出毒性测定方法》（GB/T 15555.12），测得的废物浸出液 pH≤7.0 和 pH≥12.0 的废物。

（c）本身具有反应性、易燃性的废物。

（d）含水率高于 85% 的废物。

（e）液体废物。

3. 危险废物预处理方法

① 焚烧飞灰可采用重金属稳定剂或水泥进行固化/稳定化处理。

② 重金属类废物应在确定重金属的种类后，采用硫代硫酸钠、硫化钠或重金属稳定剂进行稳定化处理，并酌情加入一定比例的水泥进行固化。

③ 酸碱污泥可采用中和方法进行稳定化处理。

④ 含氰污泥可采用稳定剂或氧化剂进行稳定化处理。

⑤ 散落的石棉废物可采用水泥进行固化，大量的有包装的石棉废物可采用聚合物包裹的方法进行处理。

九、一般工业固体废物填埋场

一般工业固体废物填埋场用于填埋处置未被列入《国家危险废物名录》，或者根据国家规定的危险废物鉴别标准和鉴别方法判定不具有危险特性的工业固体废物。新建、扩建、改建及已经建成投产的一般工业固体废物填埋场的建设、运行和监督管理，应符合《一般工业固体废物贮存、处置场污染控制标准》（GB 18599—2001）的要求。

一般工业固体废物填埋场分为两类：

① 第Ⅰ类一般工业固体废物填埋场：用于处置按照 GB 5086 规定方法进行浸出试验而获得的浸出液中，任何一种污染物的浓度均未超过 GB 8978 最高允许排放浓度，且 pH 在 6～9 范围之内的一般工业固体废物。

② 第Ⅱ类一般工业固体废物填埋场：用于处置按照 GB 5086 规定方法进行浸出试验而获得的浸出液中，有一种或一种以上的污染物浓度超过 GB 8978 最高允放排放浓度，或者是 pH 在 6～9 范围之外的一般工业固体废物。

一般工业固体废物填埋场应采取防止粉尘污染的措施，填埋场周边应设置导流渠。为防止一般工业固体废物和渗滤液的流失，应构筑堤、坝、挡土墙等设施，并设计渗滤液集排设施。必要时应采取措施防止地基下沉，尤其是防止不均匀或局部下沉。若接收含硫量大于 1.5%

的煤矸石,必须采取措施防止自燃。

一般工业固体废物填埋场关闭或封场时,必须编制关闭或封场计划,报请所在地县级以上生态环境主管部门核准。关闭或封场后,仍须继续维护管理,直到稳定为止,以防止覆盖层下沉和开裂,致使渗滤液量增加,防止一般工业固体废物堆体失稳而造成滑坡等事故。关闭或封场时,表面坡度一般不超过33%。标高每升高3~5 m,需建造一个台阶,台阶应有不小于1 m的宽度、2%~3%的坡度和能经受暴雨冲刷的强度。

第三节　填埋场选址

填埋场场址的选择和最终确定是一个复杂而漫长的过程,必须以场地详细调查、工程设计和费用研究、环境影响评价为基础,综合考虑地理位置、地形、地貌、工程与水文地质、地质灾害等条件对周围环境、工程建设投资、运行成本和运输费用的影响,经多方案比选后确定,遵循环境保护原则、工程学及安全生产原则、法律及社会支持原则和经济合理原则。

一、选址准则

填埋场选址总原则是:以合理的技术和经济方案,尽量少的投资,达到理想的经济效益,实现环境保护的目的。填埋场选址应符合城市总体规划、区域环境规划、城市环境卫生专项规划及相关规划。具体包括以下内容:

1. 可得到的土地面积

在选择填埋场场址时,应有足够的土地面积,使用年限在10年以上,特殊情况不应低于8年,填埋库区每平方米应填埋10 m³以上垃圾。填埋时间越短,单位废物处置费用越高。所需面积是固体废物产生率、压实密度和填埋厚度的函数。填埋场的库容应根据当地的发展规划,留有发展余地。

填埋场的实际占地面积确定之后,还要考虑场地周围土地的使用状况,要注意保留适当的缓冲区,并根据有关标准确定场地的边界。

填埋场与周围敏感目标的环境防护距离,应考虑渗滤液、大气污染物(含恶臭物质)、滋养动物(蚊、蝇、鼠、鸟)等因素的影响,综合评价其对周围环境、居住人群的身体健康、日常生活和生产活动的影响,确定填埋场与常住居民居住场所、地表水域、高速公路、交通主干道(国道或省道)、铁路、飞机场、军事基地等敏感目标之间合理的位置关系。具体的环境防护距离应根据批复的环境影响评价报告结论确定。

2. 交通与运输距离

填埋场与公路的距离不宜太近,以便于实施卫生防护,也不宜太远,以便于布置与填埋场的连通道路。

运输距离是选择填埋场位置必须考虑的因素之一,对管理系统的设计和运行有重要影响。短距离运输是理想的规划方案,但还应考虑其他一些因素,如废物中转站的地点、当地的交通状况、往返填埋场的线路情况、城市发展布局等因素。填埋场选址通常由环境和社会因素决定,故长距离运输现在已为常见。

3. 土壤状况和地形

每日填埋结束后需用土(或代用覆盖物)覆盖垃圾,然后压实。每日覆土厚度为15~30 cm,

中间覆土厚度为 30～50 cm,最终覆土厚度为 60～100 cm,填埋场覆土量一般为填埋库区容积的 10%～15%,坝体、防渗以及渗滤液收集工程也需要大量土石料,所以必须获取土壤数量和特性资料(包括结构、渗透系数和阳离子交换容量),应尽量就地取材,节省投资。此外,土壤特性还影响污染物在土壤中的迁移。

场地地形地貌决定了地表水,往往也决定了地下水的流向和流速,地形将会影响填埋场结构布局、填埋作业方式和设备配置。场地地形的坡度应有利于填埋场施工和其他配套设施的布置,不宜选址在地形坡度起伏变化大的地方和低洼汇水处。一个与较陡斜坡相连的水平场地,会聚集大量地表径流和潜层水流,应考虑其地表水导流系统和防渗层的必要性及类型。

4. 气候条件

评价拟选场址时,必须考虑当地的气候条件。如冬天结冰严重,不能开挖土方时,须有相当数量的覆盖土壤贮备,冬天还会影响进出填埋场的道路条件。为了防止纸、塑料等轻质废物刮起飞扬,场地还需设置防风屏障,其形式和用材取决于风力与风向。应把填埋场布置在城市夏季主导风的下风向;潮湿气候可能要求必须分区使用填埋场。

5. 地表水水文

拟选场址周围地表水水文条件将决定填埋场排水沟和防洪沟的设计和建设;拟选场址必须在 50 年(危险废物安全填埋场为 100 年)一遇地表水域洪水标高泛滥区或历史最大洪泛区之外,应在可预见的未来建设水库或人工蓄水淹没和保护区之外。

6. 工程地质和水文地质条件

拟选场址的工程地质和水文地质条件是评价填埋场对环境影响的重要因素,以确保填埋场产生的填埋气体和渗滤液不会污染地下水、地表水及环境空气。地质介质的渗透系数决定了地下水的迁移速度和污染物的迁移速度。场址应选在渗透性弱的松散岩层或坚硬岩层的基础上,天然地层的渗透系数不应大于 1.0×10^{-8} m/s,并具有一定的厚度,对有害物质的迁移、扩散有一定的阻滞能力;场地基础岩性最好为黏性土、砂质黏土以及页岩、黏土岩或致密的火成岩。填埋场场址宜是独立的水文地质单元,了解场地地下水的类型、埋藏条件、流向、动态变化情况及与邻近地表水体的关系,邻近水源地的分布及保护要求。填埋场应建于地下水位之上,尽量在该区域地下水流向的下游地区,确保填埋场的运行对地下水安全。工程地质与水文地质条件较好的填埋场,既能降低环境污染,又能减少工程建设投资。

选址应避开下列区域:破坏性地震及活动构造区;活动中的坍塌、滑坡和隆起地带;活动中的断裂带;石灰岩溶洞发育带;废弃矿区的活动塌陷区;活动沙丘区;海啸及涌浪影响区;湿地;尚未稳定的冲积扇及冲沟地区;泥炭及软土区以及其他可能危及填埋场安全的区域。

7. 当地社会、法律和环境条件

填埋场附近的居民和企业对填埋作业极其敏感,填埋场运行时必须严格控制噪声、振动、臭味、扬尘、废纸和塑料薄膜及病菌等。如图 6-12 所示,可利用树木、灌木、围墙或借助自然地形将填埋场与周围公众活动场所隔开,减轻对景观的影响;或在填埋场下风方向架设固定式或移动式铁丝栏网,高度一般为 4～6 m,或在其上风方向建挡风土堤;在填埋库区周围设置宽度不少于 8 m 的防火隔离带;经营者应对公众的投诉和抱怨给予及时的反应和同情。

选址禁忌:不应选在城市工农业发展规划区、农业保护区、自然保护区、风景名胜区、文物(考古)保护区、生活饮用水水源保护区、供水远景规划区、矿产资源储备区、军事要地、国家保密地区和其他需要特别保护的区域内。

(a) 填埋场下风向可设围栏　　　　　　(b) 填埋场隔离、降噪围墙

图 6 - 12　填埋场卫生防护措施

8. 最终利用

　　填埋场的最终利用影响填埋场的设计和运行,因此在填埋场布局和设计时必须考虑好这个问题,应根据填埋场封场后的规划和使用要求,决定最终封场要求。封场后的卫生填埋场可用作草地、农地、森林、公园、一般仓储或工业厂房等。一种土工膜-太阳能发电技术正在兴起,增强型复合土工膜为薄膜光伏太阳能电池板提供了干净而稳定的表面,取代了传统的植被层,并可回收流经的雨水,如图 6 - 13 所示。危险废物安全填埋场作为永久性的处置设施,封场后除绿化以外不能做它用。

图 6 - 13　土工膜-太阳能发电

二、选址方法

1. 资料收集

填埋场选址应先进行下列基础资料的收集:

① 城市总体规划,区域环境规划,城市环境卫生专项规划及相关规划。

② 候选场址土地利用价值及征地费用。

③ 候选场址周围人群居住情况与公众反应。

④ 地形、地貌及相关地形图(1∶1 000),有条件的增加航测地形图。

⑤ 工程地质资料：候选场址的岩土分布、岩土矿物成分、岩土中胶体颗粒含量、岩土天然湿度、岩土吸附能力和离子交换容量、岩土酸碱度、岩土孔隙率、岩土渗透性、岩土力学性质以及不良地质作用。

⑥ 水文地质资料：候选场址附近河流和湖泊的特性（流量、水位、流速、洪水位）；地下水埋藏条件、补给源、径流及排泄点，地下水与邻近地表水的水力联系；该地区水资源利用状况；地下水类型及化学成分；水、岩土与特征污染物之间的物理化学反应，特征污染物迁移速度和迁移途径；地下水位长期稳定性及其影响因素；河流改道的可能性；土壤毛细上升高度。

⑦ 气象资料：风速、风向、基本风压值、大气稳定度、气温、湿度、降水量、蒸发量和雾等气象要素及其分布频率；对填埋场安全可能产生不利影响的气象资料，如龙卷风、台风、大风、沙暴、暴雨、降雪、冰冻和冰雹等，并判断这些资料代表场址长期环境的程度。

⑧ 道路、交通运输、给排水、供电、土石料条件及当地工程建设经验。

⑨ 服务范围内的垃圾量、性质和收集运输情况。

⑩ 由于候选场址条件存在不利因素所需采取工程措施的投资。

2. 野外踏勘

野外踏勘是选址最重要的技术环节，可直观掌握候选场址的土地利用情况、道路交通条件、周围居民点分布情况、水文网分布情况和场地的地质、水文地质和工程地质条件及其他相关信息。根据取得的资料，确定被踏勘地点的可选性，并进行排序。

3. 场址的社会、经济和法律条件调查

进一步调查候选场址及其周围的社会、经济条件、公众对填埋场建设的反应和社会影响，确定是否有碍于城市整体发展规划，是否有碍城市景观。详细调查地方的法律、法规和政策，特别是环境保护法、水域和水源保护法，取消受法律法规限制的候选场址，推荐预选场址。

4. 场址可行性研究报告

利用充足的调查资料说明预选场址具有可选性，以报告的形式提出，并报请项目主管单位审查，再由主管单位报请投资主管部门核准或备案，正式列入国家或地方的计划，使项目从可行性研究阶段进入正式计划内的工程项目阶段。

5. 场址的初勘工作

对预选场址进行综合地质初步勘察，查明场址地质结构、水文地质和工程地质特征。如初勘证实预选场址具有渗透性较强的地层（渗透系数 $>10^{-6}$ m/s）或含水丰富的含水层，或含有发育的断层，则场址的地质条件差，会使工程投资增大，该场址不具有可选性，可能需要另选场址。如初勘证实场址具有良好的综合地质条件，则该场址的可选性会最终确定。因此，预选场址的初勘是场址是否可选的最终依据。

6. 场址的综合地质条件评价技术报告

场址初步勘察施工结束后，由钻探施工单位提出场址地质勘查技术报告，据此，由项目主管单位编制场址的综合地质条件评价技术报告，该报告是场址选择的最终依据和工程立项的依据，使项目由选址阶段进入到工程阶段。若场址得到不可选的结论，选址工作需要重新开始，或进行第二场址乃至第三场址的初勘工作。

7. 工程勘察阶段

确定场址后，即转入工程实施阶段，依据综合地质条件评价技术报告进行场址详细的勘察设计和施工。

综上所述,填埋场选址是一项技术性强、难度大的工作,要经过多个技术环节。场址确定后,针对固体废物填埋场的工程特点,通过场址综合地质详细勘察,查清其综合地质条件,为填埋场的结构设计和施工设计提供详细技术数据,进行场址质量综合技术评价,达到安全处置废物和保护环境的目的。

三、选址程序

填埋场选址应按下列顺序进行:

① 场址初选。在全面调查与分析的基础上,初定3个或3个以上候选场址。

② 场址推荐。通过对候选场址进行踏勘,对场地的地形、地貌、工程地质与水文地质条件、植被、地表水水文、气象、供电、给排水、覆盖土源、交通运输及场址周围人群居住情况等进行对比分析,并征求当地政府和公众意见,推荐2个或2个以上预选场址。

③ 场址确定。对预选场址方案进行技术、经济、社会及环境的综合比较,推荐拟定场址。对拟定场址进行地形测量、详细勘察和初步工艺方案设计,完成环境影响评价报告、选址报告或可行性研究报告,通过审查确定场址。

第四节　填埋气体

一、填埋气体的产生

一般认为,填埋气体(landfill gas,LFG)的产生分为五个阶段,如图6-14所示。

① 初始调整阶段:该阶段主要是好氧生化降解,开始产生CO_2,O_2量明显降低,并产生大量的热。好氧阶段往往在较短时间内完成。

② 过程转移阶段:氧气逐渐被消耗,厌氧条件形成并发展,硝酸盐和硫酸盐被还原成氮气和硫化氢气体。

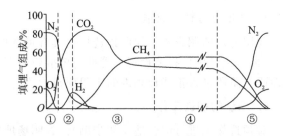

图6-14　填埋场气体产生阶段

③ 产酸阶段:产生大量的有机酸、氢气和二氧化碳,此阶段所涉及的微生物主要是兼性厌氧菌和专性厌氧菌组成的非甲烷菌。

④ 产甲烷阶段:甲烷菌将上一阶段形成的氢气、二氧化碳、醋酸以及甲醇、甲酸等转化为甲烷。此阶段是填埋气体中甲烷产生的主要阶段,持续时间长。

⑤ 稳定化阶段:废物中可降解有机物被转化为二氧化碳和甲烷后,填埋场进入成熟阶段,填埋场气体产生速率明显下降。由于封场措施不同,某些填埋场的填埋气体中可能含有少量空气。

上述五个阶段并不是相互孤立,它们相互作用、互为依托。各个阶段的持续时间,则根据不同的废物种类和填埋场条件而有所不同。因为废物是在不同时期被填埋,所以,在填埋场的不同部位,各个阶段的反应可能同时进行。

二、填埋气体组成特征

填埋气体由主要气体和痕量气体组成，为水蒸气所饱和，其组成与性质见表 6-2。主要气体包括 CH_4、CO_2 以及少量 N_2、O_2、硫化物、NH_3、H_2、CO 等，散发恶臭。

表 6-2 填埋气体的组成与性质

组 成	百分比(以干体积为基准)/%	性 质	数 值
甲烷	45～60	温度/℃	38～49
二氧化碳	40～60	密度/(g·L^{-1})	1.02～1.06
氮气	2～5	含水率	饱和
氧气	0.1～1.0	热值/(kJ·m^{-3})	$1.5×10^4$～$2.0×10^4$
硫化物、二硫化物、硫醇等	0～1.0		
氨气	0.1～1.0		
氢气	0～0.2		
一氧化碳	0～0.2		
痕量组分	0.01～0.6		

填埋气体中痕量组分含量少，但组成复杂，其中检测出 116 种有机化合物，多数属于挥发性有机化合物(VOCs)，毒性大，特别是接收工业固体废物和商业垃圾的填埋场，VOCs 释放量较高。表 6-3 统计了填埋气体中主要微量组分的浓度范围。

表 6-3 加利福尼亚州 66 个城市固体废物填埋场填埋气体中主要微量组分的浓度

组 分	浓度/ppb(体积比)		
	中值	平均值	最大值
丙酮	0	6 838	240 000
苯	932	2 057	39 000
氯苯	0	82	1 640
氯仿	0	245	12 000
1,1-二氯甲烷	0	2 801	36 000
二氯甲烷	1 150	25 694	620 000
1,1-二氯乙烯	0	130	4 000
二亚乙基氯	0	2 835	20 000
反式 1,2-二氯乙烷	0	36	850
二氯乙烯	0	59	2 100
乙基苯	0	7 334	87 500
甲基乙基酮	0	3 092	130 000
1,1,1-三氯乙烷	0	615	14 500
三氯乙烯	0	2 079	32 000
甲苯	8 125	34 907	280 000
1,1,2,2-四氯乙烷	0	246	16 000

组　分	浓度/ppb(体积比)		
	中值	平均值	最大值
四氯乙烯	260	5 244	180 000
氯化乙烯	1 150	3 508	32 000
苯乙烯	0	1 517	87 000
醋酸乙烯	0	5 663	240 000
二甲苯	0	2 651	38 000

三、填埋气体的危害

CO_2 和 CH_4 是填埋气体的主要成分,须加以控制。

CO_2 的密度($1.98\ kg/m^3$)约为空气的 1.5 倍,因此,CO_2 有向填埋场底部运动的趋势,CO_2 沿地层下移,与地下水相接触,地下水因 CO_2 的溶解,pH 降低,矿物质含量增加。此外,CO_2 在土壤中的扩散过程,会使土壤的 pH 降低,对某些植物的生长将产生不利影响。

CH_4 的密度($0.72\ kg/m^3$)约为空气的 0.55,因此,CH_4 会逸散到环境空气中,容易在凹处积聚(如填埋场附近的建筑物或其他封闭空间等)。CH_4 无毒,但浓度过大时,可能造成作业人员窒息。

CH_4 具有可燃性和爆炸性,CH_4 发生燃烧或爆炸,必须具备三个条件,即一定的 CH_4 浓度、一定的引火温度和足够的氧浓度。CH_4 爆炸界限一般在 5%～15%,最强烈的爆炸发生在 CH_4 浓度为 9.5% 左右,CH_4 的爆炸界限与氧浓度有密切关系,当氧浓度降低时,CH_4 爆炸下限缓慢增高,上限则迅速下降,氧浓度降低到 12%,CH_4 混合气体失去爆炸性,CH_4 的引火温度为 650～750 ℃。

填埋气体最具威力的破坏是导致填埋场爆炸和火灾,爆炸分为物理爆炸和化学爆炸。

(1) 物理爆炸

物理爆炸是由于填埋气体在垃圾层中大量积聚,形成巨大的压力,当积聚的压力大于覆盖层压力时,在瞬间将垃圾以迅猛的速度喷出,发生减压膨胀。物理爆炸的发生,除垃圾产生的填埋气体是必要条件外,填埋的深度、覆盖层的厚度和层数,以及覆盖层的透气性,都是影响爆炸的因素。一般情况下,由于垃圾的透气性较好,垃圾层中不会积累大量填埋气体,其气体压力不足以将垃圾层顶起而发生物理爆炸。但是,如果覆盖土层透气性降低以及垃圾填埋深度增加,垃圾层中容易积累填埋气体,从而增加爆炸的风险。

(2) 化学爆炸

填埋场化学爆炸是空气进入垃圾层中,CH_4 与空气混合后形成爆炸性气体,遇到明火而发生激烈的放热反应,产生大量的热量,气体受热膨胀,将垃圾喷出。化学爆炸必须同时满足前面提到的 CH_4 浓度、引火温度和氧浓度三个条件。如果 CH_4 排入大气或积聚在建筑物内,且浓度处在爆炸范围内,遇到明火也会发生化学爆炸。

四、填埋气体的产量及其影响因素

1. 填埋气体的产量

填埋气体产量估算宜符合《生活垃圾填埋场填埋气体收集处理及利用工程技术规范》(CJJ 133—2009)的要求。可采用以下模型计算填埋气体产量:

(1) Scholl Canyon 模型

该模型是美国环保局制定的城市固体废弃物填埋场标准背景文件所用的模型,在估算填埋场产气量时,要分析填埋场的具体特征,选择合适的推荐值或采用实际测量值计算,以保证产气估算模型中参数选择的合理性。

① 某一时刻填入填埋场的生活垃圾,填埋气体产生量按式(6-1)计算:

$$G = M \times L_0 \times (1 - e^{-kt}) \tag{6-1}$$

式中:G 为从垃圾填埋开始到第 t 年的填埋气体产生总量,m^3;

M 为所填埋垃圾的质量,t;

L_0 为单位质量垃圾的填埋气体最大产气量,m^3/t;

k 为垃圾的产气速率常数,$1/a$;

t 为垃圾进入填埋场的时间,a。

② 某一时刻填入填埋场的生活垃圾,其填埋气体产气速率宜按式(6-2)计算:

$$Q_t = M \times L_0 \times k e^{-kt} \tag{6-2}$$

式中:Q_t 为所填垃圾在时间 t 时刻(第 t 年)的产气速率,m^3/a。

③ 垃圾填埋场填埋气体理论产气速率宜按式(6-3)和式(6-4)逐年叠加计算:

$$Q_n = \sum_{t=1}^{n-1} M_t \times L_0 \times k e^{-k(n-t)} \quad (n \leqslant \text{填埋场封场时的年数 } f) \tag{6-3}$$

$$Q_n = \sum_{t=1}^{f} M_t \times L_0 \times k e^{-k(n-t)} \quad (n > \text{填埋场封场时的年数 } f) \tag{6-4}$$

式中:Q_n 为填埋场在投运后第 n 年的填埋气体产气速率,m^3/a;

n 为自填埋场投运年至计算年的年数,a;

M_t 为填埋场在第 t 年填埋的垃圾量,t;

f 为填埋场封场时的填埋年数,a。

④ 参数的选择应符合如下要求

填埋场单位质量垃圾的填埋气体最大产气量(L_0)宜根据垃圾中可降解有机碳含量,按式(6-5)估算:

$$L_0 = 1\,867 \times DOC \times DOC_F \tag{6-5}$$

式中:L_0 为单位质量垃圾的填埋气体最大产气量,m^3/t;

DOC 为垃圾中可降解有机碳的含量,%;

DOC_F 为垃圾中可降解有机碳的降解率,%。

垃圾中可降解有机碳含量无法测定时,可根据表 6-4 取值。

表 6-4　湿、干基状态下垃圾中可降解有机碳含量参考表

垃圾组分	湿基状态可降解有机碳含量/质量(%)	干基状态可降解有机碳含量/质量(%)
纸类	25.94	38.78
竹木	28.29	42.93
织物	30.2	47.63
厨余	7.23	32.41
灰土(含有无法捡出的有机物)	3.71	5.03

　　垃圾的产气速率常数(k)的取值应考虑垃圾组分、当地气候、填埋场内的垃圾含水率等因素,有条件的可通过试验确定。在填埋气体回收利用工程实施前,宜进行现场抽气实验,验证或修正填埋气体产气速率。填埋气体的产气速率常数每年都在变化,估算出每年的产气速率有利于确定填埋气体抽气设备和利用设备的规模。垃圾中常见组分的产气速率常数 k 可根据表 6-5 取值。

表 6-5　不同垃圾组分产气速率常数 k 取值

垃圾类型		寒温带(年均温度<20 ℃)		热带(年均温度>20 ℃)	
		干燥 MAP/PET<1	潮湿 MAP/PET>1	干燥 MAP<1 000 mm	潮湿 MAP>1 000 mm
慢速降解	纸类、织物	0.04	0.06	0.045	0.07
	木质物、稻草	0.02	0.03	0.025	0.035
中速降解	园林	0.05	0.10	0.065	0.17
快速降解	厨余	0.06	0.185	0.085	0.40

注:MAP 为年均降雨量;PET 为年均蒸发量。

　　在缺少垃圾组分数据的情况下,L_0 和 k 的取值范围及建议取值可参考表 6-6。

表 6-6　L_0 和 k 的取值范围及建议取值

参　数	取值范围	建议取值(煤灰含量<30%)	建议取值(煤灰含量>30%)
L_0/(m³·t⁻¹)	20~310	100~150	50~75
k	0.003~0.40	(1/年) 潮湿气候 0.10~0.36 中等湿润气候 0.05~0.015 干燥气候 0.02~0.10	(1/年) 潮湿气候 0.008~0.03 中等湿润气候 0.004~0.012 干燥气候 0.002~0.008

注:高湿度条件和极易降解的垃圾(如食品废弃物)含量较高时,k 取高值;干燥的填埋场环境和不易降解的垃圾(如木屑和纸张)含量较高时,k 取低值。IPCC 建议采用缺省值,$k=0.05$(即 $t_{1/2}=14$ 年)。

(2) 中国填埋气体产气估算模型

　　美国环保局 2009 年推荐的中国填埋气体产气估算模型,适用于中国各地已有或拟建的生活垃圾填埋场填埋气体产生和回收量估算。计算公式如下:

$$Q_{\mathrm{M}} = \frac{1}{C_{\mathrm{CH_4}}} \sum_{i=1}^{n} \sum_{j=0.1}^{l} k L_0 \left[\left(\frac{M_i}{10} \right) e^{-k t_{ij}} \right] \tag{6-6}$$

式中：Q_{M} 为最大预计填埋气体产气速率，$\mathrm{m^3/a}$；

    $C_{\mathrm{CH_4}}$ 为甲烷浓度（以体积算），$\%$；

    n 为计算时的年份—开始接收垃圾的年份；

    j 为每 $1/10$ 年；

    i 为某年；

    k 为甲烷产生速率，$1/\mathrm{a}$；

    L_0 为单位质量垃圾的填埋气体最大产气量，$\mathrm{m^3/t}$；

    M_i 为第 i 年填埋的垃圾量，t；

    t_{ij} 为第 i 年填埋的第 j 部分垃圾的填埋时间。

参数选择时，模型中甲烷产生速率 k 及单位质量垃圾的填埋气体最大产气量 L_0 推荐值如表 6-7 和表 6-8 所列。

表 6-7 三个气候区域的平均甲烷产生率

气候区域	甲烷产生速率/$\mathrm{a^{-1}}$
寒冷和干燥	0.04
寒冷和潮湿	0.11
炎热和潮湿	0.18

表 6-8 三个气候区域的单位质量垃圾的填埋气体最大产气量

气候区域	单位质量垃圾的填埋气体最大产气量/$(\mathrm{m^3 \cdot t^{-1}})$	
	煤灰含量<30%	煤灰含量>30%
寒冷和干燥	70	35
寒冷和潮湿	56	28
炎热和潮湿	56	42

（3）可生物降解模型

可生物降解模型适用于估算填埋场可能产生的产气量。只需简单估算产气量，为填埋气体利用规模和设计提供参考时，宜选用可生物降解模型进行估算。计算公式如下：

$$G_{\mathrm{LFG}} = \sum 1867 \times C_i \times m_i \times (1 - \omega_i) \times W_i \tag{6-7}$$

式中：G_{LFG} 为填埋气体产气量（湿垃圾），$\mathrm{m^3}$；

    C_i 为垃圾中第 i 种组分在干态下其有机碳的含量，$\%$；

    m_i 为 C_i 的可生物降解率，$\%$；

    ω_i 为垃圾的含水率，（质量分数）$\%$；

    W_i 为第 i 种垃圾组分湿重，t。

工程上可采用挥发性固体含量中可生物降解率计算填埋气体产生量。垃圾各组分可生成的甲烷量按式（6-8）计算：

$$G_{CH_4} = K \sum P_i \times (1 - \omega_i) \times VS_i \times B_i \times W_i \qquad (6-8)$$

式中:G_{CH_4} 为填埋垃圾可产生甲烷气的量(湿垃圾),m^3;

   K 为经验系数,单位质量的可生物降解挥发性固体在标准状态下产生的甲烷量,一般取 526.5 m^3/t;

   P_i 为有机组分 i 在垃圾中所占的比例,%;

   ω_i 为有机组分 i 的含水率,%;

   VS_i 为有机组分 i 的挥发性固体含量,%;

   B_i 为有机组分 i 的挥发性固体含量中可生物降解率,%;

   W_i 为第 i 种垃圾组分湿重,t。

典型垃圾中各有机组分的 C_i 值和 m_i 值如表 6-9 所列。

表 6-9　垃圾中各有机组分的 C_i 值和 m_i 值

垃圾组分	C_i 值	m_i 值
食品	0.48	0.8
木材	0.5	0.5
塑料或橡胶	0.7	0.0
纸张	0.44	0.5
织物	0.55	0.2
园林	0.48	0.7

(4)Palos Verdes 修正模型

当填埋场所在地区为高温地区,且垃圾中的易降解有机物含量较高时,可采用中国科学院武汉岩土力学研究所提出的 Palos Verdes 修正模型。

模型将填埋气体产出分为两个阶段,第一阶段计算公式为

$$Q_1 = k_1 \times L_0 \times (1 - e^{-k_1 t}) \qquad (t < t_m) \qquad (6-9)$$

式中:Q_1 为第一阶段的产气速率,$m^3/(t \cdot a)$;

   L_0 为单位质量垃圾的填埋气体最大产气量,m^3/t;

   k_1 为第一阶段的降解反应系数,1/a;

   t_m 为时间拐点,d^{-1},该值受垃圾中可降解有机质含量影响较大,需通过室内降解反应试验得到。

第二阶段计算公式为

$$Q_2 = k_2 \times L_0 \times e^{-k_2 t} \qquad (t_m < t) \qquad (6-10)$$

式中:Q_2 为第二阶段的产气速率,$m^3/(t \cdot a)$;

   k_2 为第二阶段的降解反应系数,1/a。

两个阶段的反应系数均受温度影响较大,其相关性为

$$k(T) = b \times \exp(-E_a/RT) \qquad (6-11)$$

式中:b 为常数;

   E_a 为活化能,kJ/mol;

   T 为温度,K;

R 为气体平衡常数,J/(mol·K)。

式(6-9)至式(6-11)的参数取值如表6-10所列。

表6-10 参数取值

参 数	$L_0/(\mathrm{m^3 \cdot t^{-1}})$	$k_1/(\mathrm{a^{-1}})$	$k_2/(\mathrm{a^{-1}})$	$E_a/(\mathrm{kJ \cdot mol^{-1}})$	b
数 值	95~170	0.08~0.095	0.03~0.5	15~26	100~230

对于为推广填埋气体回收利用的国际甲烷市场合作计划,宜采用政府间气候变化专门委员会(IPCC)提供的计算模型。对于《京都议定书》第12条确定的清洁发展机制(CDM)项目,宜采用经联合国气候变化框架公约执行理事会批准的 ACM0001 垃圾填埋气体项目方法学工具"垃圾处置场所甲烷排放计算工具"进行产气量估算。

2. 影响因素

影响填埋场气体产量和产气速率的主要因素包括:废物的组成和性质、填埋场结构、填埋作业方式、气候条件等。

(1) 废物的组成和性质

废物的组成和性质包括营养物质、含水率、废物粒度、微生物量、pH 和温度等。

① 营养物质:产气总量取决于垃圾中有机物的类型和含量。填埋场中微生物的生长代谢需要足够的营养物质,通常,填埋垃圾的组成都能满足要求。垃圾中的有毒物质和重金属会阻碍微生物在局部生长,将减少填埋气的产量。

② 含水率:当含水率低于垃圾的持水能力时,含水率的提高对产气速率的影响不大;当含水率超过垃圾的持水能力后,水分在垃圾内流动,促进营养物质、微生物的交换和转移,形成良好的产气环境。

③ 废物粒度:通过影响养分、水分在填埋堆体中的传递而影响产气速率。一般,粒度小,孔隙率高,比表面积大,则填埋气体产生速率快。

④ 微生物量:填埋场中与产气有关的微生物,主要包括水解微生物、发酵微生物、产乙酸微生物和产甲烷微生物,大多为厌氧菌。微生物的主要来源是垃圾本身和填埋场覆盖的土壤。研究表明,将污水处理厂污泥与垃圾共同填埋,可以引入大量微生物,显著提高产气速率,缩短产气之前的停滞期。

⑤ pH:填埋场中对产气起主要作用的产甲烷菌,适宜生长于中性或微碱性环境,因此,产气的最佳 pH 范围为6.6~7.4。当 pH 在6.0~8.0以外时,填埋场产气会受到抑制。

⑥ 温度:在填埋堆体内,温度条件影响微生物的类型和产气速率。产气速率随堆体温度降低而降低。大多数产甲烷菌是嗜温菌,在15~45 ℃可以生长,最适宜温度范围是32~35 ℃,温度在15 ℃以下时,产气速率显著降低。

(2) 填埋场结构

填埋场的衬层设计、渗滤液收集系统、覆盖类型和渗滤液的再循环等因素,决定了废物的含水率,从而影响填埋场气体产量和产气速率。深层填埋场,其内部保温性好,温度较高,并控制空气的进入,厌氧状况好,有利于产气量的提高。

(3) 填埋作业方式

填埋场应采用分区作业,当一个区域填埋到预定高度后,及时覆盖,在填埋场内部创造良好的厌氧环境,提高产气速率。

(4) 气候条件

气候条件(包括降水、气温等)影响废物的含水率和填埋场内的温度,从而影响填埋场气体的产量和产气速率。

五、填埋气体的控制

1. 填埋气体的扩散

填埋气体具有一定的扩散性,这与气体的扩散性能、压力梯度和气体的密度有关。一般,填埋场内部的填埋气体有三种不同类型的扩散运动。

(1) 向上扩散

填埋气体向上扩散,是指填埋气体中的二氧化碳和甲烷,通过对流和扩散作用释放到大气中。

(2) 向下扩散

填埋气体向下扩散,是指填埋气体中相对密度较大的二氧化碳向填埋场底部运动,通过扩散作用穿过黏土衬层,进入并溶于地下水。

(3) 横向扩散

填埋气体横向扩散,是指填埋气体通过周边可渗透介质,扩散释放到环境中,或进入到填埋场附近的建筑物(封闭空间)中。因此,填埋区严禁设置封闭式建(构)筑物,建(构)筑物内的甲烷含量严禁超过 1.25%(体积百分比)。

覆盖和衬层材料、地质条件、水文条件和气压影响填埋气体的扩散。

2. 填埋气体导排系统

填埋气体导排系统的作用是控制填埋气体的迁移、减少填埋气体向大气的排放量,降低填埋场火灾和爆炸风险,并回收利用甲烷气体。填埋场必须设置填埋气体导排设施。填埋场上方,甲烷气体含量必须小于 5%。填埋气体的导排分为被动导排和主动导排。

(1) 被动导排系统

填埋气体被动导排系统中,填埋气体的压力是气体运动的动力,使气体沿渗透性高的通道运动。被动导排系统适用于填埋量不大、填埋深度浅、产气量较低的小型生活垃圾填埋场(<40 000 m³)和非生活垃圾填埋场。被动导排系统分为:

① 排气管/燃烧器。在填埋场最终覆盖层安装到达生活垃圾堆体中的排气管(单个排气口),如图 6-15 所示。当通过排气管直接排放填埋气体时,排气口甲烷的体积百分比不大于5%;如果排出气体中甲烷有足够高的浓度,则把排气管道连接起来,装上燃烧器。

② 周边排放系统,如图 6-16(a)所示。由砾石充填的沟槽和埋在砾石中的穿孔塑料管组成周边排放系统,可有效阻截填埋气体的横向运动。在沟渠外侧铺设防渗衬层。

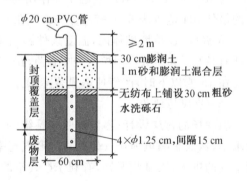

图 6-15 排气管

③ 周边屏障系统,如图 6-16(b)所示。为了阻止填埋气体向邻近土层迁移,可采用渗透性较土壤差的材料做成阻挡层,其中,压实黏土的应用最为广泛,但黏土变干时易开裂。阻挡层的宽度自 15~120 cm 不等。

④ 填埋场内不可渗透屏障,如图 6-16(c)所示。现代填埋场所使用的防渗衬层,可用来控制填埋气体向下运动。填埋气体仍可通过黏土衬层扩散,只有使用带有土工膜的衬层,才能限制填埋气体的扩散。

当填埋气体产量较小时,被动控制系统不再有效。被动控制系统排出的填埋气体无法利用,也不利于火炬排放,对环境的威胁较大。

(a) 周边排放系统   (b) 周边屏障系统

(c) 填埋场内不可渗透屏障

图 6-16　填埋场气体被动导排设施

（2）主动导排系统

主动导排系统是采用抽气设备控制填埋气体的运动。主动导排系统包括内部填埋气体回收系统和控制填埋气体横向迁移的边缘填埋气体回收系统。设计填埋量≥$1.0×10^6$ t,垃圾填埋厚度≥10 m 的生活垃圾填埋场,必须设置填埋气主动导排设施。主动导排设施和气体处理/利用设施的建设应于垃圾填埋场投运 3 年内实施,并宜分期实施。设置主动导排设施的填埋场,必须设置填埋气体燃烧火炬。

① 内部填埋气体回收系统

由用于抽排填埋场内气体的垂直导气井、集气/输送管道、风机、冷凝液收集装置、气体净化设备等组成。气体收集率不小于 60%,抽气系统设置填埋气体中氧含量和甲烷含量在线监测装置,并根据氧含量控制抽气设备的转速和启停。

② 边缘填埋气体回收系统

由边缘导气井和边缘排气沟组成,控制填埋气体横向迁移。

边缘导气井常用于垃圾填埋深度大于 8 m,与周边敏感点相对较近的填埋场。在填埋场内沿周边打一系列的导气井,并通过公用集气/输送管将各导气井连接到中心抽吸站。

边缘导气井的典型设计:将 10~15 cm 的套管放入 45~90 cm 的钻孔之中,套管下 1/3 或 1/2 打孔,并用砾石回填;套管的其余部分不打孔,使用天然土壤或者垃圾回填;每个导气井应安装取样口和流量控制阀门。边缘导气井采用小流量抽气,避免从堆体边缘吸入空气,控制填埋气体从堆体边缘向外扩散。

如果填埋场周边为天然土壤,则可使用边缘排气沟。边缘排气沟通常用于浅埋填埋场,填埋深度一般小于 8 m,沟中通常使用砾石回填,其中放置穿孔管,并横向连接到集气/输送管和引风机。沟渠通常要做封衬,每个沟渠管道中均应安装流量控制阀门。

(3) 填埋气体收集器

填埋气体收集器有两种类型:垂直导气井(竖井)和水平导气盲沟(横管)。垂直导气井系统可以在填埋场大部分或全部填埋完成以后,再进行防爆钻孔和安装;也可采用穿孔管居中的石笼,宜按填埋作业层的升高分段设置和连接。水平导气盲沟系统在填埋过程中分层安装。

① 垂直导气井

钻孔形成的导气井构造如图 6-17 所示,钻孔导气井井深一般不小于填埋场深度的 2/3 (美国 EPA 规定为填埋场深度的 75%),或低于填埋场内液面高度,井底距场底间距不宜小于 5 m。导气井直径不小于 600 mm,导气管内径不小于 100 mm,开孔率不小于 2%。导气井兼做渗滤液竖式收集井时,中心多孔管公称外径不宜小于 200 mm。导气石笼如图 6-18 所示,导气石笼中导气管四周宜用 $d=20\sim80$ mm 级配碎石等材料填充,外部宜采用能伸缩连接的土工网格或钢丝网等材料作为井筒。用于填埋气体导排的碎石不应使用石灰石。

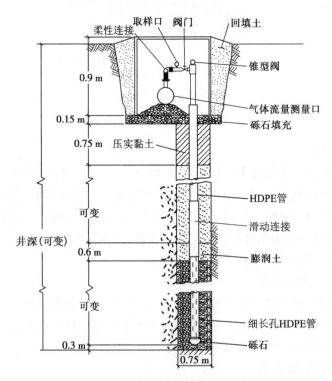

图 6-17　填埋场垂直导气井

垂直导气井的井间距影响抽气效率,应根据导气井的影响半径(R),按相互重叠原则设计,即其间隔要使影响区相互交叠。导气井建在边长为 1.73R 的等边三角形顶点上,可以获得 27% 的交叠,如图 6-19 所示;导气井建在边长为 R 的正六边形的顶点上,可以获得 100% 的交叠;正方形排列可以提供 60% 的交叠。

导气井的井间距(D)可由下式给出:

$$D = (2 - O_1/100)R \tag{6-12}$$

式中:R 为导气井的影响半径;O_1 为要求的交叠度。

等边三角形布局是最常用的布局形式,其井间距

$$D = 2R\cos 30° \tag{6-13}$$

导气井的影响范围是圆形,与填埋物类型、压实程度、填埋深度和覆盖层类型有关,应通过现场试验确定,即在试验井周围一定距离内,按一定原则布置观测孔,通过短期或长期抽气试验,观测距导气井不同距离处的真空度变化。一般,垃圾堆体中部的主动导排导气井井间距不大于 50 m;沿堆体边缘布置的导气井井间距不宜大于 25 m;被动导排导气井井间距不宜大于 30 m;导气管管口高出场地 2 m 以上。

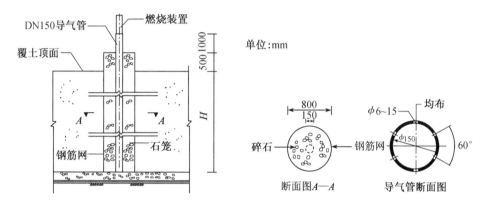

图 6-18 导气石笼结构图

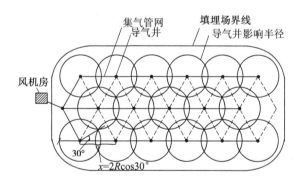

图 6-19 等边三角形排列导气井定位(黑点代表气井的位置)

② 水平导气盲沟

填埋气体可采用水平导气盲沟系统抽出。填埋深度大于 20 m 采用主动导气时,宜设置水平导气盲沟。

水平导气盲沟如图 6-20 所示,一般由穿孔管或不同直径的管道相互连接而成,盲沟断面宽、高均不应小于 1 000 mm,盲沟中心管宜采用柔性连接的管道,管内径不应小于 150 mm。当采用穿孔管时,开孔率应保证管强度。水平导气管应有不低于 2% 的坡度,并接至导气总管或场外较低处,每条导气盲沟长度不宜大于 100 m,盲沟水平间距 30~50 m,垂直间距 10~15 m,相邻标高的水平盲沟宜交错布置。垃圾堆体下部的导气盲沟,应防止被渗滤液淹没,需

要有排水措施。

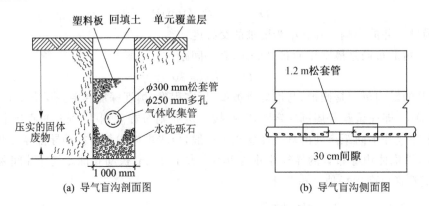

图 6-20 水平导气盲沟

水平导气盲沟系统常用于仍在填埋阶段的垃圾场。通常,先在所填垃圾堆体上开挖水平盲沟,用砾石回填到一半高度后,放入穿孔管道,再回填砾石并用垃圾填满。在设计水平导气盲沟的位置时,必须考虑在填埋过程中如何保护水平导气盲沟。由于管道与道路之间的交叉,安装时必须考虑动态和静态载荷、埋藏深度、管道密封方法以及冷凝水的外排等。

通常,同一个填埋场采用垂直导气井和水平导气盲沟相结合的方案。

③ 管道材料

填埋气体导排系统中常用的管道材料是高密度聚乙烯(HDPE)。

HDPE 耐腐蚀,伸缩性强,使用寿命长。管材标准可参照《垃圾填埋场用高密度聚乙烯管材》(CJ/T 371—2011)。

选择填埋气体导排系统所使用的弹性材料(如塑料、橡胶)和金属材料时,必须考虑冷凝液中的有机酸、无机酸和碱、特殊的碳水化合物等对材料的影响,是否会产生金属腐蚀、弹性体变形和挤压破坏等。如果需要使用金属,不锈钢是最佳选择,冷凝液对碳钢有强腐蚀性。

3. 填埋气体输送系统

不论采用垂直导气井还是水平导气盲沟系统收集填埋气体,最终均需要将填埋气体汇集到总干管进行输送。输气管的设置除必要的控制阀、流量和压力监测及取样孔外,还应考虑冷凝液的排放。填埋气体输送系统分为干路和支路,干路互相联系或形成一个闭合回路,这种闭合回路和支路间的相互联系,可以得到较均匀的真空分布,使系统运行更加灵活。气体输送系统管网布置如图 6-21 所示。

填埋气体输送管网布置应重点考虑:冷凝液去除装置的数量和位置,收集点间距,每个收集点冷凝液水量和管道坡度,管沟设计和布置。应考虑垃圾分解和沉降过程中堆体的变化对填埋气体导排设施的影响。

井头的管道必须充分倾斜,以提供排水能力。输气管坡度不小于 1%。为排出冷凝液,在输气干管底部应设置冷凝液排放阀。有时,受长管道开沟深度的限制,很难达到理想的坡度,只有缩短排水点间距并增加其数量,才能得到尽可能高的合理坡度。

风机的安装高度应略高于输气管末端,以利于形成冷凝液滴。风机一般置于燃气电厂或焚烧站内。风机使填埋气体导排输送系统形成真空,将填埋气体输送到燃气电厂或焚烧站。

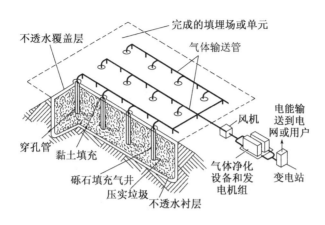

图 6-21 采用垂直导气井的填埋场气体回收系统

六、填埋气体的利用

废物填埋场的填埋气体含有甲烷,经过处理后可用作燃料。如果填埋气体在局部地区或仅供填埋场使用,只需经过初步过滤,除去夹带的固体杂质,并经过除 H_2S 和脱水便可以利用。如果要把填埋气体输入天然气管网,除了需要除去 H_2S 和脱水之外,还需要去除 CO_2,从而提高填埋气体的热值,避免酸性气体对管道和设备的腐蚀。

从填埋场内抽出来的填埋气体,其水分饱和,可以用冷凝法和脱水剂(如硅胶)吸附法脱除水分;可采用吸附剂脱除 H_2S;可利用分子筛去除 CO_2,分子筛由水合硅酸铝构成,只允许甲烷通过,而将 CO_2 吸附,吸附饱和的分子筛可用减压或加热法再生。

填埋气体利用方式,需要综合考虑多方面的因素,包括气体的产生量和产生速率,利用方式的经济可行性,填埋场内部及周围地区的能源需求等。设计填埋量≥$2.5×10^6$ t,垃圾填埋厚度≥20 m 的生活垃圾填埋场,应配套建设甲烷利用设施或火炬燃烧设施。

1988 年之前,我国大部分垃圾填埋场没有设置填埋气体收集设施,填埋气体处于无组织排放状态,温室气体未得到控制并存在安全隐患,发生过填埋气体导致的爆炸事件;1988—1998 年,国内建设的卫生填埋场填埋气体大多采用被动收集方式,使用导气石笼垂直收集,填埋气体直接排到大气中;1998—2005 年,《京都议定书》提出的 CDM 机制和碳"排放权交易",促进了我国填埋气收集利用技术的发展,对填埋气体进行主动收集和简单利用,利用方式包括发电、生产热水和火炬燃烧;2005 年至今,填埋气体利用方式多样化发展,填埋气体作为清洁燃料是今后的发展趋势。

填埋气体用作本地燃料时,甲烷含量宜大于 40%;用于燃烧发电时,甲烷含量宜大于45%,氧气含量小于 2%;用作城镇燃气时,甲烷含量应达到 95%以上;用作压缩燃料时,甲烷含量应达到 95%以上,二氧化碳含量小于 3%,氧气含量小于 0.5%。

生活垃圾填埋场填埋气体的收集、处理及利用,参照《生活垃圾填埋场填埋气体收集处理及利用工程技术规范》(CJJ 133—2009)。填埋场运行及封场后的维护过程,应保持填埋气体导排和输送系统的完好和有效。

第五节　渗滤液

可生物降解有机废物在填埋场内微生物的作用下,发生分解反应,在分解过程中,会放出一部分水;废物本身包含的水分,在压力和重力的作用下释放出来。这两部分水称为渗出液。

自然界的水,如雨水、地表水、地下水等,透过废物层再排出来,则称沥滤液,其中溶解了废物中可溶性物质。

为方便起见,将上述渗出液和沥滤液统称为渗滤液(leachate),渗滤液是通过填埋场废物层的沥滤引流得到的含溶解性和悬浮性污染物的污水,会对地下水产生影响,如图 6 - 22 所示。进入地下水的渗滤液在地下水中呈烟羽状运移。地质构造及地下水的流向和流速决定了渗滤液中的污染物在地下水中的污染带范围。渗滤液也可能污染地表水。因此,渗滤液的污染控制是填埋场设计、运行和封场的关键问题。

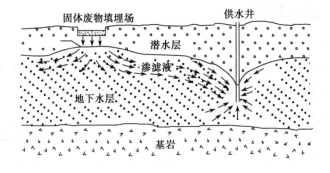

图 6 - 22　渗滤液对地下水的影响

一、渗滤液的来源

渗滤液的主要来源包括:

(1) 降　水

降水包括降雨和降雪,是渗滤液的主要来源。降雪与渗滤液生成量的关系,受降雪量、升华量和融雪量等影响。在积雪地带,还受融雪时期或融雪速度的影响。由于受填埋场防渗和覆盖的影响,填埋场渗滤液的产生具有一定的滞后性。

(2) 地表径流

地表径流是指来自场地表面上坡方向的径流水,对渗滤液产生量的影响较大。

(3) 地下水

如果填埋场的底部在地下水位以下,地下水就可能渗入填埋场内,渗滤液的数量和性质与地下水同废物的接触量、接触时间及流动方向有关。如果在填埋场设计和施工中采用防渗措施,可避免地下水的渗入。

(4) 废物中水分

废物本身携带的水分,以及废物从降水中吸附的水分,有时是渗滤液的主要来源。

(5) 有机物分解生成水

废物中的有机物在填埋场内经厌氧分解产生水,其产生量与废物的组成、pH、温度和微生物种类有关。

（6）覆盖材料中的水分

随覆盖材料进入填埋场的水量，与覆盖材料的类型、来源及季节有关。

（7）地表灌溉

地表灌溉进入填埋场的水量与地面的种植情况和土壤类型有关。

二、渗滤液组成特征

1. 渗滤液中污染物的来源

填埋场渗滤液的成分与废物成分和废物堆体中微生物的活动有关，其污染物的来源主要有以下几个方面：废物本身含有的可溶性有机物和无机物；由于生物化学作用而产生的可溶性物质；覆土和周围土壤因径流而带入的可溶性物质。

2. 渗滤液水质参数

渗滤液水质参数应考虑初期渗滤液、中后期渗滤液和封场后渗滤液的水质差异，国内外填埋场渗滤液水质参数如表 6-11 和表 6-12 所列。

表 6-11　国外初期和老龄卫生填埋场渗滤液主要组成

组　成	数值/(mg·L^{-1})		
	初期填埋场(小于 2 a)		老龄填埋场(大于 10 a)
	范围	代表值	
BOD$_5$(生化需氧量)	2 000~30 000	10 000	100~200
TOC(总有机碳)	1 500~20 000	6 000	80~160
COD(化学需氧量)	3 000~60 000	18 000	100~500
总悬浮固体	200~2 000	500	100~400
有机氮	10~800	200	80~120
氨氮	10~800	200	20~40
硝酸盐	5~40	25	5~10
总磷	5~100	30	5~10
可溶性正磷酸盐	4~80	20	4~8
碱度(以 CaCO$_3$ 计)	1 000~10 000	3 000	200~1 000
pH(无量纲)	4.5~7.5	6	6.5~7.5
总硬度(以 CaCO$_3$ 计)	300~10 000	3 500	200~500
钙	200~3 000	1 000	100~400
镁	50~1 500	250	50~200
钾	200~1 000	300	50~400
钠	200~2 500	500	100~200
氯	200~3 000	500	100~400
硫酸盐	50~1 000	300	20~50
总铁	50~1 200	60	20~300

表 6-12　国内典型卫生填埋场不同场龄渗滤液水质范围

组　成	数值/(mg · L⁻¹)		
	填埋初期渗滤液 （<5 a）	填埋中后期渗滤液 （>5 a）	封场后渗滤液
COD(化学需氧量)	6 000~20 000	2 000~10 000	1 000~5 000
BOD₅(生化需氧量)	3 000~10 000	1 000~4 000	300~2 000
氨氮	600~2 500	800~3 000	1 000~3 000
总悬浮固体	500~1 500	500~1 500	200~1 000
pH(无量纲)	5~8	6~8	6~9

渗滤液有一定的腐蚀性,因此,渗滤液收排系统所用材料应具有抗腐蚀性;渗滤液对植物有毒害作用,并散发异味。

3. 渗滤液污染物浓度的影响因素

渗滤液的水质特征与填埋场场龄、填埋场构造、填埋物组成和性质、气候条件、填埋方式、污染物的溶出率有关,如图6-23所示。

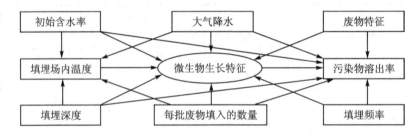

图 6-23　各因素对渗滤液污染物浓度的影响

(1)填埋时期

在不同填埋时期,污染物种类和浓度不同,如图6-24所示。

① 初始调整阶段,渗滤液水量较少。

② 过程转移阶段,渗滤液开始形成。有机酸的生成使得渗滤液 pH 呈下降趋势,COD 呈上升趋势。

③ 产酸阶段,由于有机酸的存在及填埋场内二氧化碳浓度的升高,渗滤液 pH 常会降到 5 以下,其 BOD₅、COD 和电导率显著上升,BOD₅/COD 为 0.4~0.6,可生化性好,一些无机组分(主要是重金属)将会溶于渗滤液,以离子形式存在,渗滤液颜色较深,属于初期渗滤液。

④ 产甲烷阶段,有机物经甲烷菌分解转化为 CH_4 和 CO_2,填埋场 pH 将升至 6.8~8,渗滤液的 BOD₅、COD 和电导率将下降,BOD₅/COD 为 0.1~0.01,可生化性变差,重金属浓度降低,属于中后期渗滤液。

⑤ 稳定化阶段,渗滤液及废物的性质稳定,此阶段产生的渗滤液常含有腐殖酸和富里酸,很难用生化方法进一步处理。

(2)填埋场构造

填埋场周围的排洪沟排出地表径流,场底铺设 HDPE 膜的复合衬层或双层衬层防渗,能有效控制地表径流和地下水进入填埋场,渗滤液污染物浓度较高。

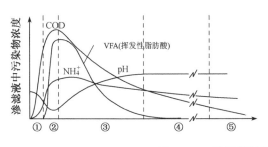 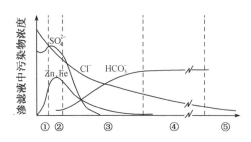

图 6 - 24　渗滤液污染物浓度随时间的变化

（3）填埋物组成和性质

渗滤液水质受废物成分的影响很大，COD、BOD_5 主要由厨余中的有机物产生，废物中的厨余含量直接影响渗滤液的 COD 和 BOD_5。炉灰、沙土等对渗滤液中的有机物具有吸附和过滤作用，故垃圾中炉灰、沙土的含量将影响渗滤液有机物浓度。工业固体废物渗滤液中，重金属离子的溶出量较高。

（4）气候条件

降水影响渗滤液的产生量及其污染物浓度。温度变化，影响微生物的生长繁殖，改变渗滤液的污染负荷。

三、渗滤液的产生量及其影响因素

1. 渗滤液的产生量

渗滤液产生量宜采用经验公式法进行计算，计算时应充分考虑填埋场所处气候区域、进场废物中有机物含量、场内废物降解程度以及场内废物填埋深度等因素的影响；也可采用水量平衡法、模型法进行计算，选用合理的废物初始含水率、田间持水量和渗透系数等水力特征参数，并采用经验公式法或参照同类型废物填埋场实际产生量进行校核。

渗滤液产生量计算取值应符合下列规定：

① 指标应包括最大日产生量、日平均产生量及逐月平均产生量的计算。

② 当设计计算渗滤液处理规模时应采用日平均产生量。

③ 当设计计算渗滤液导排系统时应采用最大日产生量。

④ 当设计计算调节池容量时应采用逐月平均产生量。

渗滤液产生量计算方法包括：

① 渗滤液最大日产生量、日平均产生量及逐月平均产生量宜按式（6 - 14）计算，其中浸出系数应结合填埋场实际情况选取。

$$Q = I \times (C_1 A_1 + C_2 A_2 + C_3 A_3 + C_4 A_4)/1\,000 \qquad (6 - 14)$$

式中：Q 为渗滤液产生量，m^3/d。

I 为降水量，mm/d（当计算渗滤液最大日产生量时，取历史最大日降水量；当计算渗滤液日平均产生量时，取多年平均日降水量；当计算渗滤液逐月平均产生量时，取多年逐月平均降水量。数据充足时，宜按 20 年的数据计取；数据不足 20 年时，可按现有全部年数据计取）。

C_1 为正在填埋作业区浸出系数，宜按 0.4～1.0 选取，具体取值可参考表 6 - 13。

表 6 - 13　正在填埋作业单元浸出系数取值表

有机物含量	所在地年降水量/mm		
	年降水量≥800	400≤年降水量<800	年降水量<400
大于 70%	0.85~1.00	0.75~0.95	0.50~0.75
小于等于 70%	0.70~0.80	0.50~0.70	0.40~0.55

注:填埋场所处地区气候干旱、进场废物中有机物含量低、废物降解程度低及埋深小,宜取高值;填埋场所处地区气候湿润、进场废物中有机物含量高、废物降解程度高及埋深大时,宜取低值。

A_1 为正在填埋作业区汇水面积,m^2。

C_2 为已中间覆盖区浸出系数,当采用膜覆盖时,C_2 宜取$(0.2~0.3)C_1$(废物降解程度低或埋深小时宜取下限;废物降解程度高或埋深大时宜取上限);当采用土覆盖时,C_2 宜取$(0.4~0.6)C_1$(若覆盖材料渗透系数小、整体密封性好、废物降解程度低及埋深小时,宜取低值;若覆盖材料渗透系数较大、整体密封性较差、废物降解程度高及埋深大时,宜取高值)。

A_2 为已中间覆盖区汇水面积,m^2。

C_3 为已终场覆盖区浸出系数,宜取 0.1~0.2(若覆盖材料渗透系数小、整体密封性好、废物降解程度低及埋深小时,宜取下限;若覆盖材料渗透系数较大、整体密封性较差、废物降解程度高及埋深大时,宜取上限)。

A_3 为已终场覆盖区汇水面积,m^2。

C_4 为调节池浸出系数,取 0 或 1.0(若调节池设置有防渗系统取 0;若调节池未设置防渗系统取 1.0)。

A_4 防渗调节池汇水面积,m^2。

由于 A_1、A_2、A_3 在不同的填埋时期取值不同,渗滤液产生量设计值应在最不利情况下计算,即在 A_1、A_2、A_3 的取值使得 Q 最大的时候进行计算。当考虑生活、管理区污水等其他因素时,渗滤液的设计处理规模宜在其产生量的基础上乘以适当系数。

② 填埋场渗滤液日均产量可采用浙江大学软弱土与环境土工教育部重点实验室研发的公式计算。

$$Q = \frac{I}{1\ 000} \times (C_{L1}A_1 + C_{L2}A_2 + C_{L3}A_3) + \frac{M_d \times (W_c - F_c)}{\rho_w} \qquad (6-15)$$

式中:Q 为渗滤液日均产量,m^3/d;

I 为降水量,mm/d,应采用最近不少于 20 年的日均降水量数据;

A_1 为填埋作业单元汇水面积,m^2;

C_{L1} 为填埋作业单元渗出系数,一般取 0.5~0.8;

A_2 为中间覆盖单元汇水面积,m^2;

C_{L2} 为中间覆盖单元渗出系数,宜取$(0.4~0.6)C_{L1}$;

A_3 为封场覆盖单元汇水面积,m^2;

C_{L3} 为封场覆盖单元渗出系数,一般取 0.1~0.2;

W_c 为废物初始含水率,%;

M_d 为日均填埋规模,t/d;

F_c 为完全降解的废物田间持水量,%,应符合表 6-14 的规定;

ρ_w 为水的密度,t/m³。

表 6-14 垃圾初始含水率和田间持水量建议取值

无机物<30%时取值						
气候区域	初始含水率/%					田间持水量/%
	春	夏	秋	冬	全年	
湿润	45~60	55~65	45~60	45~55	50~60	30~40
中等湿润	35~50	45~65	35~50	35~50	40~55	30~40
干旱	20~35	30~45	20~35	20~35	20~40	30~40
气候区域	初始含水率/%					田间持水量/%
	春	夏	秋	冬	全年	
湿润	35~45	30~40	30~45	30~40	35~45	30~40
中等湿润	20~35	30~40	35~50	35~50	20~35	30~40
干旱	15~25	30~40	15~25	10~20	15~25	30~40

注:1 废物中无机物含量高或经中转脱水时,初始含水率取低值;

2 废物降解程度高或埋深大时,田间持水量取低值。

③ 水量平衡法计算公式如下:

$$Q = \frac{1}{1\,000} \times [(P + SM - ET - R) \times A] - (F_c \times V_1 - M \times V_2) \quad (6-16)$$

式中:Q 为渗滤液产生量,m³;

P 为降水量,mm;

SM 为融雪渗入量,mm;

ET 为蒸腾量,mm;

R 为表面径流量,mm;

A 为填埋区面积,m²;

F_c 为堆体持水率,%;

M 为堆体初始持水率,换算为体积比率,%;

V_1 为堆体沉降后体积,m³;

V_2 为堆体沉降前体积,m³。

式(6-16)中融雪入渗量 SM 可按下式计算:

$$SM = 1.8 \times K \times T \quad (6-17)$$

式中:SM 为每天潜在融雪渗入量,mm;

K 为融化系数,是取决于地面流域状况的常量,详见表 6-15;

T 为周围 0 ℃以上的环境温度。

表 6 - 15　融化系数与地貌的关系

地面条件		K
茂密林区	北面坡	0.10~0.15
	南面坡	0.15~0.20
高径流势		0.075

式(6 - 16)中蒸腾量 ET 可按式(6 - 18)和式(6 - 19)计算:

$$ET = K_{S0} \times K_{C0} \times E_{tp} \tag{6 - 18}$$

$$K_{S0} = \frac{\ln(A_W + 1)}{\ln 101} \tag{6 - 19}$$

式中:K_{S0} 为土壤供水系数;

　　A_W 为土壤有效含水率,%;

　　K_{C0} 为植被生物系数;

　　E_{tp} 为参考作物蒸散量,mm。

式(6 - 19)中参考作物蒸散量可采用式(6 - 20)~式(6 - 24)计算:

$$E_{tp} = \frac{0.48\Delta\left(R_n - G + \gamma\dfrac{900}{T + 273}u_2(e_s - e)\right)}{\Delta + \gamma(1 + 0.34u_2)} \tag{6 - 20}$$

$$G = 0.1[T_1 + (T_{t-1} + T_{t-2} + T_{t-3})/3] \tag{6 - 21}$$

$$R_n = R_S(1 - r) - R_L \tag{6 - 22}$$

$$R_S = R_A\left(a + b\frac{n}{N}\right) \tag{6 - 23}$$

$$R_L = \sigma T^4(0.56 - 0.079\sqrt{e})\left(0.1 + 0.9\frac{n}{N}\right) \tag{6 - 24}$$

式中:r 为地表反射率,一般取 0.25;

　　a,b 为常数,分别取值 0.18,0.55;

　　u_2 为 2 m 高度的风速,m/s;

　　n 为日照时数,h;

　　N 为天文上可能出现的最大日照时数,$N = 24\omega s/\pi + 0.1$,h;

　　e 为实际蒸汽压,kPa,$e = e_s RH_{mean}/100$(mbar),其中 RH_{mean} 为平均相对湿度,%;

　　e_s 为饱和蒸汽压,kPa,$e_s = 0.610\,8\exp[17.27T/(T + 237.3)]$(mbar),$T$ 为日平均气温,℃;

　　Δ 为饱和蒸汽压曲线斜率,kPa/℃,$\Delta = 4\,098e_s/(T + 237.3)^2$,$T$ 为日平均气温,℃;

　　γ 为湿度计常数,$\gamma = 1.614\,52P/\lambda$,其中 $\lambda = 2.45$,P 为大气压,101.3 kPa;

　　R_A 为理论太阳总辐射,可根据所处纬度计算,rmm/d。

式(6 - 16)中表面径流量 R 可按径流曲线法或经验公式法计算。

① 径流曲线法:

$$R = \frac{\{P - 0.2[(1\,000/CN) - 10]\}^2}{P + 0.8[(1\,000/CN) - 10]} \tag{6 - 25}$$

式中:R 为表面径流量,mm;

　　P 为降水量,mm;

　　CN 为径流曲线值。

　　②经验公式法:

$$R = C \times P \tag{6-26}$$

式中:C 为径流量系数,可参考表 6-16。

　　P 为降水量,mm。

表 6-16　5～10 年一遇暴雨径流量系数

土地特征		径流量系数
未开垦土地		0.10～0.30
草地:沙土	较平坦(坡度 2% 以下)	0.05～0.10
	平均(坡度 2%～7%)	0.10～0.15
	较陡(坡度 7% 以上)	0.15～0.20
草地:耕植土	较平坦(坡度 2% 以下)	0.13～0.17
	平均(坡度 2%～7%)	0.18～0.22
	较陡(坡度 7%)	0.25～0.35

　　③ 美国国家环保局 HELP 模型:HELP 是英文 Hydrologic Evaluation of Landfill Performance 的缩写,是美国较为通行的一种水文计算模型。HELP 模型可用于预测水量中各分量的大小,包括渗滤液产生量和衬层上的水深(水头)。该模型利用气候、土壤和填埋场设计数据等参数,估计每天流进、通过和流出填埋场的水量。软件说明可参见 http://www.landfill-design.com。

　　我国垃圾填埋场使用 HELP 模型时,计算数值偏小,主要因为我国垃圾含水率较高,可根据实际情况进行修正。

2. 渗滤液产生量的影响因素

(1) 填埋场构造

　　渗滤液产生量与填埋场构造密切相关。对于未铺设水平和边坡防渗衬层的填埋场,或填埋场底部建在地下水位以下,地下水的入侵是渗滤液的主要来源;对未铺设高质量地表水控制系统的填埋场,地表径流可能导致渗滤液产生量增加。

(2) 水平衡关系

　　包括降水、地表径流、贮水量、蒸发蒸腾量等,如图 6-25 所示。

　　①降水:影响渗滤液产生量的降水特征包括降水量、降水强度、降水频率和降水周期。降水量表示在给定地区、于某一时段内到达地表的降水总量,可以是一次或多次降水的结果。许多估算渗滤

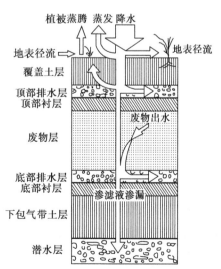

图 6-25　填埋场水平衡示意图

液产生量的方法,常以月平均降水量为基础,往往忽略了降水强度、降水频率和降水周期对地表土壤颗粒的影响,这些影响可能会改变入渗速率,影响渗滤液的产生量。

②地表径流:包括入流和出流。入流是指来自场地表面上坡方向的径流水,具体数量取决于填埋场周围的地势、覆土材料的种类及渗透性、场地的植被和排水设施等。出流是指填埋场场地范围内产生并自填埋场流出的地表水,受地形、填埋场覆盖层材料、植被、土壤渗透性、表层土壤的初始含水率和排水条件影响。填埋场地形(尤其是坡度)控制地表径流的流动方向,表层土壤类型、渗透性及初始含水率直接影响入渗速率,植被会使地表水流动速度变慢。

③贮水量:渗入填埋场的水分,只有部分会进入废物层后渗出成为渗滤液,另一部分则滞留在覆盖土层和废物层中。贮水量受覆盖层和废物层的田间持水量和含水率的影响。

3. 控制渗滤液产生量的措施

(1) 控制入场废物的含水率

废物中的水分会在压实过程中沥滤出来,一般要求控制入场生活垃圾含水率。

(2) 控制地表水的渗入量

在填埋场周围设置场外排洪沟,以防场外地表径流进入,卫生填埋场防洪标准应按不小于50年一遇洪水位考虑,安全填埋场按100年一遇洪水位考虑;填埋场施工或生产运行期间,宜采用分区施工、分区填埋、分区封顶的操作方式,控制填埋作业区面积,注意对垃圾堆体进行有效覆盖,减少降水产生的渗滤液量;在场内设置雨水导排系统,实行雨污分流,收集、排出泄水区内可能流向填埋区的雨水以及非填埋区域内未与生活垃圾接触的雨水,避免场内非作业区的地表径流与作业区的渗滤液相混合,其排水能力应按照50年一遇、100年校核设计;建造暴雨贮存塘。

(3) 控制地下水的渗入量

法规规定填埋场底部距地下水最高水位应大于1 m,但在所有季节都符合这项原则很难。设置底部衬层是一种常用的被动型控制方法;设置地下水导排系统控制浅层水,以免对防渗层产生不利影响,为防止排水管阻塞,应在管外用无纺布包裹;采用水泵抽水法控制地下水位。

四、渗滤液的导排

1. 渗滤液导排系统

渗滤液导排系统应保证在填埋场预设寿命期限内正常运行,收集并将填埋场内渗滤液排至场外指定地点。

典型的填埋场渗滤液导排系统包括:

(1) 导流层

导流层又称排水层,如图6-26所示,由直径为20～60 mm的砾石、卵石或碎石构成,由下至上粒度逐渐减小,厚度不小于30 cm。要求导流层必须覆盖整个填埋场底部衬层,其垂直渗透系数≥0.1 cm/s,水平渗透系数≥10^{-2} cm/s,坡度不小于2%。考虑到长期使用会降低渗透系数,设计时所选用介质的渗透系数应比理论值大一个数量级,也可使用土工复合排水网格,如图6-27所示。导流层和废物之间通常应设置天然或人工过滤层,以免小颗粒土壤和其他物质堵塞排水层。

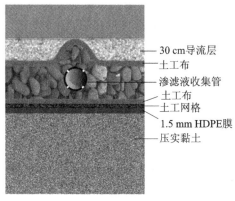

——30 cm导流层
——土工布
——渗滤液收集管
——土工布
——土工网格
——1.5 mm HDPE膜
——压实黏土

图 6 - 26　渗滤液导排系统

图 6 - 27　土工复合排水网格

施工时应小心地将排水介质向前推,避免车辆直接在衬层上行驶,应使用轻型推土机。

（2）管道系统

渗滤液收集管一般放在渗滤液收集沟中（又称盲沟）,如图 6 - 28 所示。盲沟宜采用洗净的砾石、卵石、碴石碎石（$CaCO_3$ 含量不应大于 5%）和高密度聚乙烯（HDPE）管等材料铺设,四周衬以土工织物,以减少细粒物进入沟内。盲沟结构分为石料盲沟、石料与 HDPE 管盲沟等。HDPE 管一般在填埋场内平行铺设,应有一定的纵向坡度,使管道内的流态呈重力流态。HDPE 管宜直线布置,其转弯角度应小于等于 20°,连接处不应密封。HDPE 管的开孔率应保证管道强度要求,其干管公称外径不应小于 315 mm,支管外径不应小于 200 mm,具体可根据库区渗滤液最大日流量、设计坡度等条件计算,一般,填埋场用 HDPE 管径规格为 250 mm、280 mm、315 mm、355 mm、400 mm、450 mm、500 mm、560 mm、630 mm。Ⅲ类以上填埋场用 HDPE 收集管宜设置高压水射流疏通、端头井等反冲洗措施。

图 6 - 28　渗滤液收集管道

（3）隔水衬层

由黏土或人工合成材料构成,阻止渗滤液的下渗,并具有一定的坡度（通常为 2%～5%）,以利于渗滤液流向排水管道。

（4）集液井（池）、调节池、泵、检修及监测和控制装置

集液井（池）宜按库区分区情况设置,设在填埋库区内最低处或填埋库区外侧,集液井可分别汇集膜下水（地下水）和膜上水（渗滤液）,实现清污分流。所有渗滤液管的出口处都应有防渗环,以保证渗滤液不会通过孔隙渗漏。调节池接纳和贮存收集输送系统所排出的渗滤液,设

在填埋库区外部,容积应与填埋工艺、停留时间、渗滤液产生量及配套污水处理设施规模等相匹配。集液井(池)、调节池及污水流经或停留的其他设施,均应采取防渗措施。

造成渗滤液输送管道堵塞的原因有:

(1) 细颗粒结垢

渗滤液中细颗粒的沉积,会导致管道结垢。为了降低结垢的可能性,在渗滤液收集沟中,最好使用地用织物或过滤布。如果滤层的孔隙小到足以阻挡住85%的土壤,则周围的土壤就不会向收集沟中迁移。

(2) 微生物生长

生物堵塞是因为渗滤液中存在微生物,与生物堵塞有关的因素包括渗滤液中的营养供给和温度等。

(3) 化学物质沉淀

化学物质沉淀导致的堵塞可能由化学或生物化学过程引起,控制化学沉淀过程的因素有pH和CO_2分压等。由生物化学过程产生的沉淀一般混有黏液,其中包含菌落,它们常黏附在管壁上。在塑料的成分中掺入一些抗生素添加剂,可以延缓和减少生物黏液的形成。

定期清理管道,可以有效减少生物或化学过程引起的堵塞。用于清理目的的机械设备有通条机、缆绳机和爬斗。渗滤液管道的弯头应该平缓,避免使用十字形渗滤液管,以保证清理设备的正常工作。填埋场封场后,仍要继续维护和运行渗滤液收排系统,并对水质进行监测,直到符合环保要求后停止运行。

2. 渗滤液导排盲沟的布设

填埋场场底排水单元中的渗滤液导排盲沟可设置为"直线形"或"树权形",有条件时宜采用"直线形";排水单元内最大水平排水距离应小于允许最大水平排水距离L。为了使渗滤液导排层内最大水头小于30 cm,不论采取何种设置形式,应保证最大水平排水距离L'不大于允许最大水平排水距离L。

最大水平排水距离L'是导排单元内最大坡度方向上排水起点(最高点)至排水终点(导排管或其他泄水点)水平投影的最大值。库底"直线型"和"树权型"排水单元设置形式及其对应的最大水平排水距离L'分别如图6-29和图6-30所示,边坡排水单元的设置形式及其对应的最大水平排水距离L'如图6-31所示。

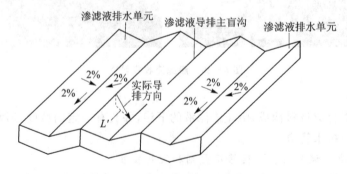

图6-29　库底"直线形"排水单元最大水平排水距离L'示意图

允许最大水平排水距离L应按式(6-27)计算:

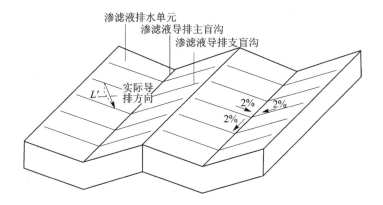

图 6 - 30 库底"树权形"排水单元最大水平排水距离 L' 示意图

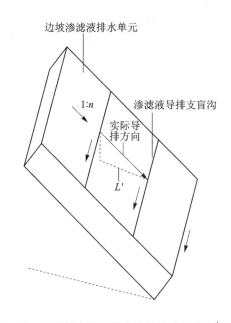

图 6 - 31 边坡排水单元最大水平排水距离 L' 示意图

$$L = \frac{D_{max}}{j\ \dfrac{(\tan^2\alpha + 4q_h/k)^{1/2} - \tan\alpha}{2\cos\alpha}} \quad (6-27)$$

$$j = 1 - 0.12\exp\left\{-\left[0.625\log\left(\frac{1.6q_h}{k\tan^2\alpha}\right)\right]^2\right\} \quad (6-28)$$

$$q_h = \frac{Q}{A \times 86\ 400} \quad (6-29)$$

式中：L 为允许最大水平排水距离，m；

D_{max} 为渗滤液导排层允许的最大水头高度，取 0.3 m；

k 为导排层渗透系数，m/s，宜取 $1\times10^{-4} \sim 1\times10^{-3}$ m/s；

α 为坡角，°，$\alpha = \arctan s$，s 为底部衬层系统的坡度，%；

j 为无量纲修正系数；

q_h 为导排层渗滤液入渗量,m/s;

Q 为渗滤液产生量,m^3/d;

A 为场底渗滤液导排层面积,m^2。

根据导排层的渗滤液入渗量、导排层渗透系数 k、库底坡度 α、导排层最大允许渗滤液水头 D_{max},可计算允许最大水平排水距离 L;若已知 L,也可反算导排层最大渗滤液水头。计算示意图如图 6-32 所示。计算的关键是确定合理的渗滤液入渗量 q_h 和导排层渗透系数 k 两个参数的取值。

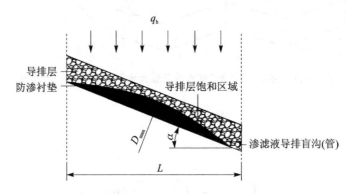

图 6-32　允许最大水平排水距离 L 计算示意图

【例题】

某填埋场场底排水面积 800 000 m^2,坡度 2%,日填埋作业规模 8 000 t/d,填埋作业单元面积 50 000 m^2;中间覆盖面积 650 000 m^2,封场覆盖面积 100 000 m^2;20 年日均降水量 1 116 mm/a,初始填埋作业时垃圾含水率为 55%,完全降解后垃圾田间持水量为 38%。计算 q_h 及 L。

(1)计算导排层渗滤液入渗量 q_h

渗滤液日均总量 Q 的计算,根据式(6-15),$I=1\ 116$ mm/a$=3.06$ mm/d,$A_1=50\ 000\ m^2$,$A_2=650\ 000\ m^2$,$A_3=100\ 000\ m^2$,$C_{L1}=0.8$,$C_{L2}=0.48$,$C_{L3}=0.1$,$M_d=8\ 000$ t/d,$W_c=55\%$,$F_C=38\%$,计算得 $Q=2\ 467\ m^3/d$。

导排层渗滤液入渗量 q_h 的计算,根据式(6-29),$Q=2\ 467\ m^3/d$,$A=800\ 000\ m^2$,计算得 $q_h=3.57\times10^{-8}$ m/s$=3.1$ mm/d。

(2)允许最大水平排水距离 L

根据式(6-27)、式(6-28),$q_h=3.57\times10^{-8}$ m/s,导排层渗透系数 k 取 1×10^{-4} m/s,计算得 $j=0.891$,$L=29.6$ m。

3. 填埋场渗滤液水位的控制

填埋场中渗滤液的水位与填埋场覆盖材料、渗滤液导排层性能、所填废物组成及运行操作有关。

当填埋场渗滤液的存在形式如图 6-33 所示时,场底渗滤液导排层内存在一定高度的渗滤液饱和区域,其最大水头压力即为渗滤液导排层水头;渗滤液导排层与深部垃圾之间为非饱和区,其上存在一个显著、连续的饱和区,主要原因是深部垃圾渗透系数显著低于导排层,渗滤液难以向下渗流,导致水位在渗透系数较小的深部垃圾之上逐渐壅高,其浸润线即为垃圾堆体主水位;垃圾堆体内因填埋作业的要求常存在低渗透层,如由黏土组成的中间覆盖层、日覆盖层等,极易导致水位在该层之上壅高,形成局部连续的饱和区,其浸润线即为垃圾堆体滞水位,广泛分布于堆体中。此时,底部防渗层上渗滤液水头不高,填埋场污染扩散风险相对较低;较高的垃圾堆体主水位和滞水位显著影响垃圾堆体稳定和填埋气体收集率。

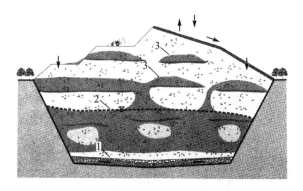

1—渗滤液导排层水头;2—垃圾堆体主水位;3—垃圾堆体滞水位

图 6 - 33   填埋场渗滤液存在形式(一)

当填埋场渗滤液的存在形式如图 6 - 34 所示时,渗滤液导排层淤堵,导排层中渗滤液水位壅高,与堆体中主水位连通,从场底渗滤液导排层至一定高度堆体完全饱和,防渗层上渗滤液水头高,渗滤液中污染物浓度增大,填埋场渗滤液污染扩散及堆体失稳的风险高,垃圾堆体气体渗透系数急剧减小,填埋气体收集难度大。

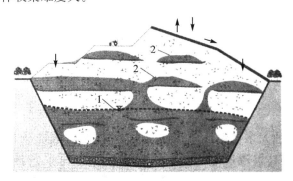

1—垃圾堆体主水位;2—垃圾堆体滞水位

图 6 - 34   填埋场渗滤液存在形式(二)

渗滤液产量大、堆填高的填埋场,因其深部垃圾渗透系数低、场底渗滤液导排系统淤堵等原因,易造成渗滤液导排不畅和堆体中渗滤液水位壅高,此时应考虑设置中间渗滤液导排设施。中间渗滤液导排设施在垃圾堆体中分层设置,竖向间距宜为 10~15 m,横向间距宜为 50~60 m,可有效降低垃圾堆体主水位和滞水位。对于现有的高水位问题填埋场,应根据稳定控制要求建设抽排竖井、水平导排盲沟等应急和长期渗滤液水位控制设施。在垃圾堆体开槽和钻孔,应避免塌方、火灾、爆炸、中毒等安全事故。

五、渗滤液的处理

所收集到的渗滤液必须妥善处理,渗滤液的处理方法和工艺取决于其数量和特性,渗滤液的特性决定于废物的性质和填埋年限。生活垃圾卫生填埋场渗滤液处理方法主要包括：

（1）渗滤液再循环

渗滤液收集后回灌到填埋场，如图6-35所示。在填埋场的初期阶段，渗滤液中包含相当多的COD、BOD_5、氮和重金属，通过循环，使渗滤液中的有机物转化为甲烷并加以利用，重金属成分保留在填埋场中。通常，渗滤液回灌系统将使填埋场气体的产生量增加，填埋场内须安装气体回收系统。对于大型填埋场，有必要设置渗滤液储存设施。

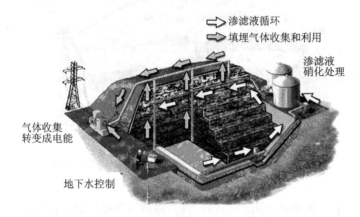

图6-35 渗滤液经特效菌硝化后返回填埋场

（2）排往污水处理厂

可采用密闭运输的方式将渗滤液送到污水处理厂；或渗滤液在填埋场内预处理后排入城市排水管道，进入污水处理厂，污水接管浓度应满足《生活垃圾填埋场污染控制标准》中的规定。城市二级污水处理厂每日处理生活垃圾渗滤液的总量不超过污水处理总量的0.5%。

（3）渗滤液场内处理

采用厌氧或好氧生物处理方法，及沉淀、吸附、过滤等物理化学方法处理渗滤液。

垃圾渗滤液的处理，可参照《生活垃圾填埋场渗滤液处理工程技术规范（试行）》（HJ 564—2010）、《生活垃圾渗沥液处理技术规范》（CJJ 150—2010）。

第六节 填埋场密封系统

防止填埋气体和渗滤液对环境的污染，是填埋场中最为重要的部分，应贯穿于填埋场的设计、施工、运行，直到封场和封场后管理的整个生命周期之中。填埋场密封系统是为了防止填埋气体和渗滤液污染环境，并防止地下水和地表水进入填埋场而建设。填埋场密封系统分为基础密封系统、表面密封和垂直防渗系统。

一、基础密封

1. 填埋场基础密封

填埋场基础密封，主要通过在填埋场的底部和周边建立衬层系统，达到密封的目的，如图6-36所示。填埋场衬层系统的选择对填埋场设计至关重要，根据填埋场渗滤液收集系统、防渗系统和保护层、过滤层的不同组合，形成不同的衬层系统结构。

（1）单层衬层系统

该系统只有一个防渗层,其上是渗滤液收集系统和保护层,必要时其下有一个地下水收集系统和一个保护层。这类衬层只能用于抗损性低和防渗要求低的填埋场。

（2）复合衬层系统

由两种防渗材料组合形成的防渗层,典型的是上层为土工膜、下层是渗透性低的黏土层,如图6-37所示。

图6-36 填埋场基础密封

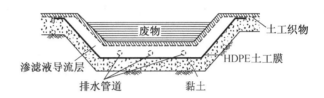

图6-37 填埋场复合衬层系统

复合衬层系统的关键是使土工膜紧密接触黏土层。

通常不在土工膜和黏土层之间使用高透水性材料,如砂垫层或土工织物,否则紧密的接触将会被破坏,如图6-38所示。如果在黏土层中存在可能刺破土工膜的尖锐物,则必须加以剔除,或铺设经过筛选的土料作为隔离层。为了获得紧密的接触,黏土层表面应采用滚筒式碾压机碾压光滑。另外,土工膜在铺设时,应尽量减少折皱。

（3）双层衬层系统

如图6-39所示,双层衬层系统包含两层防渗层,两层之间是导流层,以控制和收集防渗层之间的液体。下部导流层一般用于防渗层渗漏监测,或用于排除地下水。双层衬层系统广泛应用于生活垃圾卫生填埋场和危险废物安全填埋场。

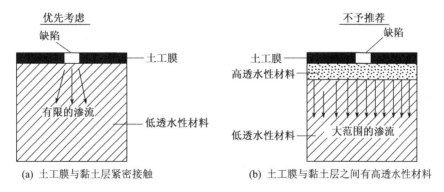

(a) 土工膜与黏土层紧密接触   (b) 土工膜与黏土层之间有高透水性材料

图6-38 土工膜与压实黏土复合衬层的合理设计

2. 填埋场防渗材料

填埋场防渗材料必须具有稳定的化学性质以及足够的强度和厚度,能承受压力变化、气候变化、安装和运行时的冲击,能承受废物和渗滤液的腐蚀。防渗材料的作用在于防止污染物进入环

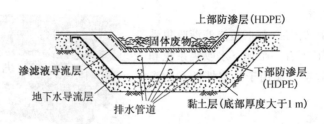

图 6-39　填埋场基础衬层系统的典型示例——双层衬层

境,防止场外地表水和地下水进入填埋场,吸附渗滤液中悬浮或溶解的污染物。在运行全过程中,要特别注意保护衬层防渗材料。

填埋场防渗材料包括天然无机防渗材料、土工合成材料、天然和有机复合防渗材料三种。

(1) 天然无机防渗材料

天然无机防渗材料主要包括黏土和膨润土等。黏土衬层较为经济,至今仍被广泛采用,其渗透系数不应大于 1.0×10^{-7} cm/s。但国外填埋场经验表明,黏土在软的基础上不易压实;压实黏土在脱水干燥后容易开裂;冻结作用可能破坏黏土层;填埋场的不均匀沉降可使黏土层断裂;黏土对气体防护能力差,只能延缓渗滤液的渗漏。

对于黏土衬层的基础,应控制其不均匀沉降。不均匀沉降可能造成衬层的破坏。如果需要,可将上层 50~100 cm 厚的土层挖出,回填后压实,以保证其均匀性。地基基础表层一般不得有大于 1.5 cm 的颗粒物。为避免地基基础层内有植物生长,必要时需均匀施放化学除草剂。

对于生活垃圾卫生填埋场,如果天然基础层的渗透系数小于 1.0×10^{-7} cm/s,且厚度不小于 2 m,可采用天然黏土防渗衬层。采用天然黏土防渗衬层,应满足以下基本条件:压实后的黏土防渗衬层饱和渗透系数应小于 1.0×10^{-7} cm/s,黏土防渗衬层的厚度应不小于 2 m。

对于危险废物安全填埋场,所使用的黏土塑性指数大于 10%,粒度应在 0.075~4.74 mm 之间,至少含有 20%细粉,沙砾含量应小于 10%,不应含有直径大于 30 mm 的颗粒物;若现场缺乏合格黏土,可添加 4%~5%的膨润土,宜选用钙基膨润土或钠基膨润土,必须对黏土衬层进行压实,压实系数≥0.94,压实后的厚度应≥0.5 m,且渗透系数≤1.0×10^{-7} cm/s。

(2) 土工合成材料

土工合成材料包括土工膜和土工织物(又称无纺布)。土工膜包括塑料卷材、橡胶、沥青涂层等,现广泛应用的是高密度聚乙烯(HDPE)(渗透系数<10^{-12} cm/s,也可用于基础防渗、填埋场最终覆盖层防渗、各种水池及垃圾堆放场防渗),这种材料也被称为柔性膜。土工膜还包括低密度聚乙烯(LDPE)、聚氯乙烯(PVC)、氯化聚乙烯(CPE)、氯磺聚乙烯(CSPE)、塑化聚烯烃(ELPO)、乙烯-丙烯橡胶(EPDM)、氯丁橡胶(CBR)、丁烯橡胶(PBR)、热塑性橡胶(TPE)和氯醇橡胶(ECO)等。

HDPE 土工膜需要有较好的基础铺垫,铺设完成后的 HDPE 土工膜需要加以保护。

土工膜在施工和运行过程中可能发生破损,如图 6-40 所示,所以,应对主防渗土工膜进行电学渗漏位置探测。可采用双电极法,即通过检测与分析衬层系统的电场变化,探测衬层系统渗漏孔洞的位置。渗漏探测必须在主防渗层上的渗滤液收集导排砾石铺放和验收之后进行,渗漏探测必须能够在 60 cm 厚覆盖沙砾下,检测和定位尺寸为 6 mm² 或更小的孔洞。

填埋场中经常使用非织造土工织物。根据黏合方式的不同,非织造土工织物分为热黏合、化学黏合和机械黏合三种。非织造土工织物在填埋场中用于保护土工膜,或作为过滤层,防止

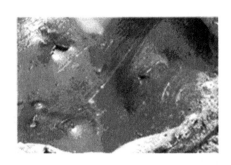

图 6 - 40　土工膜的破损

渗滤液收集系统、填埋气体收集系统或封场覆盖层排水系统的堵塞。常见的产品有长纤和短纤两种，长纤抗机械拉伸力强，短纤更适合在填埋场内部使用，大面积使用可采用缝合方式连接。

垃圾填埋场所使用的土工材料，应符合《垃圾填埋场用高密度聚乙烯土工膜》（CJ/T 234—2006）、《垃圾填埋场用线性低密度聚乙烯土工膜》（CJ/T 276—2008）、《垃圾填埋场用非织造土工布》（CJ/T 430—2013）的要求。

（3）天然和有机复合防渗材料

天然和有机复合防渗材料主要包括钠基膨润土垫（GCL）、聚合物水泥混凝土（PCC）防渗材料、沥青水泥混凝土等。GCL 由高膨胀性的钠基膨润土填充在特制的土工合成材料之间，如图 6 - 41 所示。用针刺法制成的 GCL，遇水时在垫内形成均匀高密度的胶状防水层，可有效防止渗漏。

图 6 - 41　GCL 防渗材料

3. 我国卫生填埋场基础衬层结构要求

（1）库区底部衬层结构应符合下列要求

① 基础层：土压实度不应小于 93%。

② 反滤层（可选择层）：宜采用土工滤网，规格不宜小于 200 g/m³。

③ 地下水导流层（可选择层）：宜采用卵（砾）石等石料，厚度不应小于 30 cm，石料上应铺设非织造土工布，规格不宜小于 200 g/m²；当导排的场区坡度较陡时，可采用土工复合排水网格。

④ 防渗及膜下保护层：厚度不宜小于 75 cm 的黏土（渗透系数不应大于 $1.0×10^{-7}$ cm/s），其中不应含有粒度大于 5 mm 的尖锐物料；或采用厚度不宜小于 30 cm 的黏土（渗透系数不宜大于 $1.0×10^{-5}$ cm/s）与规格不应小于 4 800 g/m² 的 GCL 防渗膜（渗透系数不应大于 $5.0×10^{-9}$ cm/s）的组合。

⑤ 膜防渗层:应采用 HDPE 土工膜,厚度不应小于 1.5 mm。

⑥ 膜上保护层:为了避免垃圾或石料对 HDPE 膜的刺穿,宜采用非织造土工布,规格不宜小于 600 g/m²。

⑦ 渗滤液导流层:宜采用卵石等石料,厚度不应小于 30 cm,石料下可增设土工复合排水网格。当导流的场区坡度较陡时,土工膜上需增加缓冲保护层,如袋装土或旧轮胎等。

⑧ 反滤层:防止细颗粒在导流层中积聚,堵塞渗滤液导流系统或降低导流效率,宜采用土工滤网,规格不宜小于 200 g/m²。

库区底部采用多层衬层结构时,则在渗滤液导流层下面增设渗滤液检测层,可采用土工复合排水网,厚度不小于 5 mm,也可采用卵(砾)石等石料,厚度不应小于 30 cm,渗滤液检测层下铺设 1.5 mm 厚 HDPE 土工膜。

(2) 库区边坡复合衬层结构应符合下列要求

① 基础层:土压实度不应小于 90%。

② 膜下保护层:当采用黏土时,渗透系数不宜大于 1.0×10^{-5} cm/s,厚度不宜小于 20 cm;当采用非织造土工布时,规格不宜小于 600 g/m²。

③ GCL 防渗层:渗透系数不应大于 5.0×10^{-9} cm/s,规格不应小于 4 800 g/m²。

④ 防渗层:应采用 HDPE 土工膜,宜为双糙面,厚度不应小于 1.5 mm。

⑤ 膜上保护层:宜采用非织造土工布,规格不宜小于 600 g/m²。

⑥ 渗滤液导流与缓冲层:宜采用土工复合排水网格,厚度不应小于 5 mm,也可采用土工布袋,内装石料或沙土。

二、表面密封

填埋场表面密封是指废物填埋作业完成之后,在它的顶部铺设覆盖层。填埋场封场分为营运过程中的封场和填埋场终场的封场。

1. 表面密封的功能

① 封闭废物。表面密封系统为所填埋的废物提供覆盖保护,避免废物与人和动物直接接触,抵抗风化侵蚀,如图 6 - 42 所示,其材料、结构和坡度随填埋废物的种类和未来土地使用计划不同而异。

② 控制水分和填埋气体。确保填埋场不接收不需要的水分;控制填埋气体的释放和空气进入填埋场。

③ 便于封场后土地利用,提供美化环境和生态恢复的表面。

2. 表面密封系统结构

现代填埋场表面密封系统由多层组成,主要分为土地恢复层(营养植被层和覆盖支持土层)和密封工程系统(由排水层、防渗层和排气层组成),如图 6 - 43 所示。

(1) 营养植被层

由可生长植物的土壤及其他天然土壤组成,供植物生长并保证植物根系不破坏下层,最小厚度不应小于 15 cm。

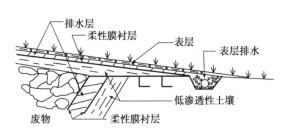

图 6 - 42　表面密封系统和衬层

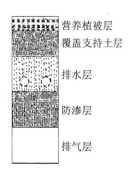

图 6 - 43　表面密封系统

（2）覆盖支持土层

由压实土层构成，防止上部植物根系及穴居动物对下层的破坏，防止排水层堵塞，保护防渗层不受干燥收缩、冻结解冻的破坏，厚度应大于 45 cm。

（3）排水层

由砂、砾石、土工网格和土工织物组成，排除入渗的地表水。堆体顶面排水层渗透系数大于 1×10^{-2} cm/s，边坡宜采用土工复合排水网，厚度不应小于 5 mm。

（4）防渗层

由压实黏土和土工膜或 GCL 组成复合防渗层，也可单独使用压实黏土层，防止入渗水进入填埋废物中，防止填埋气体逸出填埋场，是表面密封系统最为重要的部分。对于复合防渗系统，土工膜与其下的黏土层必须紧密结合，黏土层的厚度一般为 20~30 cm，渗透系数小于 1×10^{-5} cm/s，要求分层铺设，铺设坡度≥2%。单独使用黏土作为防渗层，厚度应大于 30 cm，渗透系数小于 1×10^{-7} cm/s。土工膜选用厚度不小于 1 mm 的 HDPE 膜或 LLDPE（线性低密度聚乙烯），渗透系数小于 1×10^{-7} cm/s，土工膜上下应设置土工布。GCL 厚度应大于 5 mm，渗透系数小于 1×10^{-7} cm/s。

（5）排气层

由砂石、土工网格和土工织物组成，控制填埋气体的迁移，将其导入填埋气体收集设施，避免填埋气体压力对防渗层的点荷载作用。

堆体顶面宜采用粗粒或多孔材料，粒度为 25~50 mm，渗透系数大于 1×10^{-2} cm/s，厚度不宜小于 30 cm，边坡宜采用土工复合排水网，厚度不应小于 5 mm。

表面密封系统中的某些单层之间（如覆盖支持土层和排水层、排水层和防渗层、表面密封系统和固体废物之间）要求有隔层，这是为了保证它们长期具有完好的功能，隔层通常使用土工布。填埋气体的收集导排管道穿过覆盖系统防渗层处应进行密封处理。

典型的填埋场表面密封系统设计如图 6 - 44 所示。

3. 填埋场阶段性覆盖

填埋场阶段性覆盖（包括日覆盖），土壤覆盖和膜覆盖占主导地位，无土喷涂覆盖等新技术逐步发展，如图 6 - 45 所示。填埋场需要借助覆盖材料遮蔽垃圾，达到阻挡蚊蝇细菌、防臭、便于雨污分流等目的。

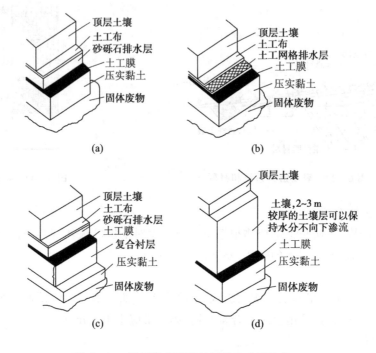

图 6-44　填埋场表面密封系统的典型结构

图 6-45　填埋场阶段性覆盖

土壤覆盖厚度一般为 20 cm,膜覆盖可采用 0.5 mm 或 0.75 mm 的 HDPE 土工膜,也可以采用可降解塑料覆盖。无土喷涂覆盖技术是将特定材料喷涂到所需覆盖的垃圾层表面,材料干化后在表面形成一层厚约 1 cm 的覆盖膜层,达到快速覆盖的目的。

4. 填埋场表面沉降

填埋场由于未压实和生物降解的原因,通常都存在沉降问题,一般前 6 个月沉降最快。适当加大覆盖层厚度,或采用不同的覆盖层设计坡度,可弥补不均匀沉降造成的地表高度损失,如图 6-46 所示。填埋场的总沉降量取决于废物种类、载荷和填埋技术等因素,通常是废物填埋高度的 10%~20%。

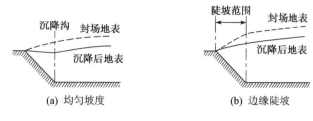

图 6-46 边缘陡坡法

三、垂直防渗系统

填埋场垂直防渗系统,根据填埋场的工程地质和水文地质特征,利用填埋场基础下方存在的不渗水层或弱透水层,将垂直密封层建在填埋场一边或周围,以便将填埋气体和渗滤液控制于填埋场之内,并阻止周围地下水渗入填埋场。垂直防渗系统在山谷型填埋场应用较多,在平原型填埋场中也有应用,可用于新建填埋场的防渗工程,也可用于现有填埋场的污染控制。

根据施工方法,垂直防渗系统分为土层改性法防渗墙、打入法防渗墙和工程开挖法防渗墙。

(1) 土层改性法防渗墙,是用填充、压实等方法,使原土孔隙率减少、渗透性降低而形成防渗墙,分为原状土就地混合防渗墙、注浆墙和喷射墙。

原状土就地混合防渗墙,适用于较小的截槽深度,美国大多应用该法,将挖出的土与水泥或其他充填材料混合后重新回填到截槽中。

注浆墙,是把防渗材料用压力注入土层形成防渗层。采用纯膨润土注浆施工防渗层时,注入过程中应保持尽可能小的黏度和凝固强度,使防渗材料在被密封的土层中分布良好。

喷射墙,是通过高压发生装置,使液流获得巨大能量后,经过注浆管道从一定形状和孔径的喷嘴中高速喷射出来,直接冲击土体,使得浆液与土搅拌混合,在土中凝固成为具有特殊结构、渗透性低和有一定固结强度的固结体。

(2) 打入法防渗墙,是利用打夯或液压动力,将预制好的防渗屏障墙体构件打入土体。用这种方法施工的防渗墙有板桩墙、窄壁墙、挤压墙和换层防渗墙。

板桩墙,是将已预制好的板桩构件(由木板、钢板或塑料板等制成)垂直夯入基础中。

窄壁墙,是首先向土体夯进或振动,将土层向周围土体排挤形成防渗墙中央空间,把防渗墙放入已冲挤出的空间,然后用注浆管充填缝隙形成防渗墙体。

挤压墙和换层防渗墙,采用挤压或开挖换层法施工,分为水泥构件成型墙和换层防渗墙。

(3) 工程开挖法防渗墙,是通过土方工程将土层挖出,然后在挖好的沟槽中建设防渗墙。按传统截槽墙技术施工时,先将地表下的土层挖出构成槽,槽壁土压力靠灌入的浆液支撑,槽挖成后浆液仍保存在槽内,待施工防渗墙时由注浆材料把浆液挤出。施工过程中,开挖的土方富含悬浮液,悬浮液排出比较困难。如果在被污染的土层中挖槽,被挖出的土应作为废物进行特殊处理。

第七节　生活垃圾卫生填埋场工程方案设计书简介

一、工程概况

1. 项目背景

介绍当地生活垃圾产生和处理情况,说明建设填埋场的必要性和意义。

2. 工程特性汇总

① 工程设计主要内容。一般包括:总平面布置,场区平整,填埋工艺,防渗工程,渗滤液和地下水导排工程,渗滤液处理工程,填埋气体收集和利用工程,洪水、雨水导排工程,环境监测,场区监控系统,办公楼及附属建筑,道路、给排水、供电、计量、消防、通信、绿化等辅助工程,封场工程,设备选型与配置,经济分析等。

② 工程服务范围及垃圾处理规模。

③ 主要工程和技术经济指标。列表汇总估算的垃圾年均处理量,填埋场库容和使用年限,各功能区面积,道路长度,渗滤液处理规模及标准,劳动定员,工程总投资,运行成本,内部收益率,投资回收期等。

3. 方案设计依据

① 方案设计依据。一般包括:拟选生活垃圾填埋场场址地形图,填埋场工程可行性研究报告的批复,招标单位和业主提供的相关资料,相关环境保护法律法规。

② 采用的主要规范及标准。

4. 方案设计原则

参照国家生态环境保护政策、法规、规范和标准,以城市总体规划为指导,结合当地具体情况,确定方案设计原则。

5. 设计特点

分别介绍总平面布置、卫生填埋工艺、污染控制技术、资源化技术的特点。

二、项目可行性论证

1. 填埋服务区概况

介绍填埋服务区的地形、地貌、面积、人口数量及分布情况和气候条件。

2. 环境卫生现状

① 环境卫生管理体制和工作机构。

② 生活垃圾的组成、清运及处置状况。

3. 建设规模

选用合适的模型,预测垃圾的处理量及未来变化情况,结合所要求的使用年限,推算出所需填埋场的库容。填埋场库容与处理规模存在一定的对应关系,应综合考虑。

4．预选场址及其基本情况

说明由哪些单位或部门参与了实地踏勘工作，并给出预选场址基本情况，如详细的地形地貌、地层、地质构造、水文地质条件和气候条件（包括风向、风速、最大暴雨强度、降水量、蒸发量、气温等），分析其利弊。

5．场址比较

根据标准规范中对选址问题的相关规定，对预选址进行比较。

6．专业条件

给出预选场址的道路、供水、排水、供电、电话线、网线等条件。
综合以上情况，确定最终场址。

三、工艺论证

1．处置工艺论证

结合当地生活垃圾物理和化学组成及变化趋势、经济实力和投资能力、城市建设和社会发展对环境的要求、填埋场条件、投入产出比、技术与设备的可靠性和适应性、对资源再利用的潜力和程度等具体情况，论证垃圾处置工艺的合理性。

2．填埋场结构形式论证

结合场址条件、垃圾产生量及其特性、填埋气体和渗滤液污染控制和利用等因素，论证填埋场结构形式的合理性。

四、总图和运输工程设计

1．设计依据

设计依据一般包括：
生活垃圾卫生填埋处理技术规范（GB 50869—2013）
生活垃圾卫生填埋技术导则（RISN—TG014—2012）
生活垃圾填埋场污染控制标准（GB 16889—2008）
生活垃圾卫生填埋场环境监测技术要求（GB/T 18772—2008）
生活垃圾填埋场稳定化场地利用技术要求（GB/T 25179—2010）
生活垃圾卫生填埋处理工程项目建设标准（建标 124—2009）
生活垃圾填埋场封场工程项目建设标准（建标 140—2010）
生活垃圾卫生填埋场岩土工程技术规范（CJJ 176—2012）
生活垃圾卫生填埋场防渗系统工程技术规范（CJJ 113—2007）
生活垃圾填埋场封场技术规范（GB 51220—2017）
生活垃圾渗滤液处理技术规范（CJJ 150—2010）
生活垃圾填埋场填埋气体收集处理及利用工程技术规范（CJJ 133—2009）
生活垃圾填埋场渗滤液处理工程技术规范（试行）（HJ 564—2010）
生活垃圾卫生填埋气体收集处理及利用工程运行维护技术规程（CJJ 175—2012）
生活垃圾卫生填埋场运行维护技术规程（CJJ 93—2011）

生活垃圾填埋场无害化评价标准(CJJ/T 107—2005)
生活垃圾卫生填埋场运行监管标准(CJJ/T 213—2016)
生活垃圾填埋场降解治理的监测与检测(GB/T 23857—2009)
生活垃圾卫生填埋场环境监测技术要求(GB/T 18772—2017)
垃圾填埋场用高密度聚乙烯土工膜(CJ/T 234—2006)
垃圾填埋场用线性低密度聚乙烯土工膜(CJT 276—2008)
垃圾填埋场用非织造土工布(CJ/T 430—2013)
建筑设计防火规范(GB 50016—2014)
建筑给水排水设计规范(GB 50015—2009)
汽车库、修车库、停车场设计防火规范(GB 50067—2014)
厂矿道路设计规范(GBJ 22—87)
总图制图标准(GB/T 50103—2010)
场址地形图(1∶10 000)

2. 场址概况

应分别介绍场址原用途、占地面积、地形地貌、地面标高、土壤性质、气候条件、工程地质和水文地质条件等情况。

3. 总图布置

包括平面构成及特点、总平面布置说明和各分区平面布置说明。

4. 厂区绿化设计

与城市绿化规定相协调,并结合当地的自然条件。

5. 道路组织与运输设计

场区道路的设置应满足交通运输、消防、绿化、安全及各种管线的铺设要求。道路的荷载等级应根据交通情况确定。通往填埋库区底部,需设计临时道路。分别列出各种道路的长度、宽度、路面结构等。

6. 经济技术指标

列表给出场区占地总面积、各区占地面积、建(构)筑物占地面积、建筑系数、绿化系数和填埋场库容等指标。

五、填埋库区工程方案设计

1. 分区设计

以填埋场区实际地形为依据,结合垃圾量、雨污分流、填埋作业和工程分期实施的要求,制定分区原则;列表给出各区、各期的占地面积及运行顺序。分区应能满足工程分期实施的需要。

2. 容积与使用年限

(1)填埋库区容积

根据填埋场地形和填埋工艺,分区计算各部分的容积,最后求和,给出填埋库区的容积。

（2）使用年限

逐年计算垃圾日产生量、垃圾年填充容积、垃圾累积填充容积、覆土体积和库区累积填充容积，直至库区累积填充容积超过设计容积，得到使用年限。

3. 场地整平与土方平衡

（1）场地整平设计

根据场区的填埋库容、边坡稳定、防渗系统铺设及场地土壤压实度等方面的要求，需要进行竖向整平和横向整平。竖向整平是为了满足土工膜锚固的要求；横向整平是便于地下水的收集导排、渗滤液的收集导排以及填埋区内雨水的收集导排，需要考虑排水方向、纵向坡度、横向坡度。整平包括场地清理、开挖和土方回填，场地整平要求形成土建构建面，并铺设衬层系统。

填埋库区地基、垃圾坝、渗滤液处理主要构筑物、调节池及生活管理区主要建（构）筑物地基的设计，应按照《建筑地基基础设计规范》（GB 5007—2011）及《建筑地基处理技术规范》（JGJ 79—2012）有关规定执行。填埋库区地基边坡设计应按《建筑边坡工程技术规范》（GB 50330—2013）和《水利水电工程边坡设计规范》（SL 386—2016）有关规定执行。

（2）土方平衡设计

分别给出各区的清基土方量、挖方量、填方量和覆盖土方量；将各分区的清基土方求和得到总计清基土方，各分区的挖方求和得到总计挖方，结合覆盖土方量，计算土方平衡。

4. 垃圾坝设计

根据坝体材料不同，垃圾坝分为（黏）土坝、碾压式土石坝、浆砌石坝及混凝土坝四类。根据坝体高度不同，垃圾坝分为低坝（低于 5 m）、中坝（5～15 m）和高坝（高于 15 m）。根据坝体所处位置及主要作用的不同，垃圾坝分为围堤、截洪坝、下游坝和分区坝。坝址选择应根据填埋场岩土工程勘察及地形、地貌等方面的资料，结合坝体类型、筑坝材料来源、气候条件、交通情况等因素经技术经济比较确定。坝高选择应综合考虑填埋堆体坡脚稳定、填埋库容及投资等因素。坝型选择应综合考虑地质条件、筑坝材料来源、施工条件、坝高、坝基防渗要求等因素。筑坝材料的调查和土工试验按照《水利水电工程天然建筑材料勘察规程》（SL 251—2015）和《土工试验规程》（SL 237—1999）的规定执行。坝体结构设计符合《碾压式土石坝设计规范》（SL 274—2018）、《混凝土重力坝设计规范》（DL 5108—1999）及《碾压式土石坝施工规范》（DL/T 5129—2013）的相关规定。坝坡设计应根据坝型、坝高、坝的建筑级别、坝体和坝基的材料性质、坝体所承受的荷载以及施工和运行条件确定。坝顶宽度及护面材料应根据坝高、施工方式、作业车辆行驶要求、安全及抗震等因素确定。坝坡和马道的设置应根据坝面排水、施工要求、坝坡要求和坝基稳定等因素确定。护坡方式应根据坝型和坝体位置等因素确定，坝体应符合防渗和稳定性的要求。

5. 填埋场防渗结构方式论证及材料选择

（1）防渗方式

通过垂直防渗和水平防渗方式的比较，并根据填埋区土壤性质、地层结构和水文地质条件，参考《生活垃圾卫生填埋处理技术规范》（GB 50869—2013）、《生活垃圾填埋场污染控制标准》（GB 16889—2008）和《生活垃圾卫生填埋处理工程项目建设标准》（建标 124—2009）中的要求，确定防渗方式。

（2）防渗材料

分别介绍拟采用的主防渗材料性能，结合试验数据，分别确定材料的厚度、幅宽、摩擦性能和技术性能等参数。

6. 防渗系统结构和铺设设计

（1）防渗层结构设计

根据相关国家标准，结合经济因素，确定并设计防渗系统结构。分别设计填埋场底部和边坡防渗系统的结构，画出示意图。

（2）防渗材料铺设设计

列出防渗材料铺设要求，画出设计样图。

7. 地下水导排系统

列出地下水导排盲沟结构与材料，画出设计样图。

8. 渗滤液导排系统

由渗滤液导流层、导渗盲沟和支盲沟组成，分别介绍各组成部分，画出示意图。

9. 洪水、雨水导排系统

根据《生活垃圾卫生填埋处理技术规范》(GB 50869—2013)或《生活垃圾卫生填埋处理工程项目建设标准》(建标 124—2009)中的防洪标准，选取公式计算洪峰流量，据此设计排洪构筑物(主要是排水沟)，画出工程样图。

10. 填埋气体导排系统

填埋气体导排系统主要由垂直气井、集气管道和集气站组成。分别介绍垂直导气井、导气石笼和水平导气盲沟等部分的设计，并画出示意图。

六、污水处理工程方案设计

垃圾填埋场的污水源于垃圾渗滤液、生产污水和生活污水。污水处理工程方案设计包括：计算污水处理规模，确定排放标准，设计污水处理工艺方案，预测处理效果，设计主要污水处理构筑物及设备，可参照有关水污染控制的书籍，这里不作赘述。

七、辅助工程设计

辅助工程包括土建工程、道路工程、给排水工程、消防工程、供配电、自控仪表、垃圾计量、通讯、节能和绿化等。需逐一设计，这里不作详述。

八、填埋场管理与运行

1. 组织形式与劳动定员

包括组织形式、工作制度、劳动定员、人员培训与管理措施和市场运作管理等。

2. 填埋作业工艺

包括填埋工艺流程、各期各区填埋作业顺序、填埋作业方式、填埋作业道路和平台等。

3. 填埋作业设备

给出填埋作业设备的种类、型号、数量及各设备的用途。

4. 环境保护与监测设计

列出需遵循的污染排放(控制)标准,分析填埋场污染源,提出污水、固体废物、噪声、臭气等污染控制措施。列出主要环境监测项目,开展场区本底环境监测和场区环境质量监测,确定监测内容及布点(附图),重点开展填埋气体和污水在线监测,列出环境监测分析仪器设备。

5. 主要环境影响控制设计

① 覆盖方案设计。介绍覆盖的作用,覆盖类型(日覆盖、中间覆盖和终场覆盖),覆盖材料的类型(黏土和土工合成材料),比较各覆盖材料,给出最终覆盖设计。

② 灭蝇灭鼠设计。

③ 扬尘和漂浮物控制设计。

6. 安全与卫生设计

(1) 设计依据

一般包括:国家、地方政府部门的有关政策,《工业企业设计卫生标准》(GBZ 1—2010)、《传染病防治法》、《爆炸危险环境电力装置设计规范》(GB 50058—2014)、《工业企业噪声控制设计规范》(GBJ 87—85)、《恶臭污染物排放标准》(GB 14554—93)和《生产过程安全卫生要求总则》(GB/T 12801—2008)。

(2) 设计范围

一般包括工程内容(填埋区工程和基础设施工程)、辅助设施设计、主要设备及材料。

(3) 安全卫生设计

包括防洪能力、对周围敏感点影响的预防、垃圾运输的职业安全、总图设计中建筑物的安全距离等。

(4) 职业危害因素分析

列出填埋作业过程中使用和产生的主要有毒有害物质(包括原料、材料、中间体、副产品、产品、有毒有害气体、粉尘等)的种类名称和数量;列出生产过程中的高温、高压、易燃、易爆、辐射、振荡、噪音等有害作业的生产部位、程度;给出生产过程中危害因素较大设备的种类、型号和数量。

7. 应急方案

① 机械设备故障的对策。

给出机械设备故障的对策,例如,加强对工人的培训,建立合理的设备备用制度等。

② 进场垃圾突增情况下的对策。

8. 气体利用设计

根据填埋气体的产生量、组成和热值,确定填埋气体预处理和利用方案。

9. 封场工程

给出封场计划和封场后维护计划(包括场地维护、污染治理设施的继续运行和污染监测),提出封场利用计划。

九、施工组织方案设计

1. 施工主要技术要求

包括土方工程、防渗工程和渗滤液导排工程施工技术要求。

2. 施工组织方案

包括施工管理组织构架和施工管理组织机构。

最后,还需附图,一般包括:填埋场平面图、填埋场场地整平图、场地整平剖面图、渗滤液收集系统平面图、地下水收集系统平面图、填埋气体收集系统平面图、填埋工艺示意图、环境监测布点位置图和地下水监测详图等。

十、填埋场设计大纲

填埋场设计大纲见表 6-17。

表 6-17　填埋场设计大纲

步　骤	工作内容
1	确定固体废物的数量和特性,按远期规模确定填埋场占地面积
2	收集现有和拟建填埋场资料 (1) 定界并进行地形测量 (2) 填埋场及附近地区地形图 ①定界;②地貌和坡度;③地表水系;④公共设施;⑤道路;⑥建筑物;⑦土地利用 (3) 收集工程地质和水文地质资料 ①土壤(深度、种类、密度、孔隙度、渗透性、湿度、挖掘难度、稳定度、pH 和离子交换容量); ②基岩(深度、种类、断面、地表露岩位置) ③地下水(平均深度、季节性涨落、水力梯度、流向、流速、水质、利用方式) (4) 收集气象数据 ①降水量;②蒸发量;③温度;④冰冻期天数;⑤风向 (5) 制定法规和设计标准 ①填埋场空间效率系数;②覆盖频率;③距居民点、道路、地表水体间的距离;④监测;⑤道路;⑥建筑规范;⑦申请许可证内容
3	选址 (1) 填埋场场址选择依据 ①场址的地形和坡度;②场址土壤性质;③场址基岩;④场址地下水 (2) 设计数据详细说明 ①盲沟布局;②盲沟宽度、深度、长度;③填埋单元大小和结构;④填埋深度;⑤中间覆土厚度;⑥最终覆土层厚度 (3) 操作特征说明 ①覆盖方式;②覆盖用土土质要求;③设施要求;④人员素质要求
4	各种设施设计 ①渗滤液控制;②填埋气体控制;③地表水控制;④进出填埋场道路;⑤作业区;⑥建筑物;⑦公共设施;⑧围栏;⑨照明;⑩清洗器械台;⑪监测井;⑫景观

步　骤	工作内容
5	总体设计准备 (1) 拟定填埋区域预选场地计划 (2) 提出填埋概况计划 ①挖掘计划;②填埋顺序;③整体填埋计划;④火种、废纸、带菌体、气味和噪声控制 (3) 估算固体废物填埋量、覆盖土需求量和填埋场使用年限 (4) 最终场地规划 ①填埋库区面积;②具体操作区;③渗滤液控制;④填埋气体控制;⑤地表水控制;⑥进出填埋场道路;⑦建(构)筑物;⑧公共设施;⑨围栏;⑩照明;⑪清洗器械台;⑫监测井;⑬景观 (5) 准备断面高程图和阶段进展计划 (6) 拟定最终土地利用计划 (7) 费用估算 (8) 准备设计报告 (9) 提交申请并获取相关许可证 (10) 制定操作及运行指南

第八节　填埋场案例

一、某市卫生填埋场

1. 填埋工艺

采用改良型厌氧卫生填埋工艺,实行分层摊平、往返碾压、分单元逐日覆土的作业制度。生活垃圾由自卸汽车运输至填埋场,经地磅计量后,通过作业平台和临时通道进入填埋单元作业点,按统一调度卸车,然后摊平、碾压。填埋单元长约 50 m,每层铺垃圾厚约 0.8 m。碾压作业分层进行,并实行往复制,往复次数一般 10 次以上,压实后垃圾厚 0.5~0.6 m,密度 0.8~1.0 t/m³,当垃圾厚度达到 2.3 m 时,覆土 0.2 m,构成 1 个 2.5m 厚的填埋单元。一般以 1 d 垃圾填埋量作为一个填埋单元,当日覆土,并对覆土后的填埋单元喷药消毒。填埋场对部分回拣或临时堆放的垃圾及填埋机械实行不定期喷药制度。

同一作业面平台多个填埋单元形成 2.5 m 厚的单元层,5 个单元层组成 1 个大分层,总高度 12.5 m。分层外坡面坡度为 1∶3,坡面为弧形,坡向填埋区周边截洪沟,以利于排除场区单元层面上地表径流,减少渗滤液量。大分层之间设宽度为 8~10 m 的控制平台,并设有截排坡面径流的排水沟。

2. 防渗设施

生活垃圾卫生填埋场防渗工程一般包括填埋库区的防渗和渗滤液调节池的防渗。

库区防渗系统采用垂直与水平相结合的综合防渗技术。垂直防渗为帷幕灌浆系统,水平防渗采用双层高密度聚乙烯(HDPE)土工膜和复合 GCL 膨润土复合防渗系统。

根据填埋场总平面设计,调节池设在垃圾坝下游的地下水总出口通道上,场区内的地下水及渗入地下水的渗滤液都将汇入调节池,因此,利用帷幕灌浆截断调节池与下游地下水的水力联系。

3. 清污分流

为减少垃圾渗滤液产生量,降低渗滤液处理成本,对填埋区外的未受垃圾污染的雨水和垃圾渗滤液分别收集。

(1) 雨水排放系统

在场区设置了一套完整的防洪排水系统,截洪沟按 10 年一遇流量设计,按 30 年一遇流量校核。填埋场区的雨水排放系统按其排水方式分为两种:

① 截洪沟。截洪沟包括标高 165 m 的环库截洪沟,标高 140 m、115 m 和 90 m 库内分区截洪沟。环库截洪沟截排未与垃圾接触的雨水,结构为浆砌块石矩形沟,其断面尺寸:宽 1.0 m,深 1.5 m。环库截洪沟在渗滤液调节池上游分为内沟和外沟。库内分区截洪沟共三条,分别设在库内 90 m、115 m 和 140 m 高程上,其作用是尽可能排出未受污染的雨水,减少垃圾渗滤液。未受污染的雨水通过环库截洪沟的外沟排入下游地表水体,分区截洪沟被垃圾覆盖时则改为盲沟,用于收集垃圾渗滤液,并通过环库截洪沟的内沟进入渗滤液调节池。

② 排水井。设置了 3 个直径为 3.8 m 的排水井,顶部标高分别为 65 m、76 m 和 97 m,用于排除 90 m 以下山坡雨水,井壁随垃圾填埋高度上升,用预制钢筋混凝土弧形板块嵌封。作业面高于 90 m 时,排水井管改作收集渗滤液的干管。

(2) 渗滤液收集系统

渗滤液收集管网根据垃圾填埋的不同高程分五期设置,并根据填埋区域的不同,设置了三根干管,从而形成了北区、中区、南区三个相对独立的渗滤液收排管网,这三个区域没有确切的分界。从平面上看,主管是干管的分枝,主管的间距不小于 100 m;支管间距为 40~50 m,毛细管由支管引出,间距在 10 m 左右。由于在导排渗滤液时,会渗入甲烷等气体,所以在主管和干管的连接处,设置通气孔排出气体,以利于渗流。渗滤液的收集由毛细管和支管承担,直径分别为 15 mm 和 150 mm 的 PVC 硬花管。渗滤液经支管流入主管后,通过主管和干管迅速排入渗滤液调节池。主管和干管分别为直径 230 mm 和 400 mm 的钢筋混凝土管。

4. 垃圾坝

为使垃圾堆体稳定,在填埋场最下端设置垃圾坝。垃圾坝设计为透水堆石坝,坝高 14.5 m,坝顶宽 4 m,以满足运输车辆通行要求。垃圾坝外坡坡度 1∶1.5,内坡坡度 1∶2.0。内坡及坝基均铺设土工织物的反滤层,渗滤液可通过反滤层渗出进入渗滤液调节池。

5. 渗滤液处理

设计采用填埋场渗滤液水质典型值,$COD_{Cr}=6\,000$ mg/L,$BOD_5=3\,000$ mg/L,pH$=6\sim7$。根据填埋场的汇水面积、填埋工艺及当地降水资料,确定填埋场渗滤液处理量为 300 m³/d。为调节渗滤液处理的水质和水量,设计采用 24 000 m³ 的调节池。采用活性污泥法为主的生化法,并辅以物化法进行深度处理。

二、深圳市危险废物安全填埋场

深圳市危险废物安全处置工程于 1995 年完成,在我国属首例。设计总容量 23 km³,占地 4.6 km²,其底部面积 2.64 km²,由北向南设 5% 的底坡,东西两侧分别向中线设 2% 的底坡。边坡坡度 1∶2.5,所有边坡及坝的回填部分均分层压实。

填埋场底部防渗层采用双防渗层系统,上部为 HDPE 防渗膜,下部为 HDPE 与厚 50 cm 的压实黏土组成的复合防渗层。在下层膜的上面和上层膜的两侧,均铺设无纺土工布作为保护层,以防施工及使用期间对防渗膜造成破损,如图 6-47 所示。

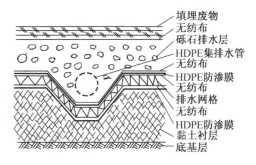

图 6-47 填埋场双防渗层结构及铺设示意图

渗滤液的集排系统包括初级渗滤液收集系统(由排水层和渗滤液收集管组成)和次级渗滤液收集系统(由于液体量较少,采用排水网格作为排水层;次级渗滤液收集井的底端直接埋于双层防渗膜之间),如图 6-48 所示。

填埋场内气体产量较少,其集排气设施简单地由导气石笼和顶端弯曲、下段多孔的排气管组成,排气管的材质为 HDPE,如图 6-49 所示。

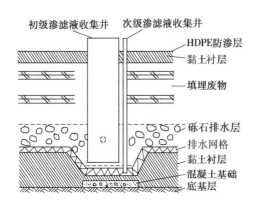

图 6-48 场底渗滤液收排设施示意图

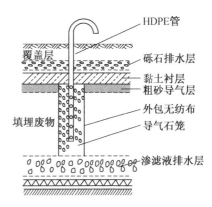

图 6-49 填埋场集排气系统

填埋场完成填埋并达到设计标高后,进行封场处理,以恢复表面景观,减少大气和降水的入侵,降低渗滤液的产生量,如图 6-50 所示。封场后的坡度:自北向南为 5%,由中间向东西两侧各为 2%。

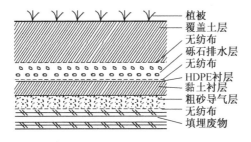

图 6-50 填埋场封场覆盖层构造示意图

一期工程结束后,填埋场临时覆盖层施工如图 6-51 所示。该填埋场的监测系统包括地表水、地下水、渗滤液和大气的监测。

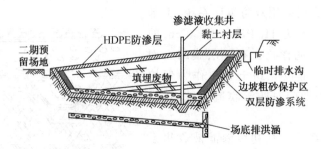

图 6 - 51　填埋场临时覆盖层施工剖面图

三、卫生填埋新工艺、新技术、新材料和新设备

应大力发展能够提高填埋效率、加速填埋场稳定、减少渗滤液和填埋气体对环境影响的新型填埋工艺、技术、材料和设备,主要包括:

(1) 机械-生物预处理技术

生活垃圾中的可生物降解物质是填埋处理中散发恶臭、填埋气体产生、渗滤液负荷高等环境问题的主要来源,因此,控制生活垃圾中可生物降解物质的含量受到广泛关注。德国1992 年的《生活垃圾处理技术标准》(TA - Siedlungsabfall)规定:自 2005 年 6 月 1 日起,禁止填埋未经焚烧或生物预处理的生活垃圾。《欧洲垃圾填埋方针》(CD1999/31/EU/1999)提出:在 1995 年的基础上,进入填埋场的有机废弃物 2006 年减少 25%,2009 年减少 50%,2016 年减少 65%。机械-生物预处理主要通过分选、破碎和生物降解,回收可回收物,减小垃圾粒度,降低其中的可生物降解物含量和含水率,从而减少填埋气体产量和渗滤液污染物浓度,具有良好的发展前景。

(2) 准好氧填埋技术

准好氧填埋技术,不仅有效加速垃圾降解,还使得垃圾中有机成分以 CO_2 的形式排放,有效削减 CH_4 的排放量,控制 H_2S 等臭气的产生,建设和运行费用较好氧填埋技术低,适于中小规模的垃圾填埋场。准好氧填埋场,渗滤液集水井水位低于渗滤液集水干管管底,空气可以通过集水管上部空间和排气通道,使填埋场具有准好氧条件。

(3) 生物反应器型填埋技术

生物反应器型填埋技术的核心在于强化填埋场生物降解过程,通过水分调节、氧化还原状态调节、pH 调节、营养物添加、温度控制、预处理以及填埋场设计优化,加速填埋场稳定化进程。一个填埋单元就是一个小型可控的生物反应器,具有生物降解速度快、稳定化时间短、填埋气体的产量大和产气速率高、降低填埋场运行成本等特点,其核心技术是渗滤液循环回灌到填埋场废物层。

(4) 高维填埋技术

高维填埋技术,是通过合理设计,提高填埋场的库容,空间效率系数(即每平方米提供的垃圾填埋空间)达 50～70,而一般填埋场为 20～30。高维填埋技术的设计运行包括空间效率设计与营运、地基基础设计、基础排水设计、高位道路设计与应用、填埋气体管网设计与营运建设,防渗系统设计与管理。

（5）生态污泥腾发覆盖技术

填埋场覆盖材料大多采用黏土,近年来,因为黏土资源紧张,所以开始以市政污泥、硅铝酸基胶凝材料和秸秆纤维为原料,经过掺混均化制成填埋场覆盖材料,充分利用改性后污泥复合材料的调控储水功能,采用稳化喷播技术覆盖填埋场。

（6）老生活垃圾填埋场生态修复技术

非卫生垃圾填埋场对城区居民、城市环境景观及城市正常发展的不利影响越来越大,其生态修复治理工作刻不容缓。老生活垃圾填埋场生态修复技术分为原位修复与异位修复。原位修复可采用好氧生物反应器技术和钻孔导排技术加速填埋场稳定,异位修复可将填埋场内已填垃圾层层分选回收利用,并对开挖后的底部土壤进行修复。

思 考 题

1. 简述固体废物填埋处置的原则。
2. 试比较自然衰减型、全封闭型和半封闭型填埋场的区别。
3. 简述填埋场分区作业的优势。
4. 简述填埋场对所接收废物的入场要求。
5. 试比较卫生填埋场和安全填埋场的不同之处。
6. 简述填埋场如何选址。
7. 简述填埋气体的组成特征、产气量影响因素及其危害。
8. 简述填埋气体的扩散、控制和利用。
9. 简述渗滤液的来源、性质及其导排系统。
10. 简述填埋场基础密封衬层系统的类型,比较它们的不同之处。
11. 简述填埋场表面密封系统的结构及功能。
12. 简述填埋场防渗材料的类型及应用。
13. 某填埋场场底排水面积 470 000 m²,坡度 2‰,日填埋作业规模 10 000 t/d,填埋作业单元面积 50 000 m²;中间覆盖面积 320 000 m²,封场覆盖面积 100 000 m²;20 年日均降水量 1 735 mm/a,初始填埋作业时垃圾含水率为 58%,完全降解后垃圾田间持水量为 38%。计算导排层渗滤液入渗量 q_h 及允许最大水平排水距离 L。
14. 调查一个危险废物堆场——由一堆 200 L 的桶及其残留物（有机化学品）组成。在下一步实施场地清洁计划前,不能移除废桶和残留物,拟考虑将其覆盖以防止污染物进入土壤和地下水,大约需要覆盖 1~2 年。你将采用什么类型的覆盖材料覆盖这堆废物? 为什么?
15. 对于填埋作业,处理好填埋场对周围居民以及企业所造成的影响是一个重要问题,请至少列举两项填埋作业的影响及其解决方案。
16. 计划在山坡上设计一个新填埋场。已知山坡的坡度太陡,不能保证土工膜层不沿坡度下滑。试设计一种方案以减少衬层的下滑。

第七章　堆肥化

第一节　概　述

堆肥化(Composting)，是在控制条件下，使来源于生物的有机废物发生生物稳定作用的过程。这一定义强调，堆肥原料来自生物界；堆制过程需在人工控制下进行，不同于废物的自然腐化；堆制过程的实质是生物化学过程。

堆肥场的全景如图 7-1 所示。相关标准包括《生活垃圾堆肥处理工程项目建设标准》(建标 141—2010)、《生活垃圾堆肥厂评价标准》(CJJ/T 172—2011)。

图 7-1　堆肥场全景图

废物经过堆肥化处理，制得的成品叫做堆肥(compost)，是一类腐殖质含量高的疏松物质，也称为"腐殖土"，但堆肥中常常残留一部分可降解的有机物。废物经过堆肥化，体积一般只有原体积的 50%～70%。

利用有机废物生产堆肥历史悠久。人类在长期的生产实践中，早已懂得利用秸秆、落叶、野草和禽畜粪便堆积发酵制作肥料，但都是采用自然堆制方式，依靠自发的生物转化作用，发酵周期长，处理量小。进入 20 世纪 20 年代，出现了机械堆肥技术，并逐渐发展成为处理生活垃圾、剩余污泥、人和禽畜粪便以及农林废物的主要方法。

使用堆肥，能够增加土壤中稳定的腐殖质，改善土壤的物理、化学、生物性质，使土壤保持适于农作物生长的良好状态，腐殖质也有增进化肥肥效的作用。堆肥的用途广泛，可以用于农田、绿地、果园、菜园、苗圃、牧场、庭院绿化、风景区绿化等。

由于堆肥养分含量低，且堆肥是迟效性肥料，需要相当长的时间才显示施肥效果，不应将其等同于传统的农家肥，而只能将其作为"土壤改良剂"或"土壤调节剂"对待。此外，由于垃圾分选技术不能充分适应垃圾的变化，混入其中的塑料、玻璃、金属等非堆肥物，降低了堆肥的成品率；未完全腐熟的堆肥，会导致植物患病；农田大量施用堆肥，土壤中可能富集有害元素；堆肥设备投资大，堆肥厂的恶臭治理，使得堆肥成品成本偏高，其竞争力敌不过商品化肥，以上种种都制约了堆肥化的发展。堆肥化技术的革新、垃圾分类和分选技术的开发、防止恶臭对策的研究、腐熟度评价的标准化和堆肥流通体制的健全，将促进堆肥化的推广与应用。

使用堆肥时应注意：

① 腐熟的堆肥富含活的微生物,其耗氧量虽然比未腐熟的堆肥少,但仍易成为厌氧状态,所以在使用堆肥时,最好让其在土壤表面暴露于空气中,堆肥层的厚度不宜超过 1～2 cm。

② 新鲜堆肥宜用作底肥;粗堆肥最好用于黏质、淤泥和板结的土壤;细堆肥用于干燥、疏松及沙质土壤;含有 5% 以上石灰的堆肥,建议用于酸性土壤和有酸化趋势的土地。

③ 生活垃圾堆肥 C/N 比大,含氮量低,最好和氮肥配合使用。

④ 堆肥不应装在密封的袋里运输或贮存,必要时,可在袋上开空气流通孔。

第二节　堆肥化技术原理

一、堆肥原料与过程

1. 堆肥原料

农林废物、粪便、剩余污泥以及生活垃圾等,含有堆肥微生物所需要的营养——碳水化合物、脂类和蛋白质,是常用的堆肥原料。

农林废物富含碳素,但有的因富含纤维素、半纤维素、果胶、木质素等,较难被微生物分解;有的因表面毛孔众多而具有疏水性,导致其被微生物分解缓慢,故均需作预处理才能用于堆制。

粪便富含氮素,已经过胃肠系统的充分消化,颗粒较小,含有大量低分子化合物——人和动物未消化的中间产物,含水率较高,可直接用作堆肥原料。

剩余污泥富含微生物生存繁殖所需的营养成分,是良好的堆肥原料。

生活垃圾可用作堆肥原料,但其中可堆肥物的数量、碳氮比、水分等,常常不能满足堆制要求,需通过预处理才能用作堆肥原料;生活垃圾应分类收集,以减轻堆制过程预处理和后处理的压力。

堆肥原料中严禁混入下列物质:有毒工业制品及其残弃物;有毒试剂和药品;发生化学反应并产生有害物质的物品;腐蚀性或放射性物质;易燃、易爆等危险品;生物危险品和医疗废物;其他严重污染环境的物质。

堆肥化过程依靠自然界广泛分布的细菌、放线菌、真菌等微生物,如图 7-2 所示。好氧法堆肥过程中,参与有机物生化降解的微生物包括两类:嗜温菌和嗜热菌。两类微生物生长繁殖温度范围如表 7-1 所列。

表 7-1　嗜温菌和嗜热菌生长繁殖温度范围

细　菌	最低/℃	适宜/℃	最高/℃
嗜温菌	15～25	25～40	43
嗜热菌	25～45	40～50	85

2. 堆肥化过程

有机废物好氧微生物降解过程,依据温度变化,大致分为三个阶段,如图 7-3 所示,每个阶段各有其独特的微生物类群。

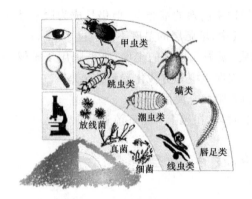

图 7-2　堆肥生物系统

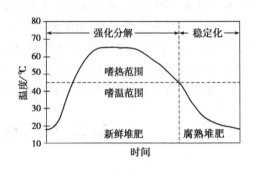

图 7-3　堆肥化温度与时间的关系

(1) 中温阶段(产热阶段)

堆制初期,堆层呈中温(15～45 ℃)。此时,嗜温型微生物活跃,利用可溶性物质,如糖类、淀粉等不断增殖,在转换和利用化学能的过程中,产生的能量超过细胞合成所需的能量,加上物料的保温作用,堆层温度不断上升,以细菌、真菌、放线菌为主的微生物迅速繁殖。细菌特别适于分解水溶性单糖类,放线菌和真菌对于分解纤维素和半纤维素具有特殊功效。

(2) 高温阶段

堆层温度上升到 45 ℃以上,进入高温阶段。从废物堆制发酵开始,不到 1 周的时间,堆层温度一般可达到 65～70 ℃,或者更高。此时,嗜温型微生物受到抑制,甚至死亡,而嗜热型微生物逐渐替代嗜温型微生物。除前一阶段残留的和新形成的可溶性有机物继续被利用外,半纤维素、纤维素、蛋白质等复杂有机物被分解。在 50 ℃左右,活跃的主要是嗜热型真菌和放线菌,在 60 ℃时,仅有嗜热型放线菌和细菌活跃,70 ℃以上,微生物大量死亡或进入休眠状态。在高温阶段,嗜热型微生物按其活性,可分为三个阶段:对数增长期、减速增长期和内源呼吸期。微生物经历三个时期以后,堆层便进入与有机物分解相对立的腐殖质形成阶段,堆肥物料逐步进入稳定状态。

(3) 腐熟阶段(降温阶段)

在内源呼吸后期,只剩下部分较难分解及难分解的有机物和新形成的腐殖质,微生物活性下降,产热量减少,堆层温度下降,嗜温型微生物再占优势,对较难降解的有机物进一步分解,腐殖质不断增多且趋于稳定,堆肥进入腐熟阶段。降温后,堆层需氧量大大减少,含水率降低,堆肥物孔隙增大,氧扩散能力增强,此时只需自然通风。

二、好氧堆肥化原理及影响因素

1. 好氧堆肥化原理

好氧堆肥化(areobic composting),以好氧菌为主,对有机废物进行分解、吸收、氧化和转化合成。微生物通过自身的生命活动,把一部分有机物氧化成简单的无机物,并释放出生物生长活动所产生的能量;把另一部分有机物转化合成为新的细胞物质,使微生物生长繁殖,产生更多的生物体。有机物氧化可用下式表示:

$$C_sH_tN_uO_v \cdot aH_2O + bO_2 \rightarrow$$

$$C_wH_xN_yO_z \cdot cH_2O + dH_2O(气) + eH_2O(液) + fCO_2 + gNH_3 + 能量$$

由于堆层温度较高,部分水以蒸气形式排出。

堆肥成品 $C_wH_xN_yO_z \cdot cH_2O$ 与堆肥原料 $C_sH_tN_uO_v \cdot aH_2O$ 之比为 $0.3\sim0.5$,这是氧化分解减量化的结果。通常,$w=5\sim10$,$x=7\sim17$,$y=1$,$z=2\sim8$。

2. 热灭活与无害化

堆肥原料中含有病原体,尤其是粪便、剩余污泥中含有各种肠道病原体和蛔虫卵等,所以,无害化是处理生活垃圾的重要目标。

好氧堆肥化能提供杀灭病原体所需的热量。病原体细胞的热灭活,主要是由于酶的热灭活所致。在低温下,灭活可逆;在高温下,灭活不可逆。

热灭活存在温度-时间效应关系。热灭活效率是温度与时间两者的函数,即经历高温短时间或低温长时间,热灭活同样有效。一般认为杀灭蛔虫卵的条件也可杀灭原生动物、孢子等,故蛔虫卵可以作为灭菌程度的指标生物。

理论上,好氧堆肥无害化工艺条件为:堆层温度 55 ℃以上,需维持不少于 5 d;堆层温度 65 ℃以上,则需维持不少于 4 d。

但实际上由于堆肥原料、发酵装置及堆肥过程的复杂性,不能保证堆层内所有生物体受同样温度-时间的影响,下列因素会限制热灭活效率:

① 堆层可能因细菌的凝聚作用,形成大颗粒或团状物,使其内部供氧不足而明显减少来自颗粒内部产生的热量。

② 由于传热速率低或堆层温度场不均匀,存在局部低温的区域,病原菌可能残存,因此,加强翻堆和搅拌,使堆层温度均匀十分必要。

③ 细菌的再生长也是限制热灭活效率的因素之一,如某些肠道细菌,当温度降低到半致死水平时就能再生长。

因此,实际操作时,堆肥无害化温度-时间条件要比理论值更高更长一些,即在较高的温度维持较长的时间。

3. 好氧堆肥化影响因素

影响好氧堆肥化过程的主要因素包括:

(1)有机物含量

有机物含量影响堆层温度与通风供氧要求。堆肥原料适宜的有机物含量为 $20\%\sim80\%$。有机物含量过低,不能提供足够的热能,影响嗜热菌增殖,难以维持高温发酵过程;有机物含量大于 80% 时,堆制过程要求大量供氧,实际常因供氧不足而发生局部厌氧过程。

(2)含水率

水分是微生物生长不可缺少的要素之一。微生物的生长和对氧的需求均在含水率为 $50\%\sim60\%$ 时达到峰值,因此,堆肥原料一般以含水率 55% 为最佳。水分过多,由于堆肥原料内部空隙被水填充,使堆体中空气含量减少,向有机物供氧不足而变成厌氧状态,不能保持好氧细菌的新陈代谢,分解速度降低,产生硫化氢等恶臭气体。相反,如果水分太少,也会妨碍微生物的繁殖,使有机物分解速度降低,当含水率低于 12% 时,微生物将停止活动。通常,生活垃圾的含水率低于 55%,可通过添加粪便或剩余污泥等调节,或在翻堆时补充水分,如图 7-4

所示。对于含水率高的固体废物,可加入锯末、树皮、糠壳等低水分废物及水分少的成品堆肥降低水分。

(3)碳氮比和碳磷比

微生物分解有机物的速度随碳氮比不同而改变。微生物每利用 30 份碳就需要 1 份氮,故初始物料的碳氮比应为 30:1,其范围在(26~35):1 之间。成品堆肥的适宜碳氮化为 10:1~20:1 之间。由于初始原料的碳氮比一般都高于最佳值,故应加入氮肥、粪便、污泥等调节剂,使之调到适宜范围。不同的堆肥原料中碳氮比如下:锯末屑(200~300):1,生活垃圾(50~80):1,人粪(6~10):1,牛粪(8~26):1,猪粪(7~15):1,活性污泥(5~8):1。

磷是微生物繁殖的必要元素,有时,在垃圾堆肥时添加污泥,其原因之一就是污泥中含有丰富的磷。堆肥化适宜的碳磷比为(75~150):1。

(4)pH

好氧堆肥初期,pH 一般可下降至 5~6,然后又开始上升,发酵完成前可达到 8.5~9.0,最终成品为 7.0~8.0,如图 7-5 所示。固体废物堆肥原料一般不必调整 pH,因为微生物可以在较大 pH 范围内繁殖。对用石灰调节再经真空过滤或加压脱水得到的污泥滤饼,其 pH 一般可高达 12,当采用该种污泥滤饼作堆肥原料时,需调整 pH。pH 过高时(如超过 8.5),氮会形成氨,从而损耗堆肥中的氮。

图 7-4 翻堆时洒水

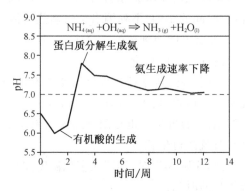

图 7-5 堆肥化过程 pH 的变化

(5)粒 度

堆肥化所需的氧气通过堆肥原料颗粒空隙供给,因此,对堆肥原料颗粒尺寸有一定要求,如图 7-6 所示。堆肥原料的平均适宜粒度为 12~60 mm,其最佳粒度随废物种类不同而异,其中:纸张、纸板为 3.8~5.0 cm,材质硬的废物粒度要求小些,厨余的粒度可大些,以免碎成浆状妨碍好氧发酵。但是,垃圾破碎得越细小,动力消耗越高,会增加处理费用。

(6)通 风

堆制时通风的目的是供氧、散热和干化物料。通风量主要取决于堆肥原料中有机物的含量和含水率。

对于机械化连续堆肥生产系统,可以通过测定排气中氧的含量,确定发酵仓内氧的浓度。排气中氧的适宜体积浓度为 14%~17%,最低不应小于 10%,可以此为指标控制通风供氧量。

通入的空气吸收堆制物料产生的热量,不饱和的热空气可以带走水蒸气,从而干化物料。通风供氧与带走水气两者相关联,但完成二者所需空气量不同,有时后者需要的空气量更多。

通风还有助于堆肥发酵仓系统向外散热,这对进入降温阶段的温度控制十分重要。对于湿度过大的物料,必须限制干化过程,以减轻蒸发负荷,保证堆肥化过程的正常进行。

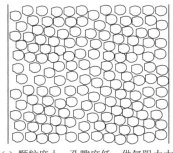 

(a) 颗粒度小,孔隙度低,供气阻力大 　　　　(b) 颗粒度不同,孔隙度大,供气阻力小

图 7 - 6 　颗粒度与供气阻力的关系

好氧堆肥通风包括插入风管、风机供风和翻堆等方式,如图 7 - 7 至图 7 - 9 所示。

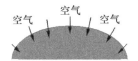 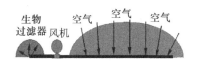

图 7 - 7 　风管通风 　　　　　　　图 7 - 8 　风机供风

图 7 - 9 　各种翻堆机

(7) 温　度

温度是影响微生物活动和堆肥化工艺过程的重要因素,堆制过程的最佳温度是 55～60 ℃。有机物含量和通风量影响堆层温度,当有机物含量由 20% 上升到 50% 时,相应的初堆时间(以 55 ℃ 为界)由原来的 60 h 缩短到 44 h,而 55 ℃ 以上的稳定时间由 56 h 延长到 72 h。

发酵仓内的温度分布还与发酵仓内气固相接触的方式有关,如图 7-10 所示,气-固相并流接触,气-固相温差小,出口温度高,对水分蒸发有利,堆层温度范围较广,不易控制装置内适宜温度;气-固相逆流接触,装置进口处反应速度快,固体物料温度升高,热效率高,但出口气、固相温度低,带走水分少,不易控制装置内温度;气-固相垂直流接触,发酵仓内各部分的通风量通过阀门控制适当调整,易于控制温度,适度带走水分,保持发酵仓内适宜温度,因此现代化发酵仓常采用此种形式。

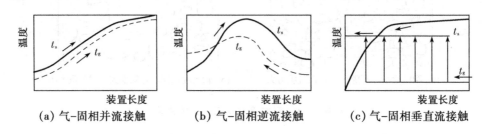

(a) 气-固相并流接触　　　(b) 气-固相逆流接触　　　(c) 气-固相垂直流接触

图 7-10　发酵仓内的温度分布与发酵仓内气固相接触方式的关系

三、好氧堆肥化流程

堆肥化生产流程,通常由原料预处理、原料发酵、后处理、脱臭和贮存等工序组成。

1. 原料预处理

原料预处理包括分选、破碎以及含水率和碳氮比调整。

以农林废物、粪便、剩余污泥等为原料堆肥时,预处理的主要任务是调整水分和 C/N 比,或者添加菌种和酶。

生活垃圾堆肥化时,由于其中含有大块物质和不可堆肥化物质,必须增加破碎和分选操作,除去非堆肥化物质,减小垃圾的粒度,提高发酵仓的利用率。破碎和分选装置的种类及处理程度,取决于垃圾的收集方式和发酵仓的类型。经过破碎,垃圾颗粒变小,比表面积增大,便于微生物繁殖,促进发酵过程,但颗粒不能太小,因为堆制原料需要保持一定的孔隙率和透气性,以便均匀充分地供氧。分选包括人工分选和机械分选,人工分选有利于去除瓶、罐、塑料袋、织物及大件垃圾,人工分选工序应设置在带式输送机两边,一般要求带速小于 0.5 m/s,同侧两工位距离不小于 2 m;机械分选常采用滚筒筛、振动筛分级,磁选机除铁,涡电流分选机去除有色金属。人工分选与机械分选相结合,能提高预处理工艺的综合性能和效能。经过分选,可回收垃圾中的塑料、纤维、金属等物质,使垃圾得到充分利用。

降低水分、增加透气性、调整碳氮比的方法是添加调理剂和膨松剂。

① 调理剂可以提高堆肥原料中有机物的含量,常用的调理剂有木屑、秸秆、树叶等。

② 膨松剂加入到堆肥原料中,增加了原料的透气性,有利于物料与空气的充分接触,常用的膨松剂有干木屑、花生壳、稻壳等。

2. 原料发酵

原料发酵可在露天或发酵仓内进行,通常进行好氧发酵。目前推广的两次发酵方式,分为一次发酵和二次发酵两个阶段。

(1) 一次发酵

好氧堆肥的中温与高温两个阶段的微生物代谢过程称为一次发酵或主发酵。它是指从发酵初期开始,经中温、高温后温度开始下降的整个过程,一般需 4～12 d,其中高温阶段持续时间较长。

（2）二次发酵（后发酵）

堆肥原料经过一次发酵,还有一部分易分解和大量难分解的有机物存在,需要进行后发酵。后发酵可以在专设仓内进行,通常把物料堆成 1～2 m 高的堆垛,进行敞开式后发酵,此时要有防雨设施。为提高后发酵效率,有时仍需翻堆或通风。后发酵时间的长短取决于堆肥的后期应用情况:对于一直在种作物的土地,堆肥必须充分腐熟;对于几个月不种作物的土地,可以使用不进行后发酵的堆肥。后发酵的时间一般需 20～30 d。不进行后发酵的堆肥,其使用价值较低。

图 7 - 11 所示是堆肥化流程示意图。

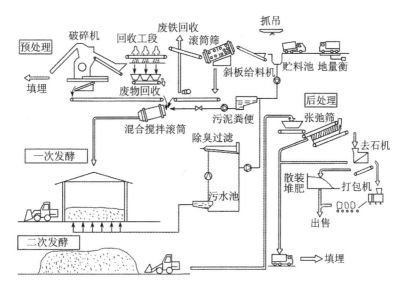

图 7 - 11　好氧堆肥化流程示意图

3. 后处理

为提高堆肥质量、精化堆肥产品,须去除其中杂质,或按需加入 N、P 和 K 添加剂,或烘干、造粒,最后打包、压实,因而后处理设备包括分选设备、破碎设备、干燥设备、混合设备、造粒设备、打包机、压实机等,如图 7 - 12 所示。有时,为减少物料提升次数、降低能耗,后处理也可放在一次发酵和二次发酵之间。而对那些未经筛分、破碎预处理的堆肥原料,后处理系统则是去杂分级的关键步骤。

4. 脱　臭

在堆肥化工艺过程中,每个工序系统都有臭气产生,臭气中主要含有氨、硫化氢、甲硫醇、脂肪酸、酮、醛和胺类等,必须进行脱臭处理。去除臭气的方法包括:化学除臭剂除臭;水、酸、碱水溶液吸收法除臭;活性炭、沸石、熟堆肥等吸附法除臭。其中,经济实用的方法是熟堆肥除臭,如图 7 - 13 所示,将熟堆肥置入脱臭器,堆高约 0.8～1.2 m,将臭气通入系统,使之在熟堆肥的吸附和微生物的作用下脱除臭味,氨、硫化氢的去除效率可达 98% 以上。

(a) 筛　选

(b) 桨式搅拌

(c) 螺旋搅拌

图7-12　堆肥设备

图7-13　生物除臭

5. 贮　存

成品堆肥堆放设施贮存周期宜为60～90 d。成品堆肥可以在室外堆放,但要防雨。堆肥可直接堆存在二次发酵仓内,或袋装后存放,要求包装袋干燥而透气。

四、堆肥腐熟度评价

不腐熟的堆肥存在很多问题,如碳氮比偏高,微生物中间代谢产物——有机酸、氨和其他物质的存在,会对植物尤其是对种子发芽和幼苗有毒害。因此,施用腐熟度低的堆肥,常会产生严重的不良后果。堆肥腐熟度的正确评价,对固体废物的资源化、无害化至关重要。但是,正确评价堆肥的腐熟度却是一个复杂的问题,单纯用一种方法,用一个或少数几个参数指示堆肥是否腐熟并不可靠。要正确评价堆肥腐熟度,就必须运用多种分析方法测定其多个指标,然后根据测得的指标综合分析堆肥的腐熟状况。

1. 物理评价

物理评价法也称为表观分析法,用于反映堆肥腐熟度的表观性质有:堆肥后期温度自然降低;不再吸引蚊蝇;不再有令人讨厌的臭味;由于真菌的生长,堆体出现白色或灰白色菌丝;堆肥产品呈现疏松的团粒结构。此外,高品质的堆肥应是深褐色,肉眼看上去均匀,并散发出泥土气味,温度不发生明显变化,这种方法只能依靠感官进行初步判断,难以定量判断。

2. 化学评价

通过分析堆肥化过程中堆料的化学成分或化学性质的变化评价堆肥腐熟度,内容包括:

① 通过有机质(挥发性固体、BOD_5、COD、易降解有机质和类脂物等)在堆肥化过程中的变化规律表征腐熟度。

② 分析亚硝酸盐或硝酸盐的存在判断腐熟度。

③ 碳氮比的变化常用于评价腐熟度,或者采用水溶性碳/水溶性氮的变化评价。

④ 研究各腐殖化参数,如阳离子交换容量(CEC)、腐殖质(HS)、胡敏酸(HA)、富里酸(FA)及非腐殖质成分(NHF)等参数的变化评价堆肥腐熟度。

⑤ 有机酸广泛存在于未腐熟的堆肥中,可通过研究有机酸的变化评价堆肥腐熟度。

3. 生物评价

经验表明,仅用物理评价和化学评价的方法判别堆肥腐熟度还不够,必须结合生物分析的方法才可靠。

(1) 植物毒性

用草种检验植物毒性,不但能检测样品的残留植物毒性,而且能预测毒性的发展。植物毒性用发芽指数(GI)评价,GI 由下式确定:

$$GI(\%) = \frac{堆肥处理的种子发芽率 \times 种子根长}{对照的种子发芽率 \times 种子根长} \times 100\% \qquad (7-1)$$

如果 GI>50%,可认为堆肥达到了可接受程度;GI 达到 80%～85% 时,可认为堆肥已腐熟。在堆制过程中,根据腐熟度,堆肥化可分为三个阶段:抑制发芽阶段,这个阶段一般发生在堆制的第 1～13 d,这种堆肥对发芽几乎完全抑制;GI 迅速上升阶段,这个阶段一般发生在第 26～65 d;继续堆制超过 65 d,GI 可上升到 90%,发芽的抑制性物质在堆肥化过程中被逐渐消除。

(2) 利用微生物评价

在堆肥中存在着各种各样的微生物群落,其中细菌占统治地位,但真菌、放线菌也有相当高的比例。不同堆制时期堆肥的温度不同,随着温度的变化,微生物的群落结构也随之变化。在堆制初期,堆层呈中温,嗜温菌较活跃,大量繁殖,因此产氨细菌数量迅速增加,在 15 d 内达到最多,然后突然下降,在 60 d 时其数量降到检测限以下。当堆层达到 50～60℃ 时,嗜温菌受抑制甚至死亡,嗜热菌大量繁殖,在此阶段分解纤维素的细菌、真菌大量繁殖,它们在 60 d 时最多,并在整个过程中保持旺盛活动。在堆制的高温期,堆肥中的寄生虫、病原体被杀死,腐殖质开始形成,堆肥达到初步腐熟。由于堆制前期的高温及氨气含量的增加,自养硝化细菌的生长繁殖被严格限制,直到 80 d 时数量达到最多,此时活动最旺盛,直到最后阶段仍然存在。在堆肥的腐熟期,微生物主要以放线菌为主。当然,堆肥中微生物群落中某种微生物存在与否及其数量的多少并不能指示堆肥的腐熟程度,但是在整个堆制过程中,微生物群落的演替却能很好地指示堆肥腐熟过程。因此,可用微生物群落的演替指示堆肥是否达到稳定阶段或是否已经腐熟。

4. 堆肥产品质量及无害化要求

具体要求为:农用堆肥产品粒度≤12 mm;山林果园用堆肥产品粒度≤50 mm;含水率≤35%;pH 在 6.5～8.5;总氮(以 N 计)≥0.5%;总磷(以 P_2O_5 计)≥0.3%;总钾(以 K_2O 计)≥1.0%;有机质(以 C 计)≥10%;蛔虫卵死亡率 95%～100%;粪大肠菌值 10^{-1}～10^{-2};重金属(略)。

第三节　堆肥化工艺和实例

一、堆肥化工艺

堆肥化工艺,根据堆肥原料的状态,分为静态堆肥和动态堆肥;根据堆肥化过程的需氧程度,分为好氧堆肥和厌氧堆肥;根据供氧方式,分为强制通风堆肥、自然通风堆肥和翻堆式堆肥;根据堆制方式,分为间歇堆肥和连续堆肥;根据发酵设备的反应器形式,分为条垛式堆肥、槽式堆肥、筒仓式堆肥、滚筒式堆肥和塔式堆肥。

1. 条垛式堆肥

条垛式堆肥系统,如图 7-14 所示,是一种常见的好氧堆肥形式。堆制时,将堆肥原料混合堆成长条形的堆或条垛,垛的断面可以是梯形、不规则四边形或三角形,条垛的高度、宽度和形状随原料的性质和翻堆设备的类型而变化,通常为宽 3～5 m,高 2～3 m 的梯形条垛。

条垛的供氧依靠自然、翻堆或强制通风完成。在条垛系统中,空气可以通过条垛内热气上升引起的自然通风以及翻堆过程中的气体交换进入条垛,或者通过风机强制通风进入条垛。对条垛进行周期性的翻堆,可以调整其通透性。条垛太大,在其中心附近会形成厌氧区;条垛太小,散热迅速,堆温不能杀灭病原体和杂草种子,水分蒸发少。简单而有效地为堆体提供水分和氧气的方法是尽可能利用自然降雨,因为自然降雨是氧气饱和溶液。堆肥初期尽量保持堆体的敞开,确保空气自由进入堆体并使产生的二氧化碳快速释放。

目前,一种覆膜堆肥技术正在兴起,如图 7-15 所示,即在条垛表面覆盖特殊的膜材料,在适度供氧和适宜的水分条件下,有机物经过 6～8 周的堆制获得有机肥。覆膜堆肥技术与传统的堆肥技术相比,具有运行费用低、无臭味散发、占地面积小、肥料固氮性能好等优点。

图 7-14　条垛式堆肥

图 7-15　覆膜堆肥

2. 槽式堆肥

槽式堆肥系统,如图 7-16 所示,将可控通风与定期翻堆相结合。堆肥过程发生在长而窄的槽形通道内,一般,槽建造在建筑物或温室内,轨道上有一台翻堆机。堆肥原料被布料斗放置在槽的首端或末端,随着翻堆机在轨道上移动、搅拌,堆肥原料向槽的另一端移动,当堆肥原料基本腐熟时,能刚好被移出槽外。

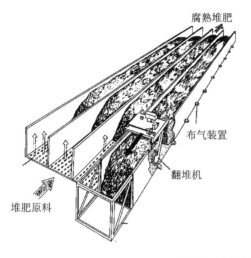

图 7-16 槽式堆肥

槽式堆肥系统包括通气管或安装在槽上的布气装置,翻堆时,通过鼓风使堆肥原料冷却。由于沿着槽的长度方向堆肥原料处于堆制过程的不同阶段,因而可将鼓风槽分为不同的通风带。槽式堆肥系统可使用几台鼓风机,并由温度传感器或定时器独立控制。

槽式堆肥系统的容量由槽的数量和面积决定,槽的尺寸必须和翻堆机的大小保持一致。槽的长度和预定的翻堆次数决定了堆制周期。鼓风槽式堆肥系统建议的堆制周期为 2~4 周。槽式堆肥系统堆制周期短,堆肥产品质量均匀,节约劳动力,但成本较高。

3. 筒仓式堆肥

筒仓式堆肥系统如图 7-17 所示,通过皮带输送机或箕斗提升机从顶部进料,螺旋输送机从底部卸出堆肥,由一台搅拌桨在筒仓上部混合堆肥原料。筒仓深度一般为 4~5 m,大多采用钢筋混凝土结构,设有消除物料起拱的措施。通风系统使空气从筒仓的底部通过堆料,在筒仓的上部收集并处理。筒仓式堆肥系统典型的堆制周期为 10 d,每天取出堆肥的体积和重新装入的原料体积约是筒仓体积的1/10。由于堆肥原料在筒仓中竖直堆制,因而系统占地面积小,但需克服物料压实、温度控制和系统通风等问题,因为堆肥原料在仓内得不到充分混合,所以必须在进入筒仓之前混合均匀。

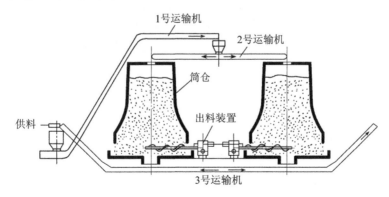

图 7-17 筒仓式堆肥

螺旋搅拌式堆肥系统属于动态筒仓式堆肥,如图7-18所示。经预处理工序分选、破碎的堆肥原料,被输入传送带送到筒仓中心上方,通过设在筒仓上部与天桥一起旋转的运输机向仓壁内侧均匀加料,经吊装在天桥下部的螺丝钻头旋转搅拌,堆肥原料边混合边掺入到正在发酵的物料层内。螺丝钻头自下而上提升物料"自转"的同时,还随天桥一起在仓内"公转",使物料在被翻搅的同时,由仓壁内侧缓慢向仓中央的出料斗移动。空气由设在仓底的数圈环状布气管供给,由于仓壁附近的物料水分蒸发量及氧消耗量多,应供给较多的空气;反之,靠近仓中心处应供给较少空气。仓内温度通常为60~70 ℃,停留时间5 d。

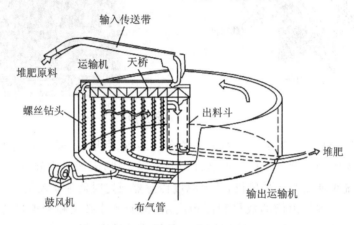

图7-18 螺旋搅拌式堆肥系统

4. 滚筒式堆肥

滚筒式堆肥系统外形类似工业回转窑,如图7-19所示。滚筒发酵器安装在支重轮上,由电机驱动旋转。堆肥原料在滚筒内反复升高、跌落,使其温度和水分均匀化,所需空气由两排沿滚筒安装的风嘴供给,生成的CO_2和用过的空气通过排气管排出。堆肥原料在滚筒内一次发酵周期约为2~5 d。从出口收集的堆肥,再送到二次发酵室熟化5~6周。

图7-19 滚筒式堆肥

一般,滚筒直径2.5~4.5 m,长度20~40 m,旋转速度0.2~3 r/min,连续作业。筒内废物量/筒容量≤80%。通常将滚筒式堆肥与其他发酵工艺相结合,实现自动化生产。

滚筒式堆肥系统结构简单,可以接收较大粒度的堆肥原料,简化了预处理。在一些商业堆肥系统中,堆肥原料在滚筒中停留时间不到1 d,滚筒可作为一种混合设备。

5. 塔式堆肥

塔式堆肥系统如图 7 - 20 所示。从顶部加入的堆肥原料,在最上段靠内拨旋转耙的作用,边翻料边向中心移动,从中央落料口下落到第二段,在第二段的物料,则靠外拨旋转耙的作用,从中心向外移动,从周边的落料口下落到第三段,以此类推。可向各段之间的空间强制鼓风送气,也可不设强制通风,依靠排气管的抽力自然通风。塔式堆肥系统的优点在于搅拌充分,但旋转轴扭矩大,设备费用和动力费用比较高。

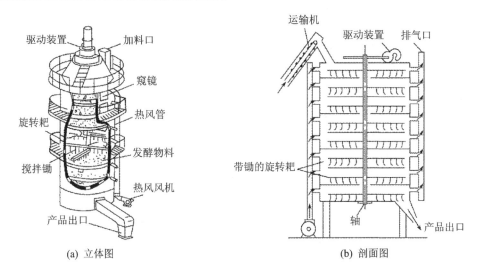

(a) 立体图   (b) 剖面图

图 7 - 20 塔式堆肥

还有一些家用堆肥化装置,如图 7 - 21 所示。

图 7 - 21 家庭堆肥化装置

二、堆肥化工程项目构成

生活垃圾堆肥处理工程项目的建设应根据城市的规模和特点、生活垃圾的产生量及构成、产品的目标市场容量,结合城市总体规划和环境卫生专项规划,合理确定建设规模和项目构成,其建设规模分类宜符合表 7 - 2。

表 7 - 2   生活垃圾堆肥处理工程建设规模分类

类 型	额定日处理能力/(t·d⁻¹)
Ⅰ类	＞300
Ⅱ类	150～300
Ⅲ类	50～150
Ⅳ类	≤50

生活垃圾堆肥处理工程项目由主体工程设施、配套工程设施以及附属设施等构成。

主体工程设施主要包括称重计量设施、预处理设施、发酵设施、后处理设施、成品堆存设施、除尘脱臭设施、渗滤液收集与处理设施,例如汽车衡及其控制与记录等设备及相应建(构)筑物,受料、给料、破袋、分选、破碎、输送等机械设备及相应建(构)筑物,与发酵工艺相配套的布料机、翻堆机、装载机等机械设备及相应建(构)筑物等。配套工程设施主要包括厂内道路、供配电、给排水、消防、通信、采暖、通风、绿化、环境监测、安全监控和卫生防护等设施。附属设施主要包括生产管理设施和生活服务设施。

堆肥处理工程受料区(坑)应防渗和防腐,计量记录进厂垃圾量、垃圾来源以及运出的残渣、堆肥产品,设置有效的除尘、脱臭、灭蝇、消杀等设施,氨、硫化氢、甲硫醇和臭气排放应符合恶臭污染物排放标准及工业企业设计卫生标准,堆肥产生的渗滤液宜回喷到发酵仓,堆肥原料预处理和产品后处理过程中产生的残渣应进行无害化处理。为了解和掌握堆肥处理工程项目对周围环境的影响,应设置固定监测点定期监测噪声、恶臭和粉尘。

三、堆肥化应用实例

1. 戽斗式翻堆机堆肥化系统

如图 7 - 22 所示,该系统以生活垃圾和粪便为对象,处理能力 13 t/d(其中,生活垃圾 10 t/d,粪便 3 t/d)。

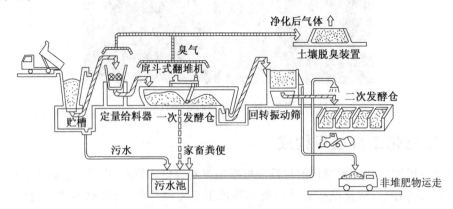

图 7 - 22   戽斗式翻堆机堆肥化系统流程图

由收集车运来的新鲜垃圾倒入贮槽后,送入挤压式定量双星轮形给料器,经破袋和粗破碎后,送入一次发酵仓发酵。在通风送气的同时,每隔一定时间用戽斗式翻堆机翻堆混匀,发酵后的物料用回转振动筛去除杂质。给料器和一次发酵仓产生的臭气引入土壤脱臭装置,贮槽内产生的污水排入污水槽,与家畜粪便混合后,喷洒入二次发酵仓。

2. 国内生活垃圾堆肥厂

如图 7-23 所示,该堆肥厂采用二次发酵工艺。一次发酵采用机械强制通风,发酵期为 10 d,其中 60 ℃高温保持 5 d 以上,堆料达到无害化。然后将一次发酵堆肥通过机械分选,去除非堆肥物,送入二次发酵仓进行第二次发酵,一般 10 d 左右即达到腐熟。由于该工艺的一次发酵周期只需 10 d 左右,故可加快发酵池的周转,建池数量可比周期 30 d 的一次发酵方式减少 2/3;一次发酵后将非堆肥物去除,可使堆肥体积减小 1/2;堆肥由一次发酵转入二次发酵时,经过机械翻堆,加快了腐熟化进程,缩短了发酵周期。

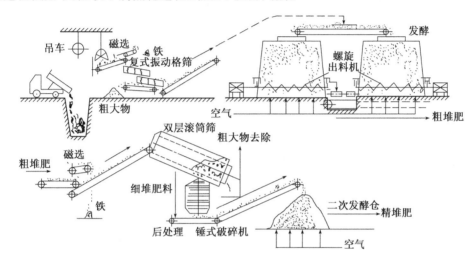

图 7-23 堆肥处理工艺流程图

思 考 题

1. 好氧堆肥化分为哪几个阶段?
2. 影响好氧堆肥化的因素有哪些?
3. 简述好氧堆肥化流程。
4. 简述好氧堆肥化工艺分类。
5. 堆肥腐熟度评价方法有哪些?
6. 简述堆肥化过程的二次污染及其控制。
7. 简述堆肥农用风险及其控制。

第八章 固化/稳定化

第一节 概 述

一、固化/稳定化技术

1. 固化/稳定化的定义

固化/稳定化是危险废物无害化技术之一,该技术将危险废物转变成高度不溶性的稳定物质,已经被广泛地应用于危险废物的处置中。危险废物固化/稳定化的途径,是将有毒有害物质通过化学转变,引入到某种稳定固体物质的晶格中去,或通过物理过程把有毒有害物质直接掺和到惰性基材中。

固化(Solidification)是利用物理或化学方法将危险废物与固化剂混合,从而使固体废物固定或包容在惰性固体材料中,使之具有化学稳定性或密封性的一种无害化技术。固化所用的胶凝材料或黏结剂称为固化剂,危险废物经过固化处理所形成的固化产物称为固化体。

稳定化(Stabilization)是将有毒有害物质转化为低溶解性、低迁移性及低毒性的过程,减小有毒有害物质从废物到生态圈的迁移率。稳定化分为化学稳定化和物理稳定化。化学稳定化是将危险废物通过化学转变或引入到某种晶格中达到稳定化;物理稳定化是将半固态废物与松散物料混合生成粗颗粒,以便直接运输到最终处置场。实际处置过程中,化学稳定化和物理稳定化通常同时发生。

虽然固化和稳定化常常交替使用,但二者有着不同的含义。固化过程利用固化剂改变了废物的工程特性(如渗透性、可压缩性和强度等),固化可以看做是一种特定的稳定化过程,但从概念上它们又有所区别。

固化/稳定化的目的是使危险废物变成惰性的和/或具有足够机械强度的固体,减小其毒性和迁移性,或被包容起来,以便运输、利用和处置。

2. 固化/稳定化技术的应用

目前,固化/稳定化可处置不同种类的危险废物,已经被广泛应用于下述各方面:

(1) 处置放射性废物

固化/稳定化技术最早在20世纪50年代就被用于处置放射性废物,即将放射性核素固定在稳定的固体介质中,防止核素泄漏到生物圈。在美国,处置低水平放射性液体废物时,一般先用蛭石等矿物质吸附,或者用普通水泥将其固化,然后再进行填埋处置。在欧洲,放射性废物基本上是先用水泥固化,再用惰性材料进行包封,最后进行海洋处置。

(2) 处置毒性或强反应性危险废物

固化/稳定化技术用于处置毒性或强反应性危险废物,使其满足安全填埋处置的要求。在填埋处置液态或半固态危险废物时,必须先进行固化/稳定化处理,保证其在较大的压力或者降水淋溶下,不至于重新造成污染。

　　危险废物种类繁多,并非所有的危险废物都适用于固化/稳定化处置。美国国家环保局评估固化/稳定化技术适于处置的危险废物包括:炼油厂污泥及油渣,电炉炼钢产生的灰渣及污泥,铅基引爆剂废水处理产生的污泥,电镀污泥,金属表面处理产生的含重金属污泥,异丙苯制造酚及丙酮产生的蒸馏渣,用木焦油、五氯苯酚处理木材及其废水处理产生的污泥,其中的有毒有害物质包括 Pb、Cr、Cd、Ni 和 Ag 等。日本法规规定采用固化/稳定化技术处置的危险废物包括:含汞燃烧残渣,含汞飞灰,含汞污泥,特定下水污泥,含 Cd、Pb、Cr、As、PCBs 的污泥,含氰化物的污泥。

　　(3) 处理污染场地

　　土壤被有机或者无机污染物污染时,需要利用固化/稳定化技术去污或使用其他方法使土壤得以恢复。通过将污染土壤固封为结构完整的具有低渗透性的固化体,减少污染物传输表面积,或利用化学方法将污染物转变成化学性质不活泼的形态,降低污染物在环境中的迁移和扩散,或利用化学方法将危险物质转变为低毒或无毒形式,达到使土壤去污或恢复的目的,特别是大量土地遭受较低程度污染时,稳定化尤其有效。

　　1980 年美国国会通过了《综合环境反应、赔偿和责任法(CERCLA)》,即《超级基金法》,从 1980—2005 年,超级基金开展了 863 个污染场地的治理工程,针对不同场地的污染特征采用不同的治理技术,如图 8-1 所示。由图可见,这些污染场地的治理,异位修复和原位修复分别占 58% 和 42%。异位修复工程中有 157 个采用固化/稳定化技术,占全部修复工程数的 18%;原位修复工程中有 48 个采用固化/稳定化技术,占全部修复工程数的 6%。可见,在污染场地治理工程中,固化/稳定化技术具有重要作用。

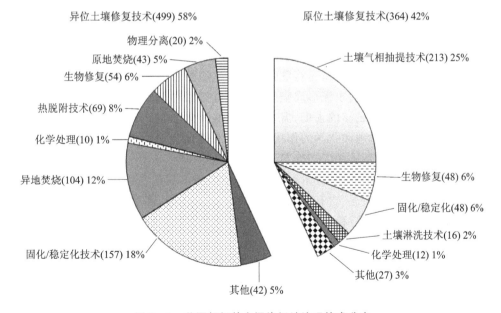

图 8-1　美国超级基金污染场地治理技术分布

3. 固化/稳定化技术基本要求

固化/稳定化技术对固化剂、处置过程、固化体和费用提出以下要求:

① 固化剂来源丰富,廉价易得。

② 固化/稳定化过程应简单,便于操作;材料和能源的消耗低、增容比小;应采取有效措施减少有毒有害物质的逸出,避免工作场所和环境的污染。

③ 废物经过固化处置后所形成的固化体应该是一种密实的、具有一定几何形状和较好的物理/化学稳定性的固体;固化体中有毒有害物质的浸出率不超过容许水平;固化放射性废物产生的固化体还应有较好的导热性和热稳定性,以便用适当的冷却方法,防止放射性衰变热使固化体温度升高,避免发生自熔化现象,同时要求固化体具有较好的耐辐照稳定性。

④ 处置费用低廉。

实际上,没有一种固化/稳定化方法能完全满足以上要求,在实际中应综合考虑。

第二节　固化/稳定化方法

根据固化剂和固化过程的不同,目前常用的固化/稳定化方法包括:水泥固化/稳定化、石灰固化/稳定化、自胶结固化/稳定化、塑性材料固化/稳定化、熔融固化/稳定化等,这些方法已成功应用于多种危险废物的处置。

一、水泥固化/稳定化

1. 水泥固化/稳定化概述

水泥是常用的危险废物固化剂。水泥是一种无机水硬性胶结材料,其主要成分为 SiO_2、CaO、Al_2O_3 和 Fe_2O_3,经过水化反应后,生成坚硬的水泥固化体,常用作固化剂。水泥品种繁多,包括普通硅酸盐水泥、矿渣硅酸盐水泥、钒土水泥、沸石水泥等,都可以作为固体废物固化处理的基质。其中,普通硅酸盐水泥最为常用。这种材料是将石灰石、黏土及其他硅酸盐物质破碎混合后,在水泥窑中高温煅烧,然后研磨成粉而成。

采用水泥固化/稳定化方法时,先将危险废物与水泥混合,如果废物中没有足够的水分,需要加水使之水化。水化以后的水泥形成坚硬的钙铝硅酸盐晶体结构,该过程是一个慢速的反应过程,为保证固化体达到足够的强度,需要对水化的固化体养护较长时间。危险废物中的重金属在一定条件下,经过物理和化学的作用,形成溶解性比金属离子小得多的金属氧化物,减少危险成分在废物−水泥基质中的迁移率。

以水泥为基质的固化/稳定化技术可用于处置含有重金属的电镀污泥,也可用来处置复杂的污泥,如多氯联苯、油和油泥,含有氯乙烯和二氯乙烷的废物,多种树脂,石棉,硫化物以及其他物料。实践证明,水泥固化/稳定化处置对 As、Pb、Zn、Cu、Cd、Ni 等重金属的固化/稳定化均有效,对有机物的处置效果目前尚无定论。

用于固化/稳定化的水泥有一定要求。英国的规定如下:

① 当用式(8-1)计算时,石灰饱和度(LSF)应不大于 1.02,不小于 0.66。

$$LSF = \frac{(CaO) - 0.7(SO_3)}{2.8(SiO_2) + 1.2(Al_2O_3) + 0.65(Fe_2O_3)} \qquad (8-1)$$

式中,括号内的氧化物,计算时应用其质量分数(以水泥总质量计)。

② 不溶性残渣(在稀酸中)不应超过 1.5%。

③ MgO 的含量不应超过 4%。

④ 当水泥中铝酸三钙含量小于等于 7% 时,总硫允许含量(以 SO_3 表示)应小于等于

2.5%,当水泥中铝酸三钙大于 7% 时,总硫允许含量应小于等于 3%。

⑤ 烧失量不应超过 3%。

由于危险废物组成的特殊性,水泥固化/稳定化过程中常常遇到混合不均、凝固过早或过晚、操作难以控制等困难,导致所得固化体的浸出率高、强度低。因此,操作过程需视危险废物的性质和固化/稳定化效果的要求,适量加入必要的添加剂。添加剂包括蛭石、沸石、黏土、水玻璃、无机缓凝剂、无机速凝剂、骨料、硬脂酸丁酯和柠檬酸等。

2. 水泥固化/稳定化影响因素

水泥固化/稳定化工艺较为简单,通常将危险废物、水泥和其他添加剂一起与水混合,经过一定时间的养护形成坚硬的固化体,具体工艺根据废物处置要求和水泥的种类,经试验确定。影响水泥固化/稳定化因素包括以下几个方面:

（1）pH

大部分金属离子的溶解度与 pH 有关,对于金属离子的固化/稳定化,pH 影响显著。当 pH 较高时,大部分金属离子形成氢氧化物沉淀,且 pH 高时,水中的 CO_3^{2-} 浓度也高,有利于生成碳酸盐沉法。值得注意的是,pH 过高,某些重金属会形成带负电荷的羟基络合物,溶解度反而升高。例如,pH < 9 时,铜主要以 $Cu(OH)_2$ 沉淀的形式存在,当 pH > 9 时,则形成 $Cu(OH)_3^{-1}$ 和 $Cu(OH)_4^{2-}$ 络合物,溶解度增加;其他重金属,如 pH > 9.3 时的 Pb,pH > 9.2 时的 Zn,pH > 11.1 时的 Cd,pH > 10.2 时的 Ni,都会形成金属络合物,提高了溶解度。

（2）水、水泥和危险废物的比例

水分过少,则无法保证水泥的充分水化作用;水分过多,则会出现泌水现象,影响固化体的强度。水泥与危险废物之间的比例应通过试验方法确定,因为在危险废物中往往存在妨碍水化作用的成分,它们的干扰程度难以估计。

（3）凝固时间

为确保水泥和危险废物的混合浆料能够在混合以后有足够的时间进行输送、装桶或者浇注,必须控制初凝和终凝时间。初凝时间应大于 2 h,终凝时间应在 48 h 以内。可加入促凝剂（偏铝酸钠、氯化钙、氢氧化铁等无机盐）或缓凝剂（有机物、泥沙、硼酸钠等）控制凝结时间。

（4）其他添加剂

为了改善固化体性能,还须加入其他添加剂。例如,过多的硫酸盐会由于生成水化硫酸铝钙而导致固化体的膨胀和破裂。加入适量的沸石或蛭石后,可消耗一定的硫酸盐;加入少量硫化物,可有效固定重金属离子,减小危险成分的浸出率。

（5）固化体成型工艺

并非所有情况均要求固化体达到一定强度,当对最终的固化/稳定化产物进行填埋或贮存时,无须提出强度要求。但准备利用固化体作为建筑材料时,其强度应达到预定要求,通常要求达到 10 MPa 以上。

（6）固体废物中的有机物

有机物会干扰水化过程,可能导致生成较多的无定型物质,干扰最终的晶体结构形式,使固化/稳定化过程变得困难,降低固化体的强度。在固化/稳定化过程中加入黏土、蛭石和可溶性的硅酸钠等,可以缓解有机物的干扰,提高水泥固化/稳定化的效果。

3. 水泥固化/稳定化混合方法

水泥固化/稳定化混合方法的经验大部分来自核废物处理,近年来逐渐应用于危险废物。

混合方法的确定需要考虑危险废物的特性。

（1）外部混合法

将危险废物、水泥、添加剂和水在单独的混合器中进行混合，经过充分搅拌后再注入处置容器中。该法需要的设备少，可以充分利用处置容器的容积，但混合器需要洗涤，不但耗费人力，还会产生一定数量的洗涤废水。

（2）容器内混合法

直接在最终处置使用的容器内进行混合，然后用可移动的搅拌装置混合。其优点是不产生二次污染。但由于处置所用的容器体积有限（通常为 200 L 的桶），充分搅拌困难，且需要留下一定的无效空间，大规模应用时，操作控制较为困难。该法适于处置危害性大，但数量不多的废物，例如放射性废物。

（3）注入法

对于粒度较大或不均匀，不便进行搅拌的危险废物，可以先把危险废物放入桶内，然后再将制备好的水泥浆料注入，如果需要处理液态废物，也可同时将废液注入。为了混合均匀，可以将容器密封后放置在滚动或摆动的台架上。但应注意，有时在物料的拌和过程中会产生气体或放热，提高容器的压力。为了达到混匀效果，容器不能完全充满。

4. 水泥固化/稳定化的特点

水泥固化/稳定化技术适用于无机废物，尤其是含有重金属的危险废物。水泥所具有的高 pH 使得重金属形成不溶性氢氧化物或碳酸盐被固定在固化体中，或者固定在水泥基体的晶格中，防止重金属离子的浸出。水泥固化/稳定化也可用于处理中、低水平放射性废物。

水泥固化/稳定化具有以下优点：水泥已长期应用于建筑业，所以它的混合、凝固和硬化过程的规律都已为人所知；相对于其他材料，水泥的价格较低，水泥固化/稳定化所需的机械设备比较简单；由于水泥的水化作用需要水分，在处理湿污泥或含水危险废物时，无须对其做进一步脱水处理；水泥固化/稳定化可以适用于具有不同化学性质的废物，对酸性废物能起到一定的中和作用；水泥固化体的强度、耐热性和耐久性较好，可作为路基或建筑基础材料。

相对于其他固化/稳定化技术而言，水泥固化体的浸出率较高，可达到 $10^{-4} \sim 10^{-5}\,g/(cm^2 \cdot d)$，这主要是因为它的孔隙率较高，因此，需要作涂覆处理，固化体经沥青涂覆后，能有效降低有毒有害物质的浸出率。水泥固化体的增容比为 1.5～2.0，增加了后续的运输和处置费用。有的废物采用水泥固化/稳定化时，需要预处理或者加入添加剂，这增加了成本。废物中的有机物会推迟固化时间，甚至影响最终的固化/稳定化效果。

近年来，许多研究用于改进水泥固化/稳定化技术，例如，采用纤维和聚合物等增加水泥的耐久性；采用天然胶乳聚合物改性普通水泥，聚合物填充了固化体中的孔隙和毛细管，提高了水泥浆颗粒和废物间的键合力，降低了重金属的浸出率；用改性水泥处理焚烧飞灰，提高了固化体的抗压强度和抗拉强度，并且增加了固化体抗酸和盐（如硫酸盐）侵蚀的能力。

二、石灰固化/稳定化

石灰固化/稳定化以石灰为固化剂，以粉煤灰、水泥窑灰等为添加剂，将重金属固定于所生成的胶体结晶中，达到固化/稳定化的目的。

石灰属于气硬性胶结材料，只能在空气中凝结硬化，加入含有活性 SiO_2、Al_2O_3 的粉煤灰、水泥窑灰后，具有水硬性，生成硅酸钙、铝酸钙或硅铝酸钙的水化物，将废物中的重金属包裹或稳定。石灰固化法适用于处置钢铁、机械行业酸洗工序所排放的废液和废渣、电镀污泥、石油冶炼污泥等。固化体可作为路基材料或沙坑填充物。

石灰还可用于剩余污泥的稳定化，使其便于储存与运输，适当增加石灰量，可达到污泥半干化的效果。将剩余污泥与生石灰粉均匀混合，石灰与剩余污泥中的水分发生反应生成氢氧化钙，在这个过程中，由于反应放热，导致剩余污泥温度升高，起到杀菌作用；剩余污泥 pH 升高，起到杀菌和脱臭的作用，并钝化了大部分重金属；有机物浓度降低，起到稳定化作用。经过石灰稳定化处理后，剩余污泥含水率可以降到 60% 以下。

石灰固化/稳定化的优点是添加剂来源丰富，价廉宜得；操作简单，不需要特殊的设备；处理费用低；被固化的固体废物不要求脱水和干燥；可在常温下操作等。其主要缺点是石灰固化体的增容比大，强度不如水泥固化体，且易受酸性介质侵蚀，需对固化体表面涂覆处理。

三、自胶结固化/稳定化

自胶结固化/稳定化利用固体废物自身的胶结特性，达到固化/稳定化的目的，主要用于处理含有大量硫酸钙和亚硫酸钙的废物，如磷石膏、烟道气脱硫石膏等，固体废物中二水合石膏的含量最好高于 80%。

固体废物中所含的 $CaSO_4$ 与 $CaSO_3$ 均以二水化物的形式存在，其形式为 $CaSO_4 \cdot 2H_2O$ 与 $CaSO_3 \cdot 2H_2O$。将它们加热到 107～170 ℃，即达到脱水温度时，逐渐生成 $CaSO_4 \cdot 0.5H_2O$ 和 $CaSO_3 \cdot 0.5H_2O$，这两种物质遇到水以后，会重新恢复为二水化物，并迅速凝固和硬化。将含有大量硫酸钙和亚硫酸钙的废物在控制的温度下煅烧后，加入添加剂混合成为料浆，经过凝结硬化即可形成自胶结固化体。

自胶结固化/稳定化技术已经在美国大规模应用。美国泥渣固化技术公司(SFT)利用自胶结固化/稳定化原理，开发了一种名为 Terra-Crete 的技术，用以处理烟道气脱硫石膏。其工艺流程为：将脱硫石膏分两路，一路送到煅烧器煅烧，经过干燥脱水后成为胶结剂，送至贮槽贮存，一路送到混合器；最后将煅烧产品、添加剂一并送到混合器中混合，形成黏土状固化产物。添加剂和煅烧产品在总物料中的比例应大于 10%。固化产物可以送到填埋场处置。

自胶结固化/稳定化技术工艺简单，待处置废物不需要完全脱水；添加剂易得，可以是水泥灰和粉煤灰等固体废物，用量少；固化体具有抗渗透性高、抗微生物降解和有毒有害物质浸出率低的特点。但这种方法只限于处置含有大量硫酸钙的固体废物，应用面较窄。此外，煅烧也需要消耗一定的能量。

四、塑性材料固化/稳定化

塑性材料固化/稳定化以塑性材料为固化剂，与固体废物按一定比例配料，并加入催化剂和填料搅拌混合，使其共聚合固化，将固体废物包容形成具有一定强度和稳定性固化体的过程。根据所使用固化剂性能的不同，塑性材料固化/稳定化可以分为热塑性材料固化/稳定化和热固性材料固化/稳定化。

1. 热塑性材料固化/稳定化

热塑性材料固化/稳定化使用熔融的热塑性材料，在高温下与固体废物混合，以达到对其固化/稳定化的目的。热塑性材料包括沥青、石蜡、聚乙烯、聚丙烯和聚氯乙烯等。这些材料在常温下为固态，而在较高温度下具有可塑性和流动性，可以利用这种特性对危险废物进行固化/稳定化。通常,先将危险废物干燥脱水,然后将热塑性材料与危险废物在适当的温度下混合,冷却后形成固化体,危险废物被热塑性材料所包容。沥青是一种常用的热塑性材料。

(1) 沥青固化/稳定化概述

沥青价格低廉,具有化学稳定性、黏结性及一定的可塑性和弹性,不溶于水,对大多数酸、碱和盐类有一定的耐腐蚀性,还具有一定的辐射稳定型。

沥青主要来源于天然沥青矿和原油。目前,我国所使用的大部分沥青来自石油蒸馏的残渣。石油沥青是脂肪烃和芳香烃的混合物,其化学成分复杂,包括沥青质、油分、游离碳、胶质、沥青酸和石蜡等。从固化/稳定化的要求出发,较理想的沥青组分应含有较高的沥青质和胶质,以及较低的石蜡性物质,如果石蜡质过高,则容易在环境应力下开裂。用于危险废物固化/稳定化的沥青包括直馏沥青、氧化沥青和乳化沥青等。

沥青固化/稳定化,是以沥青类材料作为固化剂,与危险废物在一定的温度、配料比、碱度和搅拌作用下均匀混合,发生皂化反应,使危险物质包容在沥青中形成固化体。

沥青固化/稳定化的工艺主要包括三个部分,即废物的预处理、废物与沥青的热混合以及废气净化处理,其中热混合是关键环节。对于干燥的废物,可以将加热的沥青与废物直接搅拌混合;对于含有较多水分的废物,通常需要干燥,或在混合的同时蒸发水分。热混合通常在专用的、带有搅拌装置并同时具有蒸发功能的设备中进行,温度控制在沥青的熔点和闪点之间,为 150～230 ℃,温度过高则容易引发火灾。在不加搅拌的情况下加热沥青,极易引起局部过热并导致燃烧事故。

(2) 沥青固化/稳定化操作方式

早期,大部分沥青固化/稳定化过程采用间歇式锅式蒸发器——一种带有搅拌器的反应釜。锅式蒸发器结构简单,但由于是间歇操作,生产能力低,尾气的收集和净化困难;物料需要在蒸发器中停留较长时间,容易导致沥青老化。

连续式操作方式随后发展起来。对于水分含量小或完全干燥的固体废物,可采用螺杆挤压机与沥青混合,通过螺杆的旋转完成搅拌和推送物料。由于物料在装置中的停留时间短,所以整个装置中的滞留物料量少,装置体积较小。

当固体废物水分含量大时,可采用薄膜混合蒸发设备。薄膜混合蒸发设备是一种带有搅拌装置的立式圆柱形结构,搅拌器是紧贴着圆柱体壁旋转的刮板。当刮板运动时,沥青与废物的混合物在搅拌下形成液体膜,使水分和挥发分不断蒸发。与此同时,物料不断以螺旋形的路径下落,从蒸发器的下部流出,进入专门的容器冷却。

(3) 沥青固化/稳定化影响因素

① 沥青种类

不同类型的沥青所得固化体的浸出率不同,直馏沥青效果较好,较软的沥青比较硬的沥青所得固化体浸出率低。纯沥青的燃点一般为 420 ℃左右,而掺入硝酸盐、亚硝酸盐后,其燃点降至 250～330 ℃,增加了燃烧的危险性。

② 固化操作

由于沥青与废物之间存在着复杂的物理和化学作用,过高的废物量将导致固化体浸出率急剧上升。鉴于操作和安全的考虑,废物与沥青的质量比通常在(1∶1)～(2∶1)之间。加入某些表面活性剂可导致固化体浸出率的升高。固化体残余水分对固化体的浸出率有显著影响。一般认为残余水分将增加沥青中的孔隙数量,因此,固化体中残余水分应控制在 10%以下,最好小于 0.5%。

沥青固化/稳定化一般用于处理中、低放射水平的蒸发残液,废水和化学处理产生的泥渣,砷渣等。经沥青固化/稳定化处置所形成的固化体孔隙小、致密度高、难于被水渗透。但由于沥青的导热性不好,如果废物中所含水分较多,与沥青混合蒸发时会有起泡和雾沫夹带现象,排出的废气中含有挥发性物质,若不处理会造成污染。因此,对于水分多的污泥,在进行沥青固化之前,应降低其含水率。此外,沥青具有可燃性,加热时如果沥青过热,会引起火灾危险,贮存和运输沥青时也应采取适当的防火对策。

2. 热固性材料固化/稳定化

热固性材料是指加热后会从液态变成固态并硬化的材料,并且这种材料即使再次加热也不会重新液化或软化。热固性材料加热硬化,是小分子变成大分子的交联聚合过程。危险废物的热固性材料固化/稳定化,是利用热固性有机单体与破碎后的危险废物充分混合,在催化剂的作用下聚合,形成海绵状聚合物质,从而在废物颗粒表面形成一层不透水的外壳。

目前应用较多的固化/稳定化材料是脲醛树脂、聚酯和聚丁二烯等,有时也使用酚醛树脂或环氧树脂。脲醛树脂是一种无色透明黏稠液体,对多孔极性材料有较好的黏附力,使用方便,固化速度快,所形成的固化体有较好的耐水性、耐热性和耐腐蚀性,价格较其他树脂便宜,应用较广泛。由于在大多数热固性材料固化/稳定化过程中,废物与固化/稳定化材料之间不进行化学反应,所以固化/稳定化的效果取决于废物自身的形态(颗粒度、pH、含水率和离子成分等)以及聚合反应的条件。

与其他方法相比,热固性材料固化/稳定化所用热固性材料密度较低,所需添加剂数量较少,曾是固化低水平有机放射性废物(如放射性离子交换树脂)的主要方法之一,也可用于稳定非挥发性液态有机危险废物。但该法操作过程复杂,热固性材料价格高昂,且操作过程中有机物挥发,容易起火,所以通常不能在现场大规模应用,一般用于处理少量、高危害性废物,例如剧毒废物,以及医院或研究单位产生的少量放射性废物等。此外,热固性材料耐老化性能差,固化体一旦破裂,有毒有害物质的浸出会污染环境。

五、熔融固化/稳定化

熔融固化/稳定化技术是把固体废物(如放射性废料、危险废物、工业废渣、污染土等),或加入玻璃固化剂,经配料、熔融、成型结晶和退火后,制成人工岩石或玻璃固化体。固体废物经过熔融固化/稳定化作用后,其中的有机污染物因热解而被破坏,放射性物质和重金属元素则被束缚于固化体内。

熔融固化/稳定化需要将固体废物加热到熔点以上,无论是采用电力或其他燃料,能耗和费用都相当高,通常用于处理高放射性废物。对于含特殊污染物的危险废物,如石棉、焚烧飞灰等,或浸出毒性要求高的危险废物,在传统的固化/稳定化技术无法达到污染控制标准时,可考虑采用熔融固化/稳定化技术。此外,相对于其他固化/稳定化技术,熔融固化/稳定化技术可以得到高质量的建筑材料,因此,可采用熔融固化/稳定化技术处理工业废渣,如高炉渣、硅锰渣、钼铁渣、铬渣、粉煤灰等,制得的固化体不仅要达到环境指标,还应满足强度、耐腐蚀性甚至外观等要求,满足建筑材料的要求。由此可见,熔融固化/稳定化技术的应用将越来越广泛。

玻璃制造和铸石技术为固体废物的熔融固化/稳定化提供了重要的技术基础。

六、药剂稳定化技术

药剂稳定化技术用于处置危险废物,在实现危险废物无害化的同时,废物少增容或不增容,从而提高危险废物处理处置系统的效果和经济性,并且通过改善化学药剂的性能,强化其与废物中危险成分间的化学作用,提高稳定化产物的长期稳定性,减少最终处置过程中稳定化产物对环境的二次污染。

药剂稳定化技术以处置含重金属的危险废物为主,如焚烧飞灰、电镀污泥、重金属污染土壤等。此外,也可利用药剂的氧化还原作用处理含有机物的危险废物。

目前,基于不同的原理,药剂稳定化技术主要包括:pH调控技术、氧化/还原技术、沉淀技术、吸附技术以及离子交换技术等,其中,pH调控技术、氧化/还原技术和沉淀技术是危险废物药剂稳定化重要的应用方向。

1. pH调控技术

pH调控技术是一种应用普遍而简单的方法。通过加入碱性药剂,将危险废物的pH调整至使重金属离子具有最小溶解度的范围,从而实现稳定化,但有时会由于逆反应的存在,造成重金属离子的重新释放。常用的pH调整剂包括石灰[CaO或$Ca(OH)_2$]、苏打(Na_2CO_3)、氢氧化钠($NaOH$)等。除了这些常用的碱性药剂外,水泥、石灰窑灰渣、硅酸钠等也是碱性物质,它们在固化废物的同时,也有调整pH的作用,石灰及某些黏土可用作pH缓冲材料。

2. 氧化/还原技术

通过氧化或还原作用,将危险废物中可以发生价态变化的某些有毒有害组分,转化为化学性质稳定、无毒或低毒的组分,以便于资源化利用或无害化处置。典型的应用包括:六价铬还原为三价铬,三价砷氧化为五价砷,氰化物氧化分解为二氧化碳和氮气,有机氯化物的脱氯分解等。

常用的氧化剂有臭氧、过氧化氢、氯气、次氯酸盐、MnO_2等,常用的还原剂有亚硫酸盐、铁、硫酸亚铁、硫代硫酸钠、亚硫酸氢钠、二氧化硫、次亚磷酸氢钠等。在危险废物的氧化还原解毒处理中,影响反应进程的因素包括氧化还原电位、自由能、pH、温度和催化剂等。

3. 沉淀技术

常用的沉淀技术包括氢氧化物沉淀、硫化物沉淀、硅酸盐沉淀、磷酸盐沉淀、共沉淀、无机络合物沉淀和有机络合物沉淀等。

(1) 硫化物沉淀

在重金属稳定化技术中,有三类常用的硫化物沉淀剂,即可溶性无机硫沉淀剂、不溶性无机硫沉淀剂和有机硫沉淀剂,如表8-1所列。

① 无机硫化物沉淀技术

除了氢氧化物沉淀技术外,无机硫化物沉淀技术可能是应用最广泛的重金属化学稳定化方法。与前者相比,其优势在于大多数重金属硫化物的溶解度大大低于其氢氧化物的,如图8-2所示。为了防止H_2S的逸出和沉淀物的再溶解,需要将pH保持在8以上。另外,由于易与硫离子反应的金属元素较多,硫化剂的添加量应根据所需达到的要求由试验确定,并且硫化剂的加入应在添加固化基材之前,以减少钙、铁、镁等与重金属竞争硫。

表 8 - 1　常用的硫化物沉淀剂

硫化物类别		化学式
可溶性无机硫化物	硫化钠	Na_2S
	硫氢化钠	NaHS
	硫化钙(低溶解度)	CaS
不溶性无机硫化物	硫化亚铁	FeS
	单质硫	S
有机硫化物	硫代酰胺	$R—CS—NH_2$
	黄原酸盐	$[RO—CS—S]^-$

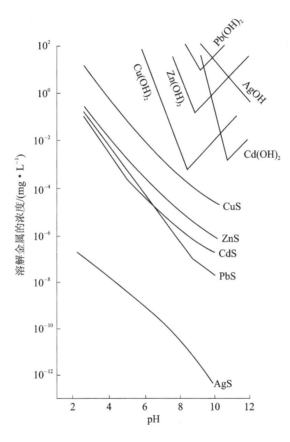

图 8 - 2　金属硫化物在不同 pH 条件下的溶解度曲线

② 有机硫化物沉淀技术

有机硫化物分子量普遍较高,因而与重金属形成的不可溶性沉淀易于沉降、脱水和过滤,可以将废水或固体废物中的重金属浓度降至很低,适用的 pH 范围较宽。在美国,有机硫化物主要用于处理含汞废物;在日本,主要用于处理含重金属的飞灰。但是,有机硫化物沉淀技术运行成本较高。

（2）磷酸盐沉淀技术

磷酸盐沉淀技术利用磷酸根与重金属离子反应,生成不溶的金属磷酸盐,如 $Pb_3(PO_4)_2$、$Cd_3(PO_4)_2$,或者具有高稳定性的磷灰石族矿物,如 $Pb_5(PO_4)_3Cl$、$Pb_5(PO_4)_3OH$,从而实现重金属离子稳定化的目的。这种方法的特点是反应所形成的重金属盐类具有羟基磷灰石和/或磷钙矿的结晶结构 $M_5(PO_4)_3X$,其中:X^- 为 F^-、Cl^-、OH^-,M^{2+} 为 Ca^{2+},在有些情况下,Sr^{2+}、Ba^{2+}、Mg^{2+}、Pb^{2+}、RE(稀土)、Na^+ 等能取代 Ca^{2+}。磷酸盐在自然界存在形式广泛,因此取材方便,原材料的价格低廉,其成本比其他稳定化药剂低。

（3）碳酸盐沉淀技术

碳酸盐沉淀技术利用碳酸根与重金属离子发生化学反应生成沉淀,从而稳定固体废物中的重金属。铅、镉、钡等元素,其碳酸盐沉淀的溶解度低于其氢氧化物沉淀的溶解度,例如,以氢氧化物沉淀技术处理铅和镉,pH 要达到 10 以上方可沉淀,但是采用碳酸盐沉淀技术,pH 达到 7.5~8.5 即可沉淀。但是碳酸盐沉淀技术并没有得到广泛应用,这是因为当 pH 降低时,碳酸盐会以二氧化碳的形式逸出,金属离子释放出来。提高 pH,最终产物会是氢氧化物沉淀,而不是碳酸盐沉淀。另外,碳酸盐沉淀技术对锌和镍的处理效果不如氢氧化物沉淀技术,因为锌和镍的氢氧化物沉淀溶度积常数低于碳酸根的,所以它们的氢氧化物沉淀比碳酸根沉淀更加稳定。

（4）硅酸盐沉淀技术

硅酸盐沉淀技术,可看作是由水合金属离子与二氧化硅或硅胶,按不同比例结合形成混合物,或部分重金属以硅酸盐沉淀的方式稳定下来,这些产物在较宽的 pH 范围内(2~11)具有较低的溶解度。硅酸盐沉淀技术可用于飞灰中重金属的稳定化:根据飞灰中重金属的浓度,将硅酸钠水溶液按照一定比例与飞灰混合均匀,放置 24 h 后得到稳定化产物。

（5）螯合物沉淀技术

所谓螯合物,是指多齿配体以两个或两个以上配位原子同时与一个中心原子配位所形成的具有环状结构的络合物。常用的有机螯合剂包括乙二胺四乙酸(EDTA)、氨基三乙酸(NTA)、酒石酸钾钠、柠檬酸铵和多磷酸盐等。

螯环的形成使螯合物比相应的非螯合络合物具有更高的稳定性,这种效应称为螯合效应。螯合物沉淀技术对 Pb^{2+}、Cd^{2+}、Ag^+、Ni^{2+}、Cu^{2+}、Co^{2+} 和 Cr^{3+} 等重金属离子都有良好的稳定效果,处理效果优于无机硫沉淀剂 Na_2S 的处理效果,得到的产物比用 Na_2S 所得到的沉淀在更宽的 pH 范围内保持稳定,更具有长期稳定性。

七、各种固化/稳定化技术的优缺点

按固化剂的种类,固化分为无机固化/稳定化和有机固化/稳定化,其各自优缺点如表 8-2 和表 8-3 所列。

表 8-2 无机固化/稳定化技术的优缺点

优　点	缺　点
① 设备的基建投资和运行费用低； ② 所需固化/稳定化材料比较便宜和丰富； ③ 处理技术比较成熟； ④ 固化/稳定化材料本身的碱性有利于中和固体废物的酸度； ⑤ 通过改变添加剂的种类和比例,可使处理后产物的物理性质从软性黏土变化到坚硬石块； ⑥ 固体废物不需要深度脱水	① 水泥固化剂是高耗能材料； ② 需要大量的固化剂； ③ 含有有机成分的废物可能提高处理难度； ④ 固化体的质量和体积增大较多； ⑤ 固化体抗浸出特别是酸浸出能力较弱,因此可能需要额外的密封材料； ⑥ 稳定化机制不太成熟

表 8-3 有机固化/稳定化技术的优缺点

优　点	缺　点
① 有毒有害物质浸出率通常比无机固化/稳定化技术低； ② 与无机固化/稳定化技术比较,所需固化剂少； ③ 固化体属于低密度物质,因而降低运输成本； ④ 可固化/稳定化多种废物； ⑤ 大型包封法可直接使用设备喷涂树脂	① 所使用的塑性材料价格较高； ② 固化/稳定化过程中,废物干燥、塑性材料熔化及聚合反应时,能耗大； ③ 某些有机聚合物易燃； ④ 塑性材料可降解,易被有机溶剂腐蚀； ⑤ 需要熟练的技术工人和昂贵的设备； ⑥ 某些塑性材料不能完全聚合,自身产生污染

采用固化/稳定化技术处理固体废物,所得固化体体积都有不同程度的增大,并且随着固化体稳定性和浸出率要求的提高,会需要更多的固化剂,这不仅提高了稳定化/固化技术的费用,还进一步增加了固化体的体积,与废物的减量化理念相悖；另外,固化/稳定化机理,固化体长期物理完整性和化学稳定性的检测和评价,固化体在不同物理/化学环境中的长期浸出行为,还需要深入研究。

第三节　固化/稳定化效果评价

一、概　述

废物经过固化/稳定化处置以后是否真正达到了标准,需要对其进行有效的测试,以检验经过固化/稳定化处置的废物是否会污染环境,或者固化体是否能够用作建筑材料。对固化/稳定化效果进行全面评价是一个相当复杂的问题,它需要通过对固化/稳定化处置后的废物进行物理、化学和工程方面的测试,并且测试结果与测试方法密切相关。此外,较难测试废物经过固化/稳定化处置后,在长期的冻融循环、干湿循环、压力负荷或湿热条件下的环境行为。

为了评价废物固化/稳定化的效果,各国环保部门制定了一系列测试方法。但是,没有一种适用于一切废物的测试方法。测试方法的选择以及对测试结果的解释,取决于对废物进行固化/稳定化的具体目的。每种测试方法得到的结果,都只能说明该方法对所测废物中某些污染特性的固化/稳定化效果。

为了达到无害化目的,要求固化/稳定化产物必须具备一定的性能,包括抗浸出性、抗干-湿性、抗冻融性、耐腐蚀性、不燃性、抗渗透性、足够的机械强度。这些要求,需要有相应的手段测试。

二、固化/稳定化效果评价指标

通常采用下述物理、化学指标评价固化/稳定化效果。

1. 浸出率

将危险废物固化/稳定化的目的,是为了减少它在贮存或填埋处置过程中污染环境的潜在危险性。污染扩散的主要途径是有毒有害物质溶解进入地表或地下水环境中。因此,浸泡时固化体中有毒有害物质的溶解性能,即浸出率,是评价固化/稳定化效果最重要的一项指标。

浸出率用于评价固化体的浸出性能。但是,关于浸出率的定义、计算公式和浸出试验方法,有多种不同的表示方法,以下介绍国际原子能机构和国际标准化组织关于浸出率的定义。

(1) 国际原子能机构关于浸出率的定义

国际原子能机构(IAEA,1969)把标准比表面积的样品每日浸出放射性物质(有毒有害物质)的质量定义为浸出率,即

$$R_n = \frac{a_n/A_0}{(F/V) \times t_n} \tag{8-2}$$

式中,R_n 为浸出率,cm/d;

a_n 为第 n 个浸出周期内浸出的有毒有害物质质量,g;

A_0 为样品中原有的有毒有害物质质量,g;

F 为样品被浸泡的表面积,cm^2;

V 为样品的体积,cm^3;

t_n 为第 n 个浸出周期时间历时,d;

n 为浸出周期序号。

IAEA 定义的浸出率反映了浸出率的实际变化趋势:即固化体中有毒有害物质的浸出率通常不恒定,它取决于固化体与浸提剂接触的持续时间。固化体与浸提剂接触时,开始时浸出率最大,然后逐渐降低,最后几乎趋于恒定。不同的固化体,其浸出率降低量及达到恒定值所需时间不同。由于浸出率通常随时间变化,因而表示为浸出率与时间的关系。

IAEA 推荐的浸出试验另一种表示法是用样品累计的浸出分数 $\left(\frac{\sum a_n}{A_0} \middle/ \frac{F}{V} \text{ 或 } \frac{\sum a_n}{A_0} \right)$ 对总的浸出时间($\sqrt{\sum t_n}$)作图,如果呈直线关系,则说明有毒有害物质的浸出规律可用费克(Fick)扩散定律近似。对半无穷长物体的扩散,扩散系数 D 可表示为

$$D = \frac{\pi}{4} \left(\frac{V}{F} \right)^2 m^2 \tag{8-3}$$

式中,m 为 $\frac{\sum a_n}{A_0}$ 对 $\sqrt{\sum t_n}$ 作图所得直线的斜率。

这样可求出扩散系数 D。在研究固化体的浸出性能时,扩散系数 D 是一个重现性很好的常数,它与样品表面积或有效体积无关,仅与温度有关,因此可将其应用于外推计算各种几何

形状的危险废物固化体长期浸出时的性能情况。假定固化体中有毒有害物质的浸出为扩散控制机理,便可推导出有毒有害物质长期累计释放的数学模型。

（2）国际标准化组织关于浸出率的定义

国际标准化组织(ISO)关于浸出率的定义及表示方法与国际原子能机构(IAEA)的定义较为类似,要求固化体中各组分 i 的浸出结果以增量浸出率与累计浸出时间 t 的关系表示,即

$$R_n^i = \frac{a_n^i / A_n^i}{F \times t_n} \tag{8-4}$$

式中,R_n^i 为第 i 组分的增量浸出率,$kg/(m^2 \cdot s)$;

　　a_n^i 为第 n 次浸出周期浸出的 i 组分的质量,kg;

　　A_0^i 为原始样品中 i 组分的质量浓度分数,kg/kg;

　　F 为样品被浸泡的表面积,m^2;

　　t_n 为第 n 个浸出周期时间历时,s;

　　n 为浸出周期序号。

由于浸出率随时间(浸出周期)变化,所以对它的表示不能用一个定值,只能采用列表或图解的方法,根据浸出曲线评价固化体的浸出特性。

图 8 - 3 表示了浸提剂流速对颗粒表面的有毒有害物质浸出速率的影响。浸提剂流速(v)为单位时间(T)内单位表面(S_A)上与固化体接触的浸提剂的体积(V),即

$$v = V / (S_A \times T) \tag{8-5}$$

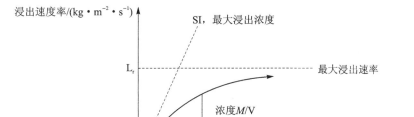

图 8 - 3　浸提剂流速与浸出速率的关系曲线

浸出速率 L 为单位表面(S_A)单位时间(T)内浸出有毒有害物质的质量(M),即

$$L = M / (S_A \times T) \tag{8-6}$$

图 8 - 3 中浸出曲线的斜率为浸出液中有毒有害物质的浸出浓度,即 M/V。当浸提剂流速高时(即经过固化体表面的浸提剂流动较快),浸出速率接近最大值(L_r);如果该种有毒有害物质的浸出由扩散控制,则浸出液中该种有毒有害物质的浓度低。在浸提剂高流速时,颗粒表面有毒有害物质具有高浸出速率和低浸出浓度,这是因为颗粒表面处于不平衡状态。在实验室研究中,当不断用新浸提剂补充浸出液时,就会得到高浸出速率。

当浸提剂流速低时(静水条件),浸出的有毒有害物质接近饱和(SI),或最大浸出浓度。当浸提剂得不到补充时,浸提剂与有毒有害物质达到平衡,有毒有害物质达到最大浸出浓度。

浸出液中有毒有害物质的浸出浓度和浸提剂流速之间的这些关系,对于理解并解释浸出

试验结果很重要,因为随着浸出液流速、接触表面积、浸取溶液体积以及浸出时间的不同,浸出试验结果也大不相同。

测试固化体浸出率,可以比较或选择固化方法,优化工艺条件,预计固化体暴露在不同环境下的性能,评估危险废物固化体在贮存或运输条件下与水接触所引发的危险。

2. 增容比

增容比是指形成的固化体体积与被固化危险废物体积的比值,即

$$C_i = \frac{V_2}{V_1} \tag{8-7}$$

式中:C_i 为增容比;V_2 为固化体体积,m^3;V_1 为固化前危险废物的体积,m^3。增容比是评价固化/稳定化方法和衡量处置成本的重要指标,应尽可能低。增容比的大小主要取决于掺入危险废物中固化剂的量和可接受的有毒有害物质浸出率;另外,对于放射性废物,增容比还受辐照稳定性和热稳定性的限制。

3. 抗压强度

为保证安全贮存,危险废物固化体必须具有一定的抗压强度,否则可能出现破碎和散裂,从而增加暴露的表面积和污染环境的可能性。危险废物固化体最终处置方式的不同,对其抗压强度的要求也不同。若对固化体装桶贮存,抗压强度要求较低,控制在 0.1~0.5 MPa 即可;若把固化体作为建筑材料,则对抗压强度要求较高,应大于 10 MPa。对于放射性废物,不同国家对固化体抗压强度的标准也不一样,苏联要求大于 5 MPa,英国要求达到 20 MPa。一般,固化体抗压强度越高,其中危险成分的浸出率越低。

三、浸出率影响因素

固化体中危险成分的浸出取决于固化体的性质以及处置场地的水文地质条件和地球化学性质。浸出试验可用来比较各种固化/稳定化方法的效果,但是不能确定废物的长期浸出行为。

多孔介质的浸出可以溶解迁移方程为模型,这个模型与以下因素有关:

① 固化体和浸提剂的化学组成。

② 固化体以及周围材料的物理和工程性质(如粒度、孔隙率、水力传导率等)。

③ 固化体的水力梯度。

第一个因素包括浸提剂与固化体之间的化学反应及其动力学,正是这些化学反应,将不迁移的有毒有害物质转化为可迁移的有毒有害物质;后两个因素用来确定浸提剂以及可迁移污染物在固化体中的运动。

固化体的物理和工程性质以及水力梯度决定了浸提剂与固化体的接触形式。水力梯度、有效孔隙率以及导水率决定了浸提剂通过固化体的迁移速率和迁移量。如果固化体与周围材料相比渗透性较差(水力传导率较低),则浸提剂就会从固化体周围流过,此时固化体与浸提剂之间的接触大部分发生在固化体的几何表面上。然而,由于物理和化学的老化作用,固化体的水力传导率会随着时间的推移而提高,通过固化体的液流量也随之增加。因此,在长期运行情况下,浸提剂与固化体的接触就会从固化体的几何表面深入到固化体中的颗粒表面。

固化体和浸提剂的化学组成,决定了那些使固化体中有毒有害物质迁移或不迁移的化学

反应的类型和动力学特性。使固化体中沉淀或吸附的有毒有害物质发生迁移的反应包括溶解和解吸,在非平衡条件下,这些反应与沉淀和吸附反应并行。当固化体与浸提剂接触时,就会处于不平衡状态,造成有毒有害物质向浸提剂的净迁移或浸出。

影响固化体中有毒有害物质分子扩散的化学动力学因素主要有:

① 颗粒表面孔隙溶液中有毒有害物质的积累。

② 颗粒表面孔隙溶液中反应组分的浓度(如 H^+、络合剂)。

③ 孔隙溶液或固化体中有毒有害物质或反应组分的总体化学扩散。

④ 浸提剂和固化体的极性。

⑤ 氧化/还原条件以及并行反应动力学特性。

因为实验室浸出试验采用标准浸提剂(中性溶液、缓冲溶液或者稀酸溶液),而不是现场浸提剂,因此,实验室结果不能直接代表现场浸出情况。利用标准浸提剂进行的实验室浸出试验,在相似的试验条件下,可以比较固化体中有毒有害物质的相对浸出率。

在多孔介质中,有毒有害物质的迁移(或浸出)动力学特性取决于固化体和浸提剂的物理和化学性质,并由对流、弥散或扩散机理所控制。对流是指由水力梯度引起的水力流动,以及因此而造成的高溶解性有毒有害物质的迁移。弥散是指机械混合造成孔隙溶液中有毒有害物质的迁移,以及分子扩散(层流中相邻流层的物质迁移)。由于大部分固化体的渗透率较低,所以其吸附的或化学固定组分的迁移速率,一般认为是由固化体中颗粒表面的分子扩散控制,而不是由对流或弥散机理控制。固化体颗粒与孔隙溶液界面处化学势的形成,是溶液或固化体中有毒有害物质组分迁移的推动力,这种迁移由扩散机理控制。这种不平衡条件主要由浸提剂的化学组成和浸出速率决定。

四、浸出试验

浸出试验已经被应用于对固化体的测试,以下介绍几种常用的浸出试验。

1. 提取(或间歇提取)试验

提取(或间歇提取)试验,一般在浸提剂中对粉状的固化体进行搅拌或震荡提取,浸提剂为酸性或中性。提取试验包括一次提取和多次提取,对每一种情况,都假定在提取结束时浸出达到了平衡,因此,提取试验一般用于确定在给定的试验条件下的最大或饱和有毒有害物质浸出浓度。提取试验结果用浸出液有毒有害物质浓度,或浸出的有毒有害物质质量占总量的份额表达。提取试验是短期试验,时间为几个小时到几天;由于在提取试验中,固化体被破碎,浸出表面积大,因而被用来模拟固化体有毒有害物质最大浸出情况。

2. 浸泡试验

浸泡试验,固化体保持完整,试验过程不搅拌,用于评价整块(而非破碎的)固化体的浸出性能。浸泡可以在静态或动态条件下进行,在静态浸泡试验中,不更换浸提剂,浸出在静水条件下进行(低浸提剂流速,浸出液有毒有害物质浓度达到最大或饱和);在动态浸泡试验中,浸提剂定期以新溶液更换,模拟了不平衡条件下整块固化体的浸出性能,此时固化体中有毒有害物质浸出速率高,而浸出液有毒有害物质浓度没有达到最大或饱和。浸泡试验一般需要几周或者几年的时间,对整块固化体进行的浸泡试验经常用于模拟短期情况下固化体中有毒有害物质的浸出。浸泡试验结果通常以流量或质量迁移参数(浸出速率)表达。

3. 浸出柱试验

浸出柱试验是将粉末状的固化体装入柱中,并使之与特定流速的浸提剂连续接触。由于浸泡介质通过固化体连续流动,因此浸出柱试验比间歇提取试验更能体现现场浸出条件。然而由于试验过程中出现的沟流效应、固化体的不均匀放置、生物生长以及柱的堵塞等问题,使得浸出柱试验结果的可重复性存在问题。

在上述浸出试验中,间歇提取试验和浸出柱试验是较为常用的方法。表 8-4 列出了间歇提取试验和浸出柱试验各自的优缺点。

表 8-4　间歇提取试验和浸出柱试验的优缺点

试验方法	优　点	缺　点
间歇提取试验	(1) 可避免浸出柱试验中的边界效应; (2) 所需时间一般比浸出柱试验短	(1) 不能模拟填埋场的主要环境; (2) 不能测定真正的浸出液浓度,而是测定其平衡浓度; (3) 需要一个标准的过滤程序
浸出柱试验	(1) 可模拟浸出液成分,以及填埋场中浸出液缓慢的迁移过程; (2) 可预测浸出液中有毒有害物质与时间的关系	(1) 有沟流及填充不均匀的现象; (2) 易堵塞; (3) 微生物生长,边界效应,时间较长; (4) 重复性较差

不同的国家有着不同的浸出毒性浸出方法,对于同一种固体废物,采用不同的浸出毒性浸出方法所得的最终结果可能会有显著差别。在实际过程中,必须采用标准浸出毒性浸出方法制备浸提剂,根据浸出液中有毒有害物质的测定值,与相应的浸出毒性鉴别标准值进行比较后,判断该固体废物的浸出毒性。

思考题

1. 名词解释:
   固化　稳定化　浸出率　增容比
2. 简述常用的固化/稳定化技术方法论及其应用。
3. 简述固化/稳定化处置效果评价指标及其影响因素。

第九章 典型工业固体废物

第一节 燃煤工业固体废物

一、粉煤灰

1. 粉煤灰概述

燃煤热电厂产生以下固体废物：① 由除尘器收集的小颗粒飞灰，即粉煤灰；② 由锅炉炉底产生的大颗粒底灰和炉渣；③ 烟气脱硫石膏。其中，粉煤灰是煤粉进入炉膛，经高温燃烧后，所含矿物质（主要是硅酸盐矿物和石英）的晶格（除少量石英外）受到破坏而熔融，在表面张力和外部压力作用下变成液滴，逸出锅炉后温度骤降凝固成硅酸盐玻璃态微珠等。我国煤的平均粉煤灰产出量是 $250\sim300$ kg/t。

各国对于燃煤工业产生的废物都制订了废物减量化计划，一方面通过改变能源结构、采用清洁能源替代煤、提高热效率等措施，从源头减少废物的产生量；另一方面大力发展废物综合利用，如粉煤灰用于生产水泥，底渣用于筑路或各种建筑材料等。

这类废物的贮存或处置形式为：土地填埋，尾矿坝（见图 9-1），堆放在采矿场、矿井或废物堆放场。

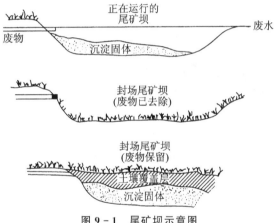

图 9-1 尾矿坝示意图

2. 粉煤灰的组成

（1）粉煤灰的化学组成

粉煤灰的化学组成类似于黏土，主要化学成分是 SiO_2 和 Al_2O_3，还含有少量的 Fe_2O_3、CaO、MgO 和未燃尽碳等，有些粉煤灰还可能含有锗、镓、铀、镍、铂等稀有元素。粉煤灰中各主要化学成分的质量比可以用以下经验公式表述：

$$Si_{1.0}Al_{0.45}Ca_{0.51}Na_{0.047}Fe_{0.039}Mg_{0.020}K_{0.013}Ti_{0.011}$$

由于煤的品种和燃烧条件不同，粉煤灰化学成分波动较大。

粉煤灰的化学成分，是评价粉煤灰质量高低的重要技术参数。例如，在研究工作和实际应用中，需根据粉煤灰中 CaO 含量的高低，将其区分为高钙灰和低钙灰。CaO 含量在 20% 以上的称为高钙灰，其质量优于低钙灰。粉煤灰中 SiO_2、Al_2O_3、Fe_2O_3 的含量，直接关系到它用作建材原料的优劣。美国粉煤灰标准 [ASTM(618)] 规定，用于水泥和混凝土的低钙粉煤灰（F 级灰）中，$SiO_2+Al_2O_3+Fe_2O_3$ 的含量必须占化学成分总量的 70% 以上，具有火山灰活性；高钙粉煤灰（C 级灰）中，三者含量必须占 50% 以上，具有水硬性。粉煤灰中的游离氧化钙和三氧化硫对水泥和混凝土而言是有害成分,在应用中对其含量有一定限制要求。粉煤灰的烧失量可以反映锅炉燃烧状况,烧失量越高,粉煤灰质量越差。

我国燃煤电厂基本燃用烟煤,粉煤灰中 CaO 含量偏低,属低钙灰,但 Al_2O_3 含量一般较高,烧失量也高。此外,我国少数电厂用褐煤发电,或为了脱硫而喷入石灰石和白云石产生的灰,其 CaO 含量在 30% 以上,属高钙灰。

(2) 粉煤灰的主要矿物组分

粉煤灰的矿物组成十分复杂,主要可分成无定形相和结晶相两大类。

无定形相主要为玻璃体,约占粉煤灰总量的 50%~80%,是粉煤灰的主要矿物成分,具有良好的化学活性。此外,粉煤灰含有的未燃尽炭粒也属于无定形相。

粉煤灰的结晶相主要有莫来石、石英、云母、长石、磁铁矿、赤铁矿和少量钙长石、方镁石、硫酸盐矿物、石膏、游离石灰、金红石、方解石等。这些结晶相大都是在燃烧区形成,又往往被玻璃相包裹。有些粉煤灰的颗粒表面黏附有细小的晶体。因此,在粉煤灰中,单独存在的结晶体极为少见,从粉煤灰中提纯结晶矿物十分困难。

尽管粉煤灰为玻璃质,但从炉膛出来的原灰表面有大量的 Si—O—Si 键,经与水相互作用后,颗粒表面出现大量的羟基,使其具有显著的亲水性、吸附性和表面化学活性。

(3) 粉煤灰的颗粒组成

粉煤灰是由各种大小不一、形貌各异的颗粒组成,如图 9-2 所示。

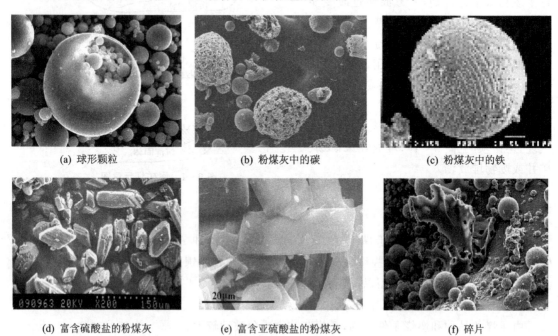

(a) 球形颗粒　　　　　　　(b) 粉煤灰中的碳　　　　　　(c) 粉煤灰中的铁

(d) 富含硫酸盐的粉煤灰　　　(e) 富含亚硫酸盐的粉煤灰　　　(f) 碎片

图 9-2　粉煤灰的微观形貌

① 球形颗粒

球形颗粒表面光滑,有的圆球上还嵌有前面提到的晶体——微小的 α-石英和莫来石析晶。我国粉煤灰中,此类颗粒含量多的达 25%,少的仅 3%~4%。粒度一般在数微米到数十微米之间,密度较大,在水中能够下沉,也称"沉珠"。"沉珠"依其化学成分,可以分为富钙玻璃微珠和富铁玻璃微珠。前者富集了氧化钙,化学活性好;后者富集了氧化铁,实际上是由铝硅酸盐将赤铁矿和磁铁矿包裹起来的球体,具有磁性,叫做"磁珠"。

② 不规则多孔颗粒

不规则多孔颗粒包括多孔炭粒、多孔铝硅玻璃体和碎片。

多孔炭粒,有的呈球状,有的为碎屑,属惰性组分,密度较小,粒度和比表面积较大,对粉煤灰性能有不良影响,粉煤灰制品的强度和性能,均随着粉煤灰含碳量的增加而下降。

多孔铝硅玻璃体,富含氧化硅和氧化铝,是我国粉煤灰中为数最多的颗粒,有的多达70%以上。这类玻璃体在形成的过程中,有的因部分气体逸出而具有开放性孔穴,表面呈蜂窝状结构;有的因部分气体未逸出,被包裹在颗粒内,具有封闭性孔穴,内部呈蜂窝状结构。

碎片包括结晶矿物颗粒碎片和玻璃体碎片。

3. 粉煤灰的物理性质

在粉煤灰的形成过程中,由于表面张力作用,粉煤灰颗粒大部分为空心微珠。微珠表面凹凸不平,微孔较小,一部分因在熔融状态下互相碰撞连结,成为表面粗糙、棱角较多的蜂窝状粒子。由于燃煤的种类、煤粉的细度、燃烧方式和温度,以及电厂收尘效率、排灰方式的不同,粉煤灰的物理性质也随之变化。

① 颜 色

粉煤灰外观像水泥,它的化学成分和细度,使其具有由乳白到灰黑等不同颜色,含碳量越高,颜色越深,炭粒存在于粉煤灰的粗颗粒中。粉煤灰的颜色,可在一定程度上反映粉煤灰的含碳量和细度,在商品粉煤灰的质量评定和生产控制中,颜色是一项重要指标,颜色越深,质量越低。

② 密度和容重

低钙灰的密度一般为 $1.8\sim2.8\ g/cm^3$,高钙灰的密度可达 $2.5\sim2.8\ g/cm^3$。如果密度变化,表明其品质也发生了变化。

粉煤灰松散干容重变化范围为 $0.6\sim1.0\ g/cm^3$,压实容重为 $1.3\sim1.6\ g/cm^3$。湿粉煤灰在一定范围内随着含水率的增加,其压实容重也增加,湿低钙粉煤灰压实容重可达 $1.7\ g/cm^3$。

③ 细度、孔隙率和比表面积

粉煤灰颗粒粒径范围为 $0.5\sim300\ \mu m$,大部分在 $45\ \mu m$ 左右;孔隙率为 $60\%\sim75\%$;比表面积为 $2\ 700\sim3\ 500\ cm^2/g$。

④ 需水量比

在水泥或混凝土中掺入粉煤灰,通常可以降低水泥或混凝土的用水量,这是粉煤灰的一个明显的优越性。但若掺用含碳量较高的粉煤灰,则又会明显地增加用水量,这个用水量,称作粉煤灰的需水量。在粉煤灰标准规范中,采用粉煤灰水泥胶砂需水量与基准水泥胶砂需水量的比值表示粉煤灰的需水量比,它是粉煤灰的一项重要品质指标。掺入需水量比大的粉煤灰会降低混凝土强度。

⑤ 粉煤灰的品质指标分级

近年来,国内外提出许多有关粉煤灰的分级方法,其依据各不相同。我国的《粉煤灰混凝土应用技术规范》(GB 50146—2014)规定了考核粉煤灰品质的三个等级四项指标。

4. 粉煤灰的综合利用

目前,国内外已经把粉煤灰广泛应用于建材、建工、回填、筑路、农业、化工、环保、高性能陶瓷材料等众多领域。粉煤灰利用率分别为：英国46％、德国65％、法国75％、日本100％。美国把粉煤灰列入矿物资源的第七位，排在矿渣、石灰与石膏之前。

(1) 回收炭及降低粉煤灰的含碳量

在粉煤灰质量的各项指标中，粉煤灰的含碳量具有重要的意义。粉煤灰的含碳量一般以烧失量(LOI)的形式表示，不同的国家和地区，因其资源状况、经济条件和技术水平等多方面因素的影响，粉煤灰标准中对含碳量的规定也不相同。经济发达国家，对粉煤灰中含碳量的要求比较严格，如在美国，虽然国家标准中规定C级粉煤灰的最高LOI是6％，但实际上，当LOI超过4％时，就很难进入市场。而发展中国家，对粉煤灰质量的要求相对低一些。但总而言之，只有降低粉煤灰的含碳量，才能有效地提高粉煤灰的等级，从而保证粉煤灰产品的质量。

一些经济发达国家，为了降低煤炭燃烧时有害气体(如 NO_X、SO_2 等)的排放量，对锅炉进行了改造，从而导致粉煤灰含碳量的增加。发展中国家，很多燃烧设备陈旧，煤在锅炉中燃烧不充分，粉煤灰中的碳含量较高。

降低粉煤灰中碳含量的方法主要有两种：一是排灰前降低碳的含量，即对锅炉进行改造，使煤粉充分燃烧；二是在高碳粉煤灰排出后，采用一定的工艺和方法，将粉煤灰中的碳去除一部分，主要包括浮选法、电选法和燃烧法。

① 浮选法从湿排粉煤灰中回收炭

浮选法是利用粉煤灰中灰分和炭粒表面亲水性能的差异将其分离的一种方法，是普遍采用的一种碳分离技术。在粉煤灰与水组成的灰浆水中加入浮选药剂，然后在浮选机中导入空气形成气泡，于是炭粒就黏附于气泡浮到灰水表面形成矿化泡沫层，即为精煤。灰分不与气泡黏附而留在灰浆中，即为尾渣，从而达到分选的目的。

② 电选法从干排粉煤灰中回收炭

电选法回收炭，是利用粉煤灰在高压电场的作用下，因灰分与炭的导电性不同而实现分离。灰分的比电阻达 $10^{10} \sim 10^{12}$ Ω，是非导体，炭的比电阻为 $10^4 \sim 10^5$ Ω，是良导体，可采用电选法实现炭灰分离。

③ 燃烧法

燃烧法去除粉煤灰中的炭，是将电厂等燃煤企业排放出来的高碳粉煤灰，再次放入燃烧装置中进行燃烧，以降低粉煤灰的含碳量，并可利用高碳粉煤灰燃烧所产生的热量。

无论采用何种方法，只有降低了粉煤灰中碳的含量，尤其是将粉煤灰的含碳量降低到国家标准中高级粉煤灰的要求后，才能提高粉煤灰的利用水平，从而提高粉煤灰的利用率。

(2) 从粉煤灰中回收铁

煤炭中除了可燃物炭外，还共生许多含铁矿物，如黄铁矿(FeS_2)、赤铁矿(Fe_2O_3)、褐铁矿($2Fe_2O_3 \cdot 3H_2O$)、菱铁矿($FeCO_3$)等。煤炭经过高温燃烧，铁矿物质转变为磁性氧化铁(Fe_3O_4)，可以直接经磁选机选出。

由于煤的来源不同，所以粉煤灰中铁的含量也不相同。一般含 Fe_2O_3 4％～20％，当含 Fe_2O_3 大于7％时，即有回收价值。

粉煤灰中回收铁可以湿选，也可以干选。湿式磁选工艺的主要设备是半逆流永磁式磁选机、冲洗泵和沉淀池。粉煤灰从湿式水膜除尘器下排出后，直接进入磁选机的给料箱，铁精矿选出后流入沉淀池沉淀，尾矿灰通过排灰沟排出。一般电厂采用两级磁选，在一、二级磁选机之间加一台冲洗水泵，这样可以提高磁选效率。经两级磁选的铁精矿品位可达到50％～

56%。干排粉煤灰磁选效果比湿排粉煤灰磁选效果好,根据试验,干排粉煤灰经过一级磁选,铁精矿品位即可达到 55%。

从粉煤灰中回收的铁精矿可用于冶炼生铁,并能达到国家一类生铁标准,因此,它不仅是粉煤灰综合利用的有效途径,也是重要的资源开发形式。

（3）粉煤灰在建材制品中的应用

早在 20 世纪 50 年代,美国蒙大拿州的俄马坝工程大规模地使用粉煤灰,数量达 13 万吨,以替代当时紧缺的水泥,同时也降低了工程造价。实践表明,该大坝工程质量毫不逊色,所以世人把俄马坝工程称为粉煤灰应用史上的第一块里程碑。

① 粉煤灰筑路材料

近年来,粉煤灰在道路工程方面的应用发展较快,特别是应用于高速公路建设,我国的石安高速公路（石家庄至安阳）使用 1 000 万吨粉煤灰作为筑路材料,这在国内是首次。实践证明,粉煤灰石灰碎石、粉煤灰石灰土混合料基层具有较高的强度和较好的板体性,经济效益十分可观,并且粉煤灰的消耗量很大。

② 粉煤灰混凝土

粉煤灰是一种理想的砂浆和混凝土的掺和料。随着对粉煤灰性质的深入了解和收尘新工艺的出现,粉煤灰在泵送混凝土、商品混凝土以及压浆、灌缝混凝土中广泛掺用。国外在修造隧洞、地下铁路等工程中,广泛采用掺粉煤灰的混凝土;我国在三门峡工程中,应用了混凝土和砂浆中掺加粉煤灰的技术。

③ 粉煤灰水泥

国外从 20 世纪 50 年代开始生产粉煤灰水泥,技术成熟;在我国,粉煤灰水泥已成为五大水泥品种之一。目前,我国已经研制出硅酸盐水泥、硅酸三钙水泥、硫酸铝酸钙水泥、低体积质量油井水泥、早强型水泥,有的粉煤灰掺量可达 75%。另外,由于粉煤灰中含有一定量的未燃烧炭粒,所以用粉煤灰配料还能节省燃料。但含碳量大的粉煤灰作为混合材料掺入水泥中,往往增加需水量,影响水泥强度及水泥制品的耐久性。作为水泥活性混合材料使用的粉煤灰,其质量必须符合《用于水泥和混凝土中的粉煤灰》(GB/T 1596—2017)中的规定。

④ 粉煤灰烧结砖及粉煤灰砌块

粉煤灰代替黏土制砖已有 60 多年的历史。由于粉煤灰掺入量最高可达 80%~90%,因此可以节约黏土、减少占用农田和节约燃料。粉煤灰制砖是我国用灰量较大的途径之一。生产粉煤灰砌块具有吃灰量大、能耗低、生产过程中不产生二次污染等特点。

5. 粉煤灰在工业领域中的应用

（1）粉煤灰中提取氧化铝

粉煤灰中添加石灰,用烧结法提取氧化铝,在国外已有较深入的研究,并已投入工业生产,我国也进行了这方面的试验研究。其主要工艺过程为熟料烧成、自粉化溶出、脱硅和煅烧。

（2）粉煤灰制备 SiC 粉末

以粉煤灰为原料,利用碳热还原合成法制备亚微米 α-SiC 粉末,其反应机理主要是:

$$SiO_2(s) + C(s) = SiO(g) + CO(g)$$
$$SiO(g) + 2C(s) = SiC(s) + CO(g)$$

粉煤灰中的铁及其氧化物,在反应过程中起到催化剂的作用,最佳合成温度为 1 400 ℃,产率约为 82%,粉末的平均粒径在 0.7 μm 左右。

（3）粉煤灰制备高分子填充材料

粉煤灰细化加工后可用于材料改性，例如：粉煤灰填充聚氯乙烯塑料制品，可提高塑料弯曲挠度和耐热变温度；粉煤灰填充橡胶制品，可起到增强、硫化和替代炭黑的作用；粉煤灰填充酚醛树脂，可以改善和增强酚醛树脂的尺寸稳定性、弯曲强度、抗冲击强度和压缩强度等。

（4）粉煤灰中提取空心玻璃微珠

空心玻璃微珠是以硅、铝、铁的氧化物为主要组分，以及少量钙、镁、钠氧化物组成的高次结构聚合物的球晶。空心玻璃微珠具有颗粒细小、质轻、空心、隔热、隔音、耐高温、耐磨、强度高及电绝缘等优异的性能，是一种多功能的材料。从粉煤灰中分选空心玻璃微珠，可以采用干法机械分选和湿式分选两种方法。

（5）粉煤灰制备分子筛和白炭黑

利用粉煤灰可制备分子筛，其原料为粉煤灰、氢氧化铝和纯碱，图 9 - 3 所示是球磨后的粉煤灰和所制得的分子筛。

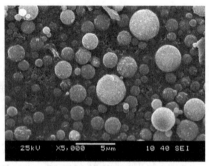
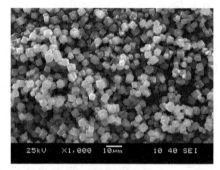

(a) 球磨后的粉煤灰　　　　　　　(b) 分子筛

图 9 - 3　粉煤灰制分子筛

用粉煤灰制备白炭黑的工艺是：粉煤灰与氢氧化钠溶液反应获得 $Na_2O \cdot SiO_2$，然后酸化获得含水轻质二氧化硅。

6. 粉煤灰在农业中的应用

粉煤灰农用开发是一条容量大、投资少的资源化处理途径。我国粉煤灰农业利用已有多年历史，取得了良好效果。粉煤灰农用应符合《农用粉煤灰中污染物控制标准》(GB 8173—1987)。目前粉煤灰的农用大致有两种渠道：一是作改土剂；二是作复合肥的添加剂。

（1）粉煤灰改良土壤

黏土粒度细、黏性大、怕涝、易板结、透气性差，好气性微生物难以活动，土壤中养分不能被生物充分分解，农作物出苗难，生长缓慢。利用粉煤灰改良土壤，可以改善黏土的物理性质。

（2）粉煤灰肥料

粉煤灰富含 Si、Ca、Fe、Mg，还含有一定量的 K，此外还含有相当数量的微量元素，如 S、B、Zn、Cu 等。就化学成分而言，粉煤灰是良好的 Si、Ca 肥及其他中、微量元素资源。粉煤灰多孔、比表面积大、吸附性能好，可吸附某些养分离子和气体，以调节养分释放速度及消除异味，因而是很好的调理剂。粉煤灰含有较多的 Fe，可以磁化成为磁化肥，这种物理功能是其他原料无法比拟的。粉煤灰的这些物理和化学特点，使其在农用开发方面有多方面价值。

粉煤灰中既含有植物所需的营养元素，也可能含有对植物有害的元素和放射性物质等。

由于电厂燃煤来源不同,粉煤灰的性质和各种元素含量也不同。有资料表明,粉煤灰中含铬、砷、铅、汞、镉等有害元素,比无灰对照土略高,但均低于国家农用污泥标准。尽管如此,粉煤灰用于农田应提倡科学性和计划性。

7. 粉煤灰在环境保护中的应用

(1) 粉煤灰用于废水处理

粉煤灰中含有 SiO_2、Al_2O_3、Fe_2O_3、MgO、CaO 和未燃尽碳等,这些物质具有多孔性和大的比表面积,具有良好的吸附和沉降作用。粉煤灰处理废水的作用机理主要有三种:吸附作用(物理吸附和化学吸附)、凝聚作用和沉淀作用。国内外研究发现,粉煤灰对含重金属、有机物、氨氮、磷酸盐和砷废水均表现出较好的吸附性能。

(2) 粉煤灰用于废气处理

$Ca(OH)_2$ 改性粉煤灰制备廉价的吸附剂,能够有效吸附 SO_2;含碳量高的粉煤灰经过活化后,可有效脱除 NO_x,这种材料的吸附能力虽然只是商品活性炭的 50%,但成本较低。

粉煤灰应用最多的是在水泥、混凝土和混凝土产品中的优质粉煤灰,其他不符合技术要求的粉煤灰可用于路基、公路和矿山。粉煤灰利用的障碍是用汽车或火车运输粉煤灰的费用超过了其自身的价值,除非运输距离短,或者有经济上的鼓励和补贴。

二、煤矸石

1. 煤矸石的来源和危害

煤矸石是夹在煤层间的脉石,主要来源于煤矿掘进、回采、洗选和露天煤矿剥离等过程,一般就近堆放于矿区周围,形成巨大的煤矸石山,其产量约为原煤总产量的 $10\%\sim20\%$,是我国工业固体废物中产生量、累计积存量和占地面积最大的固体废物之一。

煤矸石堆积侵占大量土地,影响生态,破坏景观;矸石山的淋溶水(酸性水)污染土壤、地下水和地表水,危害农作物和水产养殖业;由于煤矸石中含有硫化铁和含碳物质,可能自燃,排放出大量烟尘和酸性气体;煤矸石山还存在发生爆炸和滑坡的风险,严重威胁矿区安全。

2. 煤矸石的组成

(1) 煤矸石的矿物成分

煤矸石以黏土矿物和石英为主,常见矿物为高岭石、蒙脱石、伊利石、石英、长石、云母和绿泥石类。煤矸石中的高岭石主要以片状、鳞片状、团状、微粒状等形态存在。

(2) 煤矸石的化学组分

煤矸石以 SiO_2、Al_2O_3 和 C 为主要成分,另外含有数量不等的 Fe_2O_3、CaO、MgO、Na_2O、K_2O、SO_3、P_2O_5 等无机物,以及 Ti、V、Co 等稀有金属。

3. 煤矸石的综合利用

根据煤矸石矿物成分和化学组分的不同,煤矸石的应用主要包括:

(1) 煤矸石发电

煤矸石含碳量一般为 $5\%\sim25\%$,热值为 $3.3\sim6.3$ MJ/kg,属于低热值燃料,可在产矸量大的矿区建设煤矸石电厂。

(2) 煤矸石生产建材

① 煤矸石全部或部分代替黏土,采用烧结工艺生产烧结砖,可大批量利用煤矸石;

② 在烧制硅酸盐水泥时,可掺入 7%～20% 的煤矸石,部分或全部代替黏土配制水泥生料,代替黏土烧制硅酸盐水泥熟料;

③ 采用自燃或煅烧过的符合 GB 2847 要求的煤矸石(60%～75%),掺入硅酸盐熟料(20%～35%)和石膏(1%～5%),可磨制出煤矸石砌筑水泥。

(3) 煤矸石用于工程筑基

煤矸石可用于充填沟谷、塌陷区等低洼的建筑工程用地;用于填筑铁路、公路路基等;用于回填煤矿采空区及废旧矿井等。

(4) 煤矸石用于农业

煤矸石中含有炭质页岩和含炭粉砂岩,有机质含量在 15% 左右,并含有植物生长所需的 Zn、Cu、Co、Mo、Mn 等微量元素,可用于生产有机复合肥料和微量元素肥料等,或直接用煤矸石改良土壤。

(5) 煤矸石制备工业原料

煤矸石中 Al_2O_3 和 SiO_2 的含量分别在 15%～30% 和 40%～60% 之间,因此,可以煤矸石为原料,利用其中的硅、铝、碳等成分制备多种化工原料,如铝盐、硅盐、分子筛、活性炭、复合功能材料等。

① 煤矸石制备铝盐。煤矸石富含铝,可以利用煤矸石制备各种铝盐:以煤矸石为原料,制取硫酸铝;采用酸溶法,制取聚合氯化铝;制取氢氧化铝和铵明矾。

② 煤矸石制备硅盐。以煤矸石为原料制备铝盐,可同时得到各种硅盐。例如,在利用煤矸石制备氯化铝的工艺中,可在同一工艺过程获得水玻璃,其流程为:将煤矸石破碎、焙烧、酸溶和过滤,滤液中的氯化铝加碱调整,可得到合格的液态碱式氯化铝;滤渣中的 SiO_2 与加入的 NaOH 反应,滤液浓缩后得到水玻璃。

③ 煤矸石制备各种分子筛。煤矸石是优质硅、铝原料,可用于制备 4A 分子筛、X 沸石分子筛和丝光沸石等。

④ 煤矸石制备活性炭。因产地不同,煤矸石的组分差别较大,可利用含碳量较高的煤矸石制备活性炭。

第二节　冶金工业固体废物

冶金工业从矿山开采、金属冶炼到加工制造都有固体废物产生,如废石、尾矿、冶金渣、粉尘、污泥、废屑等,统称为冶金工业固体废物。冶金渣(metallurgical slags)是指冶炼过程中排出的废渣,是冶金工业固体废物中数量较多、利用价值最高的一种废渣,其中主要是炼铁产生的高炉渣、炼钢产生的钢渣和有色金属冶炼过程中产生的有色冶金渣。

一、高炉渣

1. 高炉渣的来源和组成

高炉渣(Blast furnace slag),是在高炉炼铁过程中,由矿石中的脉石、燃料中的灰分和熔剂(一般是石灰石)中的非挥发组分形成的固体废物。高炉冶炼过程中,从炉顶加入铁矿石、焦炭和熔剂,当炉内温度达到 1 300～1 500 ℃时,物料熔成液相。在液相中,浮在铁水上的熔渣通过排渣口排出,形成高炉渣。高炉炼铁工艺流程如图 9-4 所示。

高炉渣是冶金工业产生量最多的一种废渣。高炉渣的产生量与矿石品位、焦炭灰分及石灰石、白云石的质量等因素有关,也与冶炼工艺条件有关,通常,每炼 1 t 铁可产生 300～900 kg 高炉渣。冶金企业每年弃渣耗用大量物力和人力,其中包括铺铁路、设置渣场、运输和渣罐消耗等。

工业发达国家(如美、英、法、德、日本等)高炉渣的利用率达到 100%,而且已把老渣场的高炉渣开采完毕,年年达到产用平衡。

高炉渣的主要成分是由 CaO、MgO、Al_2O_3 和 SiO_2 等组成的硅酸盐和铝酸盐,少数含有 TiO_2、V_2O_5 等。Al_2O_3 和 SiO_2 主要来自矿石中的脉石和焦炭中的灰分,CaO 和 MgO 主要来自熔剂。加入熔剂一方面可以形成低熔点的共熔化合物,使高炉渣的流动性好,脱硫率高;另一方面还可以控制锰、硅、碳的含量。上述四种主要成分在高炉渣中占 90% 以上。由于矿石品位和冶炼生铁品种不同,高炉渣的化学成分波动范围较大。当高炉冶炼的炉料稳定且冶炼正常时,炉渣化学成分变动小,这有利于高炉渣的利用。

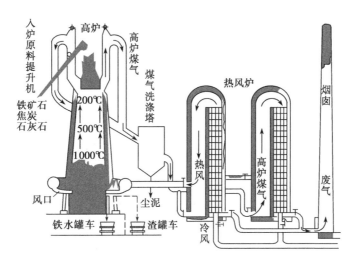

图 9-4　高炉炼铁工艺流程

根据碱度,可以将高炉渣分为碱性渣、酸性渣和中性渣。碱度(R)表示为

$$R = (CaO\% + MgO\%)/(Al_2O_3\% + SiO_2\%) \tag{9-1}$$

式中:CaO%、MgO%、Al_2O_3%、SiO_2%分别为各成分的百分含量。

我国高炉渣大部分接近中性渣。

高炉渣的密度:普通生铁渣为 2.2～2.5 t/m³(液态),2.3～2.6 t/m³(固态)。

高炉渣的性质取决于高温熔渣的处理方法。高炉排出的熔融渣有三种处理方法,即急冷却(水淬法)得到水淬渣、慢冷却(热泼法)得到重矿渣和半急冷却法得到膨胀矿渣珠。高炉熔渣处理方法不同,得到的高炉渣的性质也不相同。

(1) 水　渣

水渣即水淬渣,是高炉熔渣在大量冷却水的作用下形成的海绵状浮石类物质。在急冷过程中,高炉渣的大部分化学成分来不及形成稳定化合物,以玻璃态被保留下来,只有少数化合物形成了稳定的晶体。

（2）重矿渣

重矿渣即块渣，是高炉熔渣在渣坑或渣场自然冷却或淋水冷却形成致密的矿渣后，经挖掘、破碎、磁选和筛分加工成的一种类石料矿渣。重矿渣的矿物组成不同于水渣，其中许多化学成分在慢冷过程中形成稳定化合物，形成的矿物大多不具备活性。其抗冲击性、抗冻性、稳定性良好，耐磨性接近石灰和砂岩，热稳定性较天然碎石差。

（3）膨胀矿渣珠

膨胀矿渣珠即膨珠，是20世纪70年代发展起来的一种新工艺。膨珠是热熔高炉渣在高压水冲击下，经滚筒快速甩入空气中冷却而成，如图9-5所示。

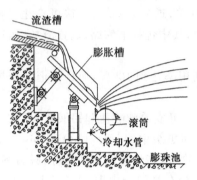

图9-5　炉前膨珠生产工艺

膨珠的外观大都呈球形，表面有釉化玻璃质光泽，珠内有微孔，大孔径为 $350\sim400\ \mu m$。除孔洞外，其他部分是玻璃体，膨珠呈现由灰白到黑的颜色，颜色越浅，玻璃体含量越高，灰白色膨珠玻璃体含量达95%。膨珠微孔互不贯通，吸水率低。

2. 高炉渣的利用

（1）高炉渣制水泥

利用粒化高炉渣作水泥混合材是国内外普遍采用的技术，日本50%的高炉渣用于水泥生产。主要有以下几种：

① 矿渣硅酸盐水泥：将普通硅酸盐水泥熟料、水淬渣和石膏(3%～5%)共同磨细，或者分别磨细后再混合均匀，水淬渣的掺入量一般为20%～70%（质量百分比），波动范围较宽。

② 石膏矿渣水泥：又称矿渣硫酸盐水泥，是由高炉水渣(80%左右)、石膏(15%左右)及少量硅酸盐水泥熟料，混合磨细而成的水硬性胶凝材料。这种水泥有较好的抗硫酸盐侵蚀性能，但早期强度低，易风化起砂。

③ 石灰矿渣水泥：将干燥的粒化高炉渣、生石灰或消石灰以及天然石膏，按适当的比例混合磨细而成的一种水硬性胶凝材料。掺入石膏是为了提高水泥的强度，特别是早期强度。

（2）高炉渣生产矿渣砖

高炉渣生产矿渣砖在我国已有较大的规模应用，其参考配比为：高炉水渣85%～90%，磨细生石灰10%～15%。

（3）高炉渣制碎石

高炉熔渣在空气中缓慢冷却所形成的坚硬石质材料——重矿渣，由挖掘机采掘，并经破碎和筛分后，得到不同粒度的矿渣碎石。粒度小于5 mm的细料称为矿渣砂。

矿渣碎石的密度为 $2.97\sim3.00\ g/cm^3$，其抗压强度相当于一般的天然岩石。吸水率随容重的减小而增大，在0.37%～9.96%之间波动。矿渣碎石的稳定性、坚固性、撞击强度、磨耗率及韧度均符合工程要求，可用于矿渣碎石混凝土、地基工程、道路工程等。

美国、日本、英国等国家把矿渣碎石铺筑公路和机场作为高炉渣利用的重要途径之一。矿渣碎石含有许多气孔，对光线的漫反射性能好，摩擦系数大，用它作基料铺成的沥青路面既明亮，制动距离又短。矿渣碎石比普通碎石具有更高的耐热性能，更适用于喷气式飞机的跑道。矿渣碎石也可以用做铁路道渣，但对其质量要求较严。日本在铁路干线所用的道渣，要求其粒度为 7.0～10.0 mm,吸水率<3％,抗压强度>78.5 MPa,表观密度>1.4 g/cm³,磨耗<5％,用它铺成的铁路,能适当地吸收列车行进时产生的振动和噪声,承载重复荷载的能力强。

（4）高炉渣生产矿渣棉

矿渣棉是以矿渣为主要原料,经化铁炉熔融后,采用高速离心法或喷吹法制成的一种白色丝棉状矿物纤维材料,它具有质轻、保温、隔音、隔热、防震等性能。现已将矿渣棉制成各种规格的板毡、管壳等。

此外,高炉渣可用来生产铸石、农肥,还可利用高钛矿渣作护炉材料。

二、钢　渣

1. 钢渣的来源和性质

炼钢,是以氧化的方法除去生铁中过多的碳元素和硅、硫、磷等杂质,如图 9-6 所示。炼钢过程排出的废渣称为钢渣（Steel furnace slag）。钢渣的产量在冶金工业中仅次于高炉渣,但它的成分不仅复杂而且多变,使得钢渣的利用变得困难,利用率低。

钢渣按冶炼方法可分为平炉钢渣（初期渣、后期渣）、转炉钢渣和电炉钢渣（氧化渣、还原渣）。

钢渣的主要化学成分包括 CaO、SiO_2、Al_2O_3、FeO、Fe_2O_3、MgO、MnO 和 P_2O_5,有的还含有 V_2O_5、TiO_2 等。它们来自:生铁和废钢中的 Si、Mn、P 等,以及少量 Fe 被氧化后生成的氧化物及硫化物;被侵蚀剥落下来的炉衬及补炉材料;金属炉料

气体出口
罩
吹氧枪

火焰
熔融态渣
熔融态铁

图 9-6　炼钢示意图

带入的杂质,如泥沙等;为调整钢渣性质而加入的造渣材料,如石灰石、铁矿石等。钢渣产量约为粗钢量的 15％～20％。

常以 $CaO/(SiO_2+P_2O_5)$ 的比值（R）表示钢渣碱度,根据钢渣碱度的高低,可将钢渣分成三类:$R=0.78～1.8$ 时,为低碱度钢渣,主要矿物为镁橄榄石、镁蔷薇辉石;$R=1.8～2.5$ 时,为中碱度钢渣,主要矿物为硅酸二钙及 RO 相（二价金属氧化物固熔体）;$R>2.5$ 时,为高碱度钢渣,主要矿物为硅酸三钙及硅酸二钙、RO 相。碱度大的钢渣活性大,适宜作钢渣水泥原料。

钢渣是一种由多种矿物组成的固熔体,其性质与化学成分关系密切。

① 密度:钢渣含铁较高,其密度比高炉渣的大,一般在 3.1～3.6 g/cm³。

② 易磨性:钢渣致密,易磨指数为 0.7,比高炉渣（易磨指数为 0.96）难磨。

③ 稳定性:钢渣含游离氧化钙（f-CaO）、游离氧化镁（f-MgO）、硅酸二钙（2CaO·SiO₂）、硅酸三钙（3CaO·SiO₂）等,在一定条件下具有不稳定性。当钢渣吸水后,f-CaO 消解为 Ca(OH)₂,f-MgO 消解为 Mg(OH)₂,体积将会膨胀。因此,含f-CaO、f-MgO 的钢渣不稳定,只有当 f-CaO、f-MgO 消解完全或含量很少时才会稳定。

由于钢渣的不稳定性,在综合利用钢渣时必须注意以下几点:用作生产水泥的钢渣,其硅酸三钙含量要高,在处理时最好不采用缓冷技术;含 f-CaO 和 f-MgO 高的钢渣,不宜用作水泥和建筑制品及工程回填材料;利用 f-CaO 和 f-MgO 消解膨胀的特点,可对含 f-CaO 和 f-MgO 高的钢渣采用余热自解处理技术。

④ 抗压性:钢渣抗压性能好,压碎值为 20.4％～30.8％。

2. 钢渣的处理及加工

由于炼钢设备、工艺和造渣制度等的多样性,决定了各种钢渣具有不同的理化性质;具有不同理化性质的钢渣,利用途径不同;不同的利用途径,要求对钢渣采取不同的加工方法。

(1) 钢渣预处理工艺

钢渣预处理工艺主要有盘泼、水淬、热泼、风碎和冷弃等技术。

盘泼法是将熔融钢渣倒入渣罐,运到盘泼车间,倒入受渣浅盘,形成100 mm厚渣层,再洒水急冷,使钢渣冷却,温度降到500 ℃时,倒入受渣车,第二次洒水冷却,温度降到90～200 ℃,倒入渣池,冷却至70℃,用抓斗抓出,送后一道工序。处理后的钢渣,大部分为粒度30 mm以下的碎块或碎粒。

水淬法原理与高炉渣急冷处理相同,成品称为水淬钢渣。熔渣安全水淬的关键是防止水淬爆炸,控制熔渣不要将水包裹。水淬分为炉前水淬(在炼钢炉前进行,水淬率高,省略熔渣的运输)和室外水淬(安全性高)。

热泼法是将熔融钢渣倒入渣罐,运到泼渣车间,将钢渣倒在具有一定坡度(3%～5%)的热泼场上,经空气冷却使渣表面固化,用适量的冷水喷淋使之急冷,渣饼因温度应力和膨胀应力龟裂成块(余热自解),再经空气冷却,使渣表面温度降至50～100 ℃,用推土机推起送至加工。热泼渣中粒度小于80 mm的约占80%～90%。

风碎法的关键是钢渣风碎粒化装置。装满熔渣的渣罐由行车吊放到倾翻支架上,将渣液逐渐倾倒入中间包后,渣液依靠重力作用,经出渣口、中间仓、流渣槽流到粒化器前方,被粒化器内喷出的高速气流击碎,加上表面张力的作用,使击碎的液渣滴收缩凝固成直径2 mm左右的球形颗粒,撒落在水池中。为防止粉尘污染,水池上方设有除尘水幕。

冷弃法是将熔融钢渣倒入渣槽,缓冷后直接运到渣场抛弃,堆积量大时便形成渣山。

(2) 钢渣加工过程

钢渣均需加工处理才能利用。加工过程包括破碎、分选和陈化。

破碎加工,需按钢渣综合利用目的选择破碎机械。如果拟作烧结原料或用于改良土壤,可选用自磨机。自磨机靠钢渣颗粒间的相互冲击、磨剥作用实现破碎,可以加工小于500 mm的钢渣,处理量大,但设备庞大,加工成本高。如果拟将钢渣用于生产水泥或钢渣磷肥,则应选用球磨机。钢渣入球磨机前要求粒度<100 mm,含水率<2%,含钢量<1%。

分选加工包括磁选和筛分。磁选除去其中的废钢铁,筛分获得所需粒度的规格渣。

陈化堆存,是为了使f-CaO和f-MgO等进一步消解,使钢渣趋于稳定。新钢渣一般要陈化半年以上。

钢渣加工工艺流程如图9-7所示。其中,粗破碎常用颚式破碎机,细破碎用圆锥式破碎机;磁选机有吊挂式磁选机和桶形电磁铁式磁选机;筛分采用格筛、单层振动筛或双层振动筛;设备之间采用带式运输机和提升机连接。

3. 钢渣的利用

不同性质的钢渣有多种用途,主要用于冶金、农业利用、建筑材料、回填等。例如:含磷高的钢渣适宜作磷肥,含磷低的钢渣可作炼铁熔剂,碱度高的钢渣适宜作水泥原料等。经济发达国家,把钢渣大部分制成钢渣碎石,应用在各种混凝土的粗细骨料、筑路、填坑等方面,其次用作炼铁原料,或生产钢渣水泥和钢渣棉等。目前经济效益较好的利用途径是将钢渣用作高炉、

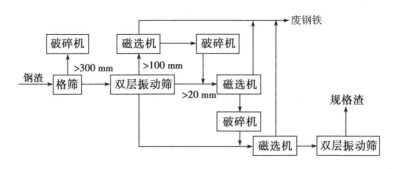

图 9 - 7 钢渣加工工艺流程图

转炉炉料,在钢铁厂内循环使用。

(1)钢渣在冶金中的应用

由于原料和冶炼技术的不同,钢渣中约含有 10%～30% 的铁,40%～60% 的氧化钙,2% 左右的氧化锰等。

烧结矿中可配入 5%～10% 粒径小于 8 mm 的钢渣代替熔剂使用,含磷低的钢渣可作高炉、化铁炉熔剂,亦可返回转炉利用。

采用化学浸提法,可以从钢渣中提取 Nb、V 等稀有元素。钢渣中一般含有 7%～10% 的钢粒,可从中回收钢粒和磁性氧化铁。

(2)钢渣磷肥

钢渣中含有一定量的 P_2O_5,特别是水淬平炉钢渣。国外对于钢渣用作肥料进行了大量的研究,西欧一些国家,钢渣磷肥产量占全部磷肥产量的 25%～50%。目前,我国用钢渣生产的磷肥品种有钢渣磷肥和钙镁磷肥,以钢渣磷肥为主。钢渣中不仅含有磷,还含有钙、硅,亦可作钙硅肥。此外,钢渣中还含有铁、镁、锰、硼等微量元素,是植物所需要的养分。钢渣肥料的生产,首先应除去渣中的铁,然后经球磨机磨细即可。

(3)钢渣矿渣水泥

以平炉、转炉钢渣为主要组分,加入一定量粒化高炉渣和适量石膏,磨细制成的水硬性胶凝材料称为钢渣矿渣水泥。钢渣的最少掺加量(以质量计)不少于 35%,必要时可掺入质量不超过 20% 的硅酸盐水泥熟料。

(4)钢渣碎石

钢渣碎石具有强度高、表面粗糙、稳定性好、不滑移、耐腐蚀、耐久性好、与沥青结合牢固等优良性能,因而特别适于在铁路、公路、工程回填、修筑堤坝、填海造地等方面代替天然碎石使用。钢渣碎石作公路路基,用渣量大,道路的渗水和排水性能良好。

用钢渣代替碎石的关键技术是解决其体积膨胀问题,因此必须对钢渣的稳定性进行检验,并采取措施,促使其完全消解。为此,国外一般是在堆存过程中向堆内洒水,存放半年以后使用。此法虽不一定能使 f - CaO 和 f - MgO 完全消解,但可控制其体积膨胀问题。

4. 钢渣处理利用中存在的问题

钢渣处理利用中存在的问题包括:

① 钢渣成分波动大,不利于利用。如将 f - CaO 和 f - MgO 含量高的钢渣用于工程,会因其消解产生的体积膨胀使工程遭到破坏。

② 钢渣比高炉水渣、水泥熟料难磨。钢渣硬度大,易将机器卡住或损坏。

③ 多种钢渣混合堆放,给钢渣的利用造成困难。

三、赤　泥

有色金属在冶炼过程中也要排放出废渣。有色金属矿石品位低,废渣的排放比例大,利用率较低。有色冶金渣的危害与黑色冶金渣不同。黑色冶金渣排放量大,占用土地,浪费资源。有色冶金渣含有铬、镉、铅等毒性大的重金属,所以,其对土壤、水体和大气的污染比较严重。

1. 赤泥的来源和性质

赤泥(Red Sludge),是从铝土矿提炼氧化铝后排弃的泥浆。每生产 1 t 氧化铝,约排出1～2 t 赤泥。原料品位越低,赤泥产生量越大。目前,国内外赤泥利用率都不高,大部分在堆场贮存,或利用沟谷适当筑堰贮存,更有甚者将其倾倒入海。赤泥自然堆放,液相逐渐进入土壤、地下水和地表水,容易造成环境污染。

赤泥的化学组成较为复杂,主要包括 $CaO(40\%～50\%)$、$SiO_2(20\%左右)$、Al_2O_3、Fe_2O_3、TiO_2、Na_2O。此外,还含有少量稀有金属和放射性元素。

赤泥的矿物组成主要包括硅酸二钙和硅酸三钙,尤以硅酸二钙含量最多。硅酸二钙在激发剂作用下,具有水硬胶凝性能,且水化热不高,这对赤泥综合利用具有重要意义。

赤泥呈红色,其固液比一般为 1:(3～4),所含液相称为附液,具有较高的碱性,pH 为10～12。赤泥颗粒粒度为 0.08～0.25 mm,容重为 0.73～1.0 g/cm^3,真密度为 2.3～2.7 g/cm^3。

赤泥堆由于温度变化和雨水浸泡,盐碱会逐渐溶出,在堆面形成 1 cm 左右白色粉末,表层赤泥则结成具有砂性的硬块,并由原来的红色逐渐转变成蓝黑色。

赤泥排放量大,含水率高,碱性强,属危险固体废物,因此,赤泥堆场应进行防渗处理。

2. 赤泥的利用

多年来,我国针对赤泥的综合利用,开展了许多研究工作,下面简要介绍其主要利用方法。

(1) 生产水泥

赤泥可用于生产水泥,品种有普通硅酸盐水泥、油井水泥和硫酸盐水泥。用赤泥生产水泥,必须发展赤泥脱碱,才能扩大赤泥的掺量。根据研究,赤泥碱含量可以脱至 1.5% 以下,达到这一要求后,赤泥的掺量可由目前的 25%～30% 提高到 50%。

另外,赤泥做建材,其放射剂量有的偏高,应进行放射性元素评价,这成为赤泥利用中应认真对待的问题。

(2) 回收有价金属

赤泥中含有氧化铁,可将其预焙烧后送入沸腾炉,在 700～800 ℃ 下还原,最后经磁选选出铁精矿,供炼铁用。将上述经还原、磁选后的非磁性组分,与一定量的纯碱或石灰石共同烧结,在 pH＝10 条件下,将铝酸盐浸出,再使其水解析出,分离后剩下的渣在 80 ℃ 条件下用 50% 硫酸处理,获得硫酸钛溶液,再经水解得到氧化钛;分离后的残渣,再经酸处理、煅烧、水解等作业,可以从中回收钒、铬、锰等金属氧化物。

第三节　化学工业固体废物

一、概　述

化学工业固体废物,是指化学工业生产过程中产生的固态、半固态或浆状废物,包括生产过程中进行化合、分解、合成等化学反应时产生的不合格产品(包括中间产品)、副产物、失效催化剂、废添加剂、未反应的原料及原料中夹带的杂质等直接从反应装置中排出的,或在产品精制、分离、洗涤时由相应装置排出的工艺废物;此外,还有空气污染控制设施排出的粉尘、废水处理设施产生的污泥、设备检修和事故泄漏产生的固体废物,以及报废的设备和化学品容器等。

化学工业固体废物具有以下特点:

① 化学工业固体废物产生量较大。一般生产 1 吨产品产生 1～3 t 固体废物。化学工业固体废物的产生量和组成随着产品品种、生产工艺、装置规模和原料质量不同而有较大差异。

② 危险废物的种类多,有毒物质含量高,对人体健康和生态环境危害大。化学工业固体废物中,有相当一部分具有急性毒性、反应性、腐蚀性等特性,对人体健康和生态环境有危害或潜在危害。例如:六价铬对人体消化道、呼吸道和皮肤具有强烈的刺激和腐蚀作用,有致癌作用,铬蓄积在动植物组织中,对水体中的动物和植物均有致死作用,含铬废水影响小麦、玉米等农作物生长;氰渣含 CN^-,会引起头痛、头晕、心悸、甲状腺肿大,急性中毒时导致呼吸衰竭致死,对人体危害大;含汞盐泥含有汞,无机汞对消化道黏膜有强烈腐蚀作用,吸入较高浓度汞蒸气可引起急性中毒,烷基汞在人体内能长期滞留,引起水俣病;无机盐废渣中的铅、镉,会对人体神经系统、造血系统、肝、肾、骨骼等造成中毒伤害;含砷化合物有致癌作用;锌盐对皮肤和黏膜有刺激腐蚀作用;蒸馏釜残液中的主要污染物为苯、苯酚、腈类、硝基苯、芳香胺类、有机磷农药等,产生量不大,但浓度较高,对人体中枢神经、肝、肾、胃、皮肤等造成功能障碍与损害,对水生生物、鱼类也有毒害作用;酸、碱渣中的各种无机酸碱,对人体皮肤、眼睛、黏膜有强烈刺激作用,导致皮肤和内部器官损伤和腐蚀,对水生生物也有严重危害。

③ 废物资源化可能性大。化学工业固体废物的组成中,有相当一部分是未反应的原料和反应副产物,例如硫铁矿烧渣、合成氨造气炉渣等可用作制砖和制水泥的原料。一部分硫铁矿烧渣、废胶片、废催化剂中还含有金、银、铂等贵金属,采取适当的物理、化学、熔炼等加工方法,可以将废物中有价值的物质加以回收利用,取得较好的经济效益和环境效益。

二、无机盐工业固体废物

无机盐工业是一个多品种的基本原料工业,其特点是生产厂点多,布局分散,生产规模小,间歇操作多,"三废"治理跟不上。有些无机盐系列产品毒性大,如铬、氰、铅、磷、砷、镉、锌和汞等,生产过程排放出的"三废"对环境污染严重。铬渣、磷泥、氰渣和锌渣是无机盐工业主要固体废物,本节将主要介绍铬渣和磷泥的来源、组成及其资源化技术。

1. 铬　渣

(1) 铬渣的来源和组成

铬渣(Chrome slag),是铬铁矿中加入纯碱、白云石、石灰石,经 1 100～1 200 ℃高温焙烧后,用水浸出铬酸钠后的残渣。每生产 1 t 铬酸盐,约产生 1.8～3.0 t 铬渣,每生产 1 t 金属铬,约产生 12.0~13.0 t 铬渣。

铬渣为浅黄绿色粉状固体,密度一般为 0.9~1.3 g/cm³,呈碱性,主要为水溶性的四水铬酸钠。铬酸钠是强氧化剂,毒性强,无控堆放会对环境造成极大危害,因此,对铬渣的处理和资源化是保护环境的重要课题之一。铬渣组成如表 9-1 所列。

表 9-1　铬渣组成

组　成	Cr_2O_3	六价铬	SiO_2	CaO	MgO	Al_2O_3	Fe_2O_3
比例/%	2.5~7.5	1~2	4~11	23~35	15~33	6~10	7~12

在国外,铬盐生产已有 200 多年历史,为防止铬渣污染扩散,发达国家多将铬盐集中生产,如美国年产 17.2 万吨铬盐的工厂只有 5 家,日本年消耗 120 万吨铬矿石的工厂只有 4 家。他们处理铬渣的主要方法是解毒后堆存、填海或制成建筑材料。

为了控制铬渣的污染,我国颁布了《铬渣污染治理环境保护技术规范(暂行)》(HJ/T 301—2007),规定了铬渣的解毒、综合利用和最终处置,以及这些过程中所涉及的铬渣的识别、堆放、挖掘、包装和运输、贮存等环节的环境保护和污染控制,铬渣解毒产物和综合利用产品的安全性评价等。

(2) 铬渣的综合利用

① 铬渣代替铬矿粉做玻璃着色剂

制造绿色玻璃常用铬矿粉做着色剂,主要是利用 Cr^{3+} 在玻璃中能吸收 446~461 nm、656~658 nm 及 684~688 nm 波长的光,在 650~680 nm 附近有红外吸收带,在 450 nm 附近有蓝色吸收带,二者综合后呈绿色。由于铬渣中含有部分未反应的铬矿粉和六价铬,且高温有利于六价铬转变为三价铬,因此,铬渣可替代铬矿粉做玻璃着色剂。

铬渣经烘干、破碎、筛分后,与玻璃原料一起送入玻璃窑熔制成绿色玻璃。该方法有以下优点:六价铬可以还原为三价铬,达到解毒的目的;铬渣中还含有 MgO、CaO,可以代替玻璃配料中的白云石和石灰石,降低了成本。铬渣加入量<2%时玻璃呈淡绿色,3%~5%呈翠绿色,>6%呈深绿色,但用量不可太高,否则玻璃不透明。铬渣做玻璃着色剂,稳定性良好,经济效益明显,但消渣量不大。

② 铬渣代替白云石、石灰石炼铁

铬渣中氧化钙、氧化镁的含量与炼铁使用的白云石、石灰石中的量相近,可以代替白云石、石灰石炼铁,炼 1 t 生铁耗用 600 kg 铬渣。此法消渣量大,六价铬可完全还原解毒,且使生铁中含铬量上升,机械性能、硬度、耐磨性、耐腐蚀性能提高,是理想的铬渣利用途径。但是在运输、贮存、破碎、成球、烧结过程中,需防止铬渣的二次污染。

另外,铬渣还可用于制铸石、制红砖和青砖、制矿渣棉和作水泥混合料等。

(3) 铬渣的解毒

铬渣的解毒,是将铬渣中的六价铬还原为三价铬,并将其固定。分为干法解毒和湿法解毒。

① 铬渣干法解毒

铬渣干法解毒工艺为:铬渣与煤炭按 100:(10~13)(质量比)混合加入回转窑内,在 980~1 050 ℃进行还原焙烧,使六价铬还原为三价铬,从而达到解毒目的。在密封条件下水淬,使高温铬渣骤冷,防止接触空气,避免三价铬重新氧化成六价铬,并在水淬液中加入适量硫酸及硫酸亚铁,加大还原反应深度。

影响干法解毒效果的因素包括焙烧温度、还原气氛、铬渣粒度和物料酸碱性。为使 CrO_4^{2-} 彻底还原,温度宜高,渣粒直径应尽可能小。

铬渣干法解毒工艺路线短,设备简单,处理费用较低,但操作要求严格。铬渣干法解毒应符合《铬渣干法解毒处理处置工程技术规范》(HJ 2017—2012)。

② 湿法解毒

铬渣磨细成 120 目的料浆,送至解毒反应器中,与硫化钠和硫酸亚铁反应,残渣含过量硫化物,可能造成二次污染。此法的缺点是解毒不彻底,处理费用高,解毒渣不稳定。

2. 磷　泥

磷泥是黄磷生产过程中伴生的一种磷、水和固体粉尘杂质的混合物,以块状或泥浆状的形态沉淀在精制锅、沉降槽、磷泥沉淀池等处的为富磷泥,其含磷量一般在 20%～70%,生产 1 t 黄磷产生 0.1～0.15 t 富磷泥。沉积在黄磷废水处理系统预沉池、平流池和沟道等处的为贫磷泥,其含磷量较低,一般为 1%～10%,生产 1 t 黄磷产生 0.3～0.6 t 贫磷泥。磷泥的主要成分是氧化硅、氧化钙、单质磷和水等。

富磷泥可用来烧制磷酸,其工艺流程为:将富磷泥投入燃烧炉内,燃烧产生大量的 P_2O_5 气体,所产生的气体用水喷淋冷却吸收成为稀磷酸,稀磷酸经浓缩精制可得 85% 的成品磷酸。贫磷泥因其含磷量较低,呈悬浮状态,很难直接烧制磷酸,通常把贫磷泥压滤脱水后,掺入到富磷泥中烧制磷酸。

三、硫酸工业固体废物

硫酸工业固体废物主要包括硫铁矿烧渣、水洗净化工艺废水处理后的污泥、酸洗净化工艺含泥稀硫酸及废催化剂。

硫铁矿烧渣是硫铁矿石焙烧提取硫后,由焙烧炉排出的残渣。硫铁矿主要由硫和铁组成,有的伴生少量有色金属和稀贵金属,在生产硫酸时,硫铁矿中的硫被提取利用,铁及其他元素转入烧渣中。

硫酸生产水洗净化工艺,每吨硫酸排出 5～15 t 酸性废水,废水中含有大量矿尘以及砷、氟、铅、锌、汞、铜等有害物质。目前酸性废水一般采用石灰中和法处理,若达不到排放要求,则用石灰-铁盐法处理,废水处理后产生的污泥需进行处理。

1. 硫铁矿烧渣的来源、组成和排放量

硫铁矿烧渣又称硫酸渣(Pyrite ignition residue),来源于硫酸生产过程。烧渣有的呈红色,有的呈棕色或黑色,其颜色与焙烧温度以及炉内氧化气氛有关。氧化气氛浓,生成 Fe_2O_3 多,则呈红色;若氧化气氛不浓,FeO、Fe_3O_4 比例大,则呈棕黑色。

硫铁矿烧渣的化学成分含量:Fe_2O_3 20%～50%;SiO_2 15%～65%;Al_2O_3＜10%;CaO＜5%;MgO＜5%;S 1%～2%;Pb、Zn、Cu、Co、As 等少量;Ag、Au 微量。

硫铁矿烧渣的排放量与所用的硫铁矿品位有关。我国大型的硫酸厂,一般每生产 1 t 硫酸约排放 0.7～0.8 t 烧渣。中小型硫酸厂排渣的比例更高一些,每生产 1 t 硫酸约排硫铁矿烧渣 0.8～1.0 t。

2. 硫铁矿烧渣的利用

硫铁矿烧渣的利用已有 100 多年的历史,硫铁矿烧渣可作为水泥助熔剂,炼铁的原料以及从渣中提取有色金属等。

(1) 作水泥配料

水泥生产过程中,在生料中掺加硫铁矿烧渣,可以调整水泥成分,提高水泥强度。此外,由于硫铁矿烧渣可以降低烧成温度,因而能减少燃料消耗、延长炉衬寿命。用作水泥配料的硫铁矿烧渣,含铁量大于 40% 即可,对其他杂质含量要求不高,大部分硫酸厂的硫铁矿烧渣可满足其要求,应用较为普遍。

(2) 硫铁矿烧渣制砖

硫铁矿烧渣从沸腾炉排出后,经水淬冷却,与净化系统排出的尘渣一起堆放 10～15 d,使颗粒充分粉化成细粉料,然后与消石灰按一定比例混合均匀后,加入适量的水进行湿碾,使混合料颗粒受到挤压,进一步细化、均匀化和胶体化,得到密实、富有黏性、便于成型的混合料。经过湿碾的混合料进一步陈化后,送入压砖机压制成型,成型后的砖坯在适宜的湿度和温度下,自然养护 28 d 后即可出厂使用。

利用硫铁矿烧渣制砖,可将废渣全部利用,砖的质量符合普通工业与民用建筑的要求。

(3) 硫铁矿烧渣炼铁

利用钢铁企业现有的烧结设备进行掺烧炼铁,简单易行。国内一些钢铁厂均有实践经验。一般掺入硫铁矿烧渣 10% 左右,对烧结质量及各项技术指标均无影响。为了保证经济效益,硫铁矿烧渣的含铁量应在 60% 以上,此外,硫铁矿烧渣中其他成分的含量为:S<0.3%,As<0.07%,Pb<0.1%,Zn<0.2%,P<0.25%。我国硫铁矿中、低品位多,成分杂,这是利用硫铁矿烧渣炼铁的主要障碍。

(4) 从硫铁矿烧渣中回收有色金属

硫铁矿烧渣中配入氯化剂,经球磨、造粒、干燥,在 1 200 ℃ 高温下焙烧,烧渣中的有色金属生成金属氯化物,因具有较高的蒸气压,可以从球团中挥发排出,进入烟气中的金属氯化物在低温下易溶于水,因此用水溶液吸收,可将烟气中有色金属捕集至溶液中分离回收,球团则直接用于炼铁。

另外,利用硫铁矿烧渣还可生产净水剂、铁红颜料、铁黄颜料等。

四、磷肥工业固体废物

磷肥工业固体废物,主要是湿法磷酸生产中产生的磷石膏、普钙生产中产生的酸性硅胶、钙镁磷肥生产中炉气除尘装置收集的粉尘等。磷肥工业固体废物占用大量土地,加上风吹雨淋,废物中可溶性氟和元素磷进入水体,造成环境污染,应当引起重视。

1. 磷石膏的来源和组成

由磷矿石与硫酸反应生产磷酸时所产生的固体废物称为磷石膏。磷石膏是产生量最大的一种废石膏,每生产 1 t 磷酸约排出 3～5 t 磷石膏。在许多国家,磷石膏的排放量已超过天然石膏的开采量。磷石膏的化学组成大致为:SO_3 40%,CaO 30%,SiO_2 5%,Fe_2O_3 0.1%,Al_2O_3 0.1%,MgO 0.2%,P_2O_5 1%,烧失率 23%。磷石膏呈粉末状,颗粒直径为 5～150 μm。

2. 磷石膏的利用

磷石膏虽然与天然石膏的主要成分相同,但由于磷石膏中含有酸性物质,且有 20% 左右的水分,带有色度和杂质,要进行利用先要将其精制,使得成本提高,故磷石膏的利用率不高。

(1) 磷石膏联产硫酸和水泥

利用磷石膏联产硫酸和水泥技术已经成熟,其生产过程是:磷石膏经再浆洗涤、过滤、干燥、脱水成无水石膏,再添加焦炭、黏土和硫铁矿烧渣后,磨细制成生料送入回转窑,经1 150 ℃高温煅烧,生成熟料和 SO_2 窑气,熟料冷却后,掺入高炉水渣和石膏磨细制成水泥,含 SO_2 8%～9%的窑气经电除尘进入硫酸生产系统生产硫酸。

(2) 制硫铵副产碳酸钙或硫磷铵复肥

用磷石膏与碳酸铵反应可制得硫酸铵和碳酸钙。生成的湿硫酸铵结晶与磷铵料浆混合,经氨化、粒化、干燥,还可制得硫磷铵复肥。利用此法可将碳铵产品转化为硫酸铵,碳酸钙可用于生产石灰和水泥,技术可行,经济合理,是一条较好的碳铵品种改造途径。

(3) 用于农业施肥和改良土壤

磷石膏中的硫和钙可以作为农作物的营养元素。农作物缺硫时,蛋白质数量和质量都会降低,土壤缺硫时,磷肥肥效不能充分发挥。钙可以增加农作物根的深度,提高作物的抗旱性。磷石膏中含少量的磷,可以供给作物营养。

(4) 作水泥掺和料

生产水泥需掺入石膏作为缓凝剂,以保证在施工过程中水泥不固化。磷石膏可代替天然石膏,但必须经过预处理,除去磷石膏中可溶性磷酸盐。预处理可采用水洗法,先将磷石膏加水调成浓度为 50%的固体浆料,再经真空过滤即可除去可溶性磷酸盐;也可采用中和法,用石灰(或消石灰)将可溶性磷酸盐转变为不溶性的磷酸钙,再进行干燥、焙烧、碾磨后加水造粒,使之成为 10～30 mm 粒度的产品,每吨水泥约需掺加 4%～6%石膏。

(5) 制造半水石膏与石膏板

含有半个结晶水的硫酸钙称为烧石膏或熟石膏,它的粉料加水调和可塑造成各种形状,不久硬化成二水石膏,利用这一性质可将石膏加工成天花板、外墙的内部隔热板、石膏覆面板及花饰等各种建筑材料。磷石膏内含大量二水硫酸钙,因此如何由二水硫酸钙变为半水硫酸钙,同时去除杂质的研究成为磷石膏利用的关键问题。许多国家开发了由磷石膏制取半水石膏的不同工艺流程,这些工艺流程大体分为两类:一类是利用高压釜法,将二水石膏转化为半水石膏(α-半水物);另一类是利用烘烤法,使二水石膏脱水成半水石膏(β-半水物)。

思考题

1. 简述粉煤灰的来源、组成及其综合利用。
2. 简述煤矸石的来源、组成及其综合利用。
3. 比较高炉水渣和重矿渣的性质及其综合利用。
4. 简述钢渣的来源、性质及其综合利用。
5. 简述赤泥的来源、性质及其综合利用。
6. 简述化学工业固体废物的特点。
7. 简述铬渣、硫铁矿烧渣、磷石膏的来源、性质及其综合利用。
8. 调查并分析我国工业固体废物的产生、转移、利用、贮存和处置现状。

第十章　城市固体废物

第一节　概　述

城市固体废物主要包括生活垃圾、污泥、废弃电器电子产品和医疗废物等。

生活垃圾(municipal solid waste,MSW),是指在日常生活中或者为日常生活提供服务的活动中产生的固体废物,以及法律、行政法规规定视为生活垃圾的固体废物。

污泥(sewage sludge),是指在给水和污水处理过程中产生的沉淀物。

废弃电器电子产品(waste electrical and electronic equipment),是指产品的拥有者不再使用且已经丢弃或放弃的电器电子产品(包括构成其产品的所有零(部)件、元(器)件和材料等),以及在生产、运输、销售过程中产生的不合格产品、报废产品和过期产品。

医疗废物(medical waste),是指医疗卫生机构在医疗、预防、保健以及其他相关活动中产生的具有直接或者间接感染性、毒性以及其他危害性的废物。

对于城市固体废物,应秉持减量化、资源化、无害化的原则,降低其对环境的影响。

第二节　生活垃圾

一、概　述

随着工业的发展和人口的增长,城市日趋庞大,生活垃圾污染已成为社会公害,许多城市被生活垃圾问题所困扰。就我国目前状况而言,要妥善处理好三个方面的问题:一是理顺垃圾综合治理的体制,从根本上解决垃圾收集、运输、处置过程中多头管理、关系不顺的问题;二是选择适合我国国情的技术,大力推行垃圾分类、废物回收、减少垃圾产生(限制过分包装、净菜进城)、再生利用等措施;三是发动全社会参与,需要政府的重视与组织,运用法律、政策、教育、信息管理、企业活动等各种手段,建立一个完善的垃圾管理体制、机制和系统工程,普遍提高全体公民的环境意识与文明素质。发达国家的经验证明,生活垃圾处理产业既是具有可观前景的新兴产业,又是新的经济增长点,更是城市化进程和现代文明建设不可回避的现实问题。因此,必须善待垃圾,让资源回家。垃圾,也许是唯一的不断增长的资源。

二、生活垃圾分类

生活垃圾分类的方式有多种,它与垃圾的收集方法、来源及性质有关,依据《生活垃圾产生源分类及其排放》(CJ/T 368—2011),将垃圾产生源分为十类:

① 居民家庭垃圾:包括居民家庭、社会福利业和托儿所等垃圾。

② 清扫保洁垃圾:包括道路清扫保洁和水域保洁垃圾。

③ 园林绿化垃圾:包括城市绿化和景观场所垃圾。

④ 商业服务网点垃圾：包括批发门市，零售门市，住宿和餐饮门市，营业部和服务门市，房地产业门点，租赁和商务服务门点，居民服务和其他服务，专业技术服务，文化、体育和娱乐场所，邮政门店，装卸搬运和其他运输服务，以及信息传递、计算机和软件服务等垃圾。

⑤ 商务事务办公垃圾：包括金融单位，房地产单位，租赁和商务服务公司，科学研究、技术服务和地质勘查单位，水利、环境和公共设施管理单位，教育、文化、体育和娱乐单位，公共管理和社会组织，国际组织，以及信息传递、计算机和软件服务等垃圾。

⑥ 医疗卫生垃圾：包括医疗卫生单位垃圾。

⑦ 交通物流场站垃圾。

⑧ 工程施工现场垃圾。

⑨ 工业企业垃圾：包括采矿单位，加工制造单位，电力、燃气及水的生产和供应单位等垃圾。

⑩ 其他垃圾。

《城市生活垃圾分类及其评价标准》（CJJ/T 102—2004），将城市生活垃圾分为可回收物、大件垃圾、可堆肥垃圾、可燃垃圾、有害垃圾及其他垃圾六大类：

① 可回收物：包括下列适宜回收循环使用和资源利用的废物，纸类（未严重玷污的文字用纸、包装用纸和其他纸制品等）；塑料（废容器塑料、包装塑料等塑料制品）；金属（各种类别的废金属物品）；玻璃（有色和无色废玻璃制品）；织物（旧纺织衣物和纺织制品）。

② 大件垃圾：是指体积较大、整体性强、需要拆分再处理的废弃物品，包括废家用电器和家具等。

③ 可堆肥垃圾：适宜利用微生物发酵处理并制成肥料的物质，包括剩余饭菜等易腐食物类厨余垃圾、树枝花草等可堆沤植物类垃圾等。

④ 可燃垃圾：可燃烧的垃圾，包括植物类垃圾及不适宜回收的废纸类、废塑料橡胶、旧织物用品、废木等。

⑤ 有害垃圾：垃圾中含有对人体健康或自然环境造成直接或潜在危害的物质，包括废电池，废荧光灯管，废水银温度计和血压计、废药品及其包装物，废油漆、溶剂及其包装物，废杀虫剂、消毒剂及其包装物，废胶片和废相纸等，有害垃圾如图 10 - 1 所示。

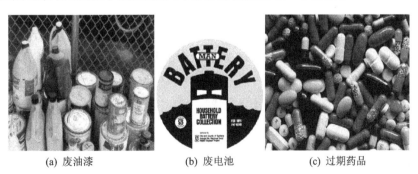

(a) 废油漆　　　　　(b) 废电池　　　　　(c) 过期药品

图 10 - 1　有害垃圾

⑥ 其他垃圾：垃圾分类中，按要求进行分类以外的所有垃圾。

早在 2000 年，我国首批 8 个试点城市开始了生活垃圾分类工作的尝试。但由于生活垃圾分类工作的收运与处置脱节，居民积极性不高，特别是有害垃圾和餐厨垃圾分流处置困难、再生品"出路"难寻、既有利益链条难以打破等因素,社会参与度不高,难以形成规模效应。针对这一情况,2017年,发布的《生活垃圾分类制度实施方案》,要求部分城市先行实施生活垃圾强制分类,细化垃圾分类类别、投放、收运和处置等方面要求,必须将有害垃圾作为强制分类的类别之一,并确定易腐垃圾、可回收物等强制分类的类别。

三、生活垃圾排放量

准确测算垃圾排放量是设立垃圾收集、运输和处置设施的重要前提。由于垃圾排放地点分散,成分复杂多变,排放量受诸多因素影响,难以准确测定。在实际工作中,可用下述方法估算生活垃圾排放量:

1. 输入量分析法

输入量分析法,根据工业产品的数量估算垃圾排放量,又称为产量估算法。各种工业产品都有一定的使用寿命,超过其使用寿命便进入垃圾之列,因此可以据此进行估算。

这种计算方法一般只适用于估算全国范围的垃圾排放量,因为各种工业产品的产量和进出口量是全国性的数据,国家统计部门应有详细的记录。但是对于一个省、一个城市,则不适于用此法估算,因为各类产品在国内各地区之间的流通数量很难准确统计。根据输入量分析法,可以对未来的垃圾排放量及组成进行预测。

2. 模型预测法

生活垃圾产量预测宜采用人均指标法、垃圾年增长率法、回归分析法、皮尔曲线法和多元线性回归法。可优先选用人均指标法和垃圾年增长率法;回归分析法为国家现行标准《生活垃圾产生量计算及预测方法》(CJ/T 106—2016)规定的方法,可选用或作为校核;皮尔曲线法和多元线性回归法计算过程复杂,所需历史数据较多,可供参考或用于校核。本节重点介绍人均指标法和垃圾年增长率法。

(1) 人均指标法

可采用公式(10-1)预测生活垃圾年产量:

预测生活垃圾年产量=该年服务范围内的人口数×该年人均生活垃圾日产量×365

$$(10-1)$$

服务范围内的人口预测数据,可主要参考服务区域社会区域发展规划、总体规划以及各专项规划中的数据。当现有人口预测数据存在明显问题或没有规划数据时,可采用近4年人口平均年增长法预测,计算见公式(10-2):

$$规划人口数=现状人口×(1+i)^t \qquad (10-2)$$

式中:i 为近4年人口年平均增长率,%;

　　t 为预测年数。

现状人口的计算方法为

$$服务范围内人口数=常住人口数+临时居住人口数+流动人口数×K \qquad (10-3)$$

式中:K=0.4~0.6。

预测年人均生活垃圾日产量值可参考近10年该市人均生活垃圾日产量的数据确定:

$$R=\frac{P \cdot W}{S} \qquad (10-4)$$

式中:R 为人均垃圾日产量,t/人;

　　P 为产出地垃圾的容重,t/m³;

　　W 为日产出垃圾容积,m³;

　　S 为居住人数,人。

（2）垃圾年增长率法

按垃圾年增长率法预测生活垃圾年产量,计算见公式(10-5):

$$W_t = W_0 \times (1+i)^t \tag{10-5}$$

式中:W_t 为预测年生活垃圾年产量;

　　W_0 为现状年生活垃圾年产量,W_0＝现状年生活垃圾日产量×365;

　　i 为垃圾年增长率;

　　t 为预测年数,t＝预测年份－现状年份。

现状年生活垃圾日产量可采用采样法计算垃圾日产量或容重法计算垃圾日产量。

① 采样法计算垃圾日产量

采样法计算垃圾日产量见公式(10-6):

$$Y = (R_1 \cdot S_1 + R_2 \cdot S_2 + R_3 \cdot S_3 + R_4 \cdot S_4)/Q_1 \tag{10-6}$$

式中:Y 为按人均日产量计算出的垃圾日产量,t;

　　R_1, R_2, R_3, R_4 为垃圾的人均日产量(见表10-1),t/人;

　　S_1, S_2, S_3, S_4 为不同特征区的人数(见表10-1),人;

　　Q_1 为垃圾日产量的分布比例数,推荐使用65%±5%。

表 10-1　垃圾参数表

生活区特征＼垃圾参数	无燃煤区	半燃煤区	燃煤区	混合区
日清运量/m³	w_1	w_2	w_3	w_4
容重/(t·m⁻³)	p_1	p_2	p_3	p_4
人均日产量/(t·人⁻¹)	R_1	R_2	R_3	R_4
居住人数/人	S_1	S_2	S_3	S_4

注:混合区指两种或两种以上生活区特征的区域。

在计算垃圾日产量时,应根据各地区经济发展状况、居民生活水平和季节变化情况调整垃圾日产量的分布比例 Q_1 的值。

②容重法计算垃圾日产量

容重法计算垃圾日产量见公式(10-7):

$$Y = w_1 \cdot p_1 + w_2 \cdot p_2 + w_3 \cdot p_3 + w_4 \cdot p_4 = W \times P \tag{10-7}$$

式中:Y 为按容重法计算出的垃圾日产量,t;

　　w_1, w_2, w_3, w_4 为不同产出地区、不同季节垃圾日清运量(见表10-1),m³;

　　W 为产出地区年垃圾清运量,m³;

　　p_1, p_2, p_3, p_4 为不同产出地区、不同季节垃圾容重均值(见表10-1),t/m³;

　　P 为产出地区年垃圾容重均值,t/m³。

在使用式(10 - 6)计算时,应注意居住人数的准确性;使用式(10 - 7)计算时,应注意垃圾容重测试方法的正确性和清运量的准确性。

3. 二次数据法

二次数据法,即各类经验公式法。该法不是依据社会产品总量(一次数据)进行计算,而是根据各类间接数据(二次数据)进行估算,例如根据商店的销售数据、居民的经济收入水平、人口密度、消费结构、垃圾收集方法等资料,建立数学模型估算垃圾排放量。

4. 影响生活垃圾排放量的主要因素

① 生产水平和消费水平

生活垃圾的产生量与生产水平和消费水平关系密切。随着生产水平和消费水平的提高,淘汰的生活用品以及其他废物随之增加;同一个地区,经济收入不同的家庭之间,人均垃圾产量也有明显的差别。

② 社会风气

高消费和超前消费的社会风气,一次性消费品的涌现,使得生活垃圾排放量日益增加。此外,"过度包装"也对环境造成巨大压力。据统计,包装废弃物年排放量约占生活垃圾的 1/3,且每年以 10% 的速度递增,对环境的影响日益严重。

③ 季　节

蔬菜、瓜果上市的时候及节假日,生活垃圾排放总量均有明显增长。例如,夏季因西瓜皮的大量排放,生活垃圾清运量猛增。

④ 其他影响生活垃圾排放量的因素

随着城市数量增多、规模扩大和人口增加,生活垃圾的产生量迅速增长。人口密度越大,生活垃圾排放量越大。垃圾收集次数对排放量也有影响,例如美国的波特兰市,由每周收集一次改为每周收集两次,垃圾排放量则增加 20%。

四、生活垃圾理化性质

生活垃圾的组成随地区不同、居民生活水平不同、垃圾产出季节不同、民用燃料结构不同有着较大的变化。各城市的垃圾都有着各自的特点,同一城市不同行政区,其垃圾组成也有差别。在测定生活垃圾的组成时,应该按照《生活垃圾采样和物理分析方法》(CJ/T 313－2009)的要求进行采样、测定和分析。生活垃圾理化性质指标包括垃圾容重、物理组成、含水率、可燃物、灰分以及热值。

1. 样品采集

选取生活垃圾样品采样点时,应了解该区域的类型、服务范围、垃圾产生量、处理量、收运处理方式等,选取的采样点生活垃圾应具有代表性和稳定性。生活垃圾采样点应按垃圾流节点进行选择,如表 10 - 2 所列。垃圾流节点,是指生活垃圾产生、收集、转运、运输和处理物流线路的交汇点。

表 10 - 2　生活垃圾流节点及分类

序　号	生活垃圾流节点	类　别
1	产生源	居住区、事业区、商业区、清扫区等
2	收集站	地面收集站、垃圾桶收集站、垃圾房收集站、分类垃圾收集站等
3	收运车	车厢可卸式、压缩式、分类垃圾收集车、餐厨垃圾收集车等
4	转运站	压缩、分选等
5	处理场(厂)	填埋场、堆肥厂、焚烧厂、餐厨垃圾处理场等

注：1 产生源节点是按产生生活垃圾的功能区特性进行分类，其他节点是按设施的用途进行分类。
　　2 在产生源功能区采样，适用于原始生活垃圾成分和理化特性分析。
　　3 在其他生活垃圾流节点采样，适用于生活垃圾动态过程中成分和理化特性分析。

在生活垃圾产生源设置采样点，应根据所调查区域的人口数量确定最少采样点数：人口数量小于 50 万人，最少设置 8 个采样点；人口在 50 万～100 万，最少设置 16 个采样点；人口在 100 万～200 万，最少设置 20 个采样点；人口大于 200 万时，最少设置 30 个采样点。在生活垃圾产生源以外的垃圾流节点设置采样点，应由该类节点(设施或容器)的数量确定最少采样点数，见表 10 - 3。确定采样点数后，根据该区域内功能区的分布、生活垃圾特性等因素确定采样点分布。在调查周期内，地理位置发生变化的采样点数不宜大于总数的 30%。

表 10 - 3　生活垃圾流节点数与最少采样点数

生活垃圾流节点(设施或容器)的数量	最少采样点数
1～3	所有
4～64	4～5
65～125	5～6
125～343	6～7
＞344	每增加 300 个容器或设施，增加 1 个采样点

根据生活垃圾最大粒度及分类情况，选取的最小采样量应符合表 10 - 4。

表 10 - 4　生活垃圾最小采样量

生活垃圾最大粒度*/mm	最小采样量/kg		主要适用范围
	分类生活垃圾	混合生活垃圾	
120	50	200	产生源生活垃圾、生活垃圾筛上物
30	10	30	生活垃圾筛下物、餐厨垃圾等
10	1	1.5	堆肥产品、焚烧灰渣等
3	0.15	0.15	

＊最大粒度指筛余量为 10% 时的筛孔尺寸。

采样应避免在大风、雨、雪等异常天气条件下进行，在同一区域有多点采样点时，宜尽可能同时进行。

2. 样品制备

一次样品，是对生活垃圾进行分选、破碎、缩分后得到的样品，用于物理组分和含水率等分析。一次样品的制备,是将测定生活垃圾容重后的样品中大粒度物品破碎至 $100\sim200$ mm,摊铺在水泥地面充分混合搅拌,再用四分法缩分 2(或 3)次,至 $25\sim50$ kg 样品,置于密闭容器运到分析场所。

二次样品,是对已完成生活垃圾物理组分和含水率分析的一次样品的各个物理组分进行缩分、粉碎、研磨、混配后得到的样品,用于生活垃圾可燃物、灰分、热值和化学成分等项目分析。在生活垃圾含水率测定完毕后,应进行二次样品制备。

二次样品分为混合样和合成样。混合样,是将生活垃圾烘干后的各成分按其干基百分比混合,经破碎后所制备的二次样品;合成样,是将生活垃圾烘干后的各成分破碎,按其干基百分比混合所制备的二次样品。根据测定项目对样品的要求,将烘干后的生活垃圾样品中各种成分的粒度分级破碎至 5 mm 以下,选择混合样或合成样形式之一制备二次样品备用。二次样品应在阴凉干燥处保存,保存期为 3 个月,保存期内若吸水受潮,则应在 $105\ ℃\pm5\ ℃$ 的条件下烘干至恒重后,才能用于测定。

在样品制备过程中,应防止样品产生任何化学变化或受到污染。在破碎样品时,确实难以破碎的生活垃圾可预先剔除,在其余部分破碎缩分后,按缩分比例将所剔除的部分破碎加入样品中,不可随意丢弃难以破碎的成分。

3. 样品测定

(1) 容　重

通过称量固定体积容器内生活垃圾的质量,计算生活垃圾容重。垃圾容重易测量,是常用的垃圾示性参数。影响生活垃圾容重的因素包括:

① 垃圾本身

容重与废物的真比重和空隙率直接相关。垃圾中灰土和其他无机物越多,则容重越大;纸类和其他可燃物越多,则容重越小。因此,垃圾的容重在一定程度上反映了垃圾的组成。如前所述,垃圾组成与当地的生活水平、消费水平紧密相关,所以容重也有类似的变化规律。

② 外界因素

通常所说的垃圾容重,是指未做任何压实处理的松容重。当垃圾受到各种不同程度的压实之后,其容重将不同程度地增大。据美国测定的结果如下:

未做处理的松散垃圾容重:$60\sim120$ kg/m³;

在垃圾车上被压实器压实后的垃圾容重:$300\sim400$ kg/m³;

从压实的垃圾车上卸下来的垃圾容重:$150\sim240$ kg/m³;

经过破碎的垃圾容重:$350\sim400$ kg/m³;

在垃圾袋中经压实的垃圾容重:$470\sim700$ kg/m³;

填埋后的垃圾容重:$300\sim530$ kg/m³。

(2) 物理组成

生活垃圾采样后应立即进行物理组成分析,否则,必须将样品摊铺在室内避风阴凉干燥的铺有防渗塑胶的水泥地面,厚度不超过 50 mm,并防止样品损失和其他物质的混入,保存期不超过 24 h。不常见的废物,应该排除在外。

物理组成的测定流程:称量生活垃圾样品总重后,按照厨余类、纸类、橡塑类、纺织类、木竹类、灰土类、砖瓦陶瓷类、玻璃类、金属类、其他和混合类的类别分拣生活垃圾样品中各成分,将粗分拣后剩余的样品充分过筛(孔径 10 mm),筛上物细分拣各成分,筛下物按其主要成分分分类,确实分类困难的归为混合类。对于生活垃圾中由多种材料组成的物品,易判定成分种类并可拆解者,应将其分割拆解后,依其材质归入相应类别;对于不易判定及分割、拆解困难的复合物品,可直接将复合物品归入与其主要材质相符的类别中,或根据物品质量,并目测其各类组成比例,分别计入各自的类别中。根据测定目的决定是否将上述组分进行细分,最后分别称量各成分质量。

垃圾的物理组成随地域、生产生活水平、季节、民用燃烧结构的不同而变化,具有混杂性、波动性、时间性和空间性。垃圾的物理组成决定了垃圾的处理处置方法。

（3）含水率

垃圾的含水率随垃圾物理组成、季节、气候等条件而变化,其变化幅度为11%～53%（典型值为15%～40%）。影响垃圾含水率的主要因素是垃圾中动植物含量和无机物含量。当垃圾中动植物含量高、无机物含量低时,垃圾含水率高;反之则含水率低。垃圾含水率还受收运方式（如有无盖子、是否密封等）的影响,露天存放的垃圾,其含水率高。垃圾含水率可用于计算填埋场渗滤液的产生量;当垃圾堆肥或焚烧时,可为处理过程提供调节控制参数。

测定垃圾的含水率,通常将样品放在干燥的容器内,置于电热鼓风恒温干燥箱中,在105 ℃±5 ℃的条件下烘4～8 h（厨余类生活垃圾可适当延长烘干时间）,待冷却0.5 h后称重。重复烘1～2 h,冷却0.5 h后再称重,直至两次称量之差小于样品量的百分之一。

垃圾的含水率按湿基计算,见公式(10-8)。

$$垃圾含水率（\%）＝（样品湿重－样品干重）/样品湿重×100 \qquad (10-8)$$

（4）可燃分与灰分

可燃分,是指生活垃圾经800～850 ℃高温燃烧、灰化冷却后所减少的质量,反映生活垃圾中可燃物所占的比例。

灰分,是指生活垃圾经800～850 ℃高温燃烧、灰化冷却后的残留物。灰分由有机物中的灰分和无机物组成,其中,有机物燃烧产生的灰分一般在5%～6%,无机物主要包括废金属、玻璃、渣石和灰土等。

（5）热　　值

热值有两种表示方法,即粗热值和净热值。粗热值是指物质在一定温度下反应到达最终产物的焓的变化。净热值与粗热值的意义相同,只是产物水的状态不同,粗热值的水是液态,净热值的水是气态,二者之差就是水的汽化潜热。

按照GB/T 213—2008和量热仪操作手册测定垃圾样品的热值,每个样品重复测定2～3次。用于热值测定的样品,按垃圾的组成比例配制,但不要配金属。测得的结果需把水分和金属计算在样品总量之中,获得单位质量垃圾的热值。氧弹量热仪直接测定的热值可近似作为样品干基高位热值,并按下式换算成湿基高位热值和湿基低位热值:

$$Q_{\mathrm{h}} = \frac{1}{m} \sum_{j=1}^{m} Q'_{j(\mathrm{h})} \times \frac{100 - C_{(\mathrm{w})}}{100} \qquad (10-9)$$

$$H' = \sum_{i=1}^{n} \left[H'_i \times \frac{C'_i}{100} \right] \qquad (10-10)$$

$$Q_{(\mathrm{l})} = Q_{(\mathrm{h})} - 24.4 \times \left[C_{(\mathrm{w})} + 9H' \times \frac{100 - C_{(\mathrm{w})}}{100} \right] \qquad (10-11)$$

式中:$Q'_{j(\mathrm{h})}$为干基高位热值,kJ/kg;

Q_h 为湿基高位热值,kJ/kg;

$Q_{(l)}$ 为湿基低位热值,kJ/kg;

H' 为干基氢元素含量,%;

$C_{(w)}$ 为样品含水率,%;

C_i' 为某成分干基百分含量,%;

j 为重复测定序数;

m 为重复测定次数;

i 为各成分序数;

24.4 为水的凝缩热常数,kJ/kg。

垃圾热值是垃圾焚烧厂设计的重要依据。实际上,在焚烧过程中,由于空气的对流辐射、可燃组分的未完全燃烧、残渣的显热以及烟气的显热等原因,都会造成热能的损失。因此,垃圾焚烧后可以利用的热值应从焚烧产生的总热值中减去各种热损失。

（6）化学分析

生活垃圾中的 C、H、O、N、S 含量分析,与垃圾作为资源、能源的价值有着密切的关系,一般只测定干垃圾中各元素的含量。这些元素的含量与垃圾的物理组成密切相关,可采用元素分析仪测定生活垃圾中的 C、H、O、N、S。

垃圾中的重金属含量和营养成分也影响其处置和资源化,根据《生活垃圾化学特性通用检测方法》(CJ/T 96—2013)的测定要求选择二次样品测定。

五、生活垃圾的处置及资源化

1. 露天堆存

露天堆存,是指将生活垃圾无控堆放在城郊的空旷地或低洼地,是最原始的处置方式。由于对垃圾不加掩盖,不做处理,露天堆存已带来一系列的问题:侵占耕地,破坏土地生态平衡;污染空气;滋生蚊蝇,传播疾病;污染水体,特别是地下水等。鉴于垃圾露天堆存对人类健康和自然环境的危害,目前发达国家已放弃此种处置方法,而大多数发展中国家受经济条件的制约,仍在使用。

2. 热处理

（1）焚　烧

对于土地资源紧张、人口密度高、经济较发达、生活垃圾热值满足要求的地区,可采用焚烧技术。常用的机械炉排焚烧炉如图 10 - 2 所示。

垃圾焚烧出现在 19 世纪初,当时采用露天开放式燃烧,或用砖块简单地砌成燃烧室集中燃烧。19 世纪下半叶,相继出现全封闭式的垃圾焚烧设施,目的在于通过高温处理灭除垃圾携带的细菌及病原体。20 世纪 50 年代,开发出分批投入垃圾的间歇机械式炉排,燃烧规模可达 40 t/d。60 年代末,开始利用垃圾热能供热。20 世纪 70 年代以后,垃圾焚烧不断向大规模方向发展,燃烧形式多样化,各种新型焚烧炉不断涌现,并开发出焚烧规模在 2 000 t/d 以上的特大型焚烧炉。随着自动化技术应用于垃圾焚烧领域,使得垃圾焚烧自动化控制水平迅速提高。目前,在德国和日本,焚烧是垃圾处置的重头戏。丹麦规定:只有被回收利用处理后的垃圾,才能焚烧。丹麦的"超超临界燃烧发电技术"是世界领先的高效发电技术,把垃圾、天然气、麦秆等多种燃料

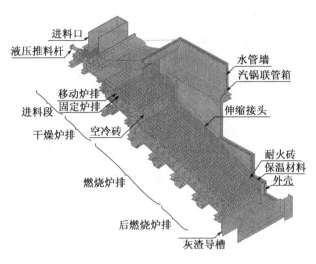

进料口
液压推料杆
移动炉排
进料段
固定炉排
干燥炉排
空冷砖
燃烧炉排
后燃烧炉排
灰渣导槽
水管墙
汽锅联管箱
伸缩接头
耐火砖
保温材料
外壳

图 10 - 2　机械炉排焚烧炉

在同一炉体中燃烧,净发电效率达 49%。

　　焚烧过程中,垃圾中的可燃分快速氧化稳定化,垃圾体积减小 90%,质量减少 75%;燃烧烟气可控排放,灰渣呈惰性;焚烧技术占地省,处理费用可通过热能回收得到补偿。但是,焚烧技术复杂,运行、监管水平要求高,需特别关注二噁英的控制,建设投资和运行成本较高。建设垃圾焚烧厂,必须考虑公众的意见。

　　垃圾分类是垃圾焚烧的必要条件,垃圾分类对于垃圾焚烧而言,可以起到减量(减少垃圾处理量)、减排(减少污染排放量)、提质(改善燃烧工况)、提效(提高发电效率)等作用,垃圾分类做得好,可以提高公众对垃圾焚烧技术的接受度。

　　(2) 热解和气化

　　热解,是利用垃圾中有机物的热不稳定性,在贫氧或缺氧条件下热分解含碳物质,使有机物热裂解,形成燃料油、燃料气和焦炭,各组分比例与温度有关。气化,是利用空气、纯氧或富氧空气部分氧化有机物,碳转化为合成气,常用于生物质气化。热解比气化温度低,与焚烧相比,热解具有排出废气少、硫和重金属等大都固定在残渣之中的特点,但热解技术复杂,处理成本高。热解-焚烧有时会联合运行,如图 10 - 3 所示。

　　(3) 等离子体焚化技术

　　等离子体焚化技术(plasma arc),是采用等离子体技术,电离空气产生高温,有毒物质在高温下快速分解,不产生二噁英,特别适于有毒废料和核废料的处理。等离子体是一种新的热源,它具有能量集中、高温、反应速度快、电热转化效率高等特点。美国、日本等国家已开始利用等离子体焚化技术处理各种化工废物、焚烧残渣以及其他有机废物,如旧轮胎、废塑料等,并使其转化为可燃烧气体。

　　3. 生化处理

　　(1) 卫生填埋

　　卫生填埋技术成熟,作业相对简单,对处理对象的要求较低,在不考虑土地成本和后期维护的前提下,建设投资和运行成本相对较低,如图 10 - 4 所示。

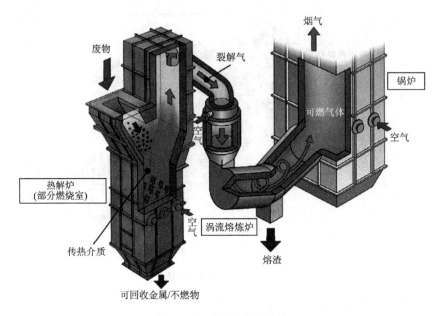

图 10-3　热解-焚烧系统

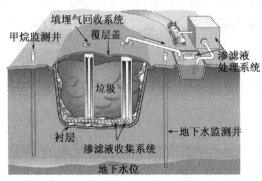

图 10-4　填埋场

　　卫生填埋场应具有安全可靠的衬层系统,渗滤液收集、输送和处理系统,填埋气收集、控制和利用系统,须设置防洪沟和排水沟,实现雨污分流;建设和运行过程中需采用压实设备对场地和填埋物进行压实;运行时应控制滋生生物和飘屑对环境的影响;对地下水应定期监测;卫生填埋场投资和运行费用相对较低。但是,填埋气体中含有卤化物、汞、氡和其他有毒有机化合物,温室气体排放量可观,填埋场占地面积大,臭气、扬尘和飘屑不容易控制;渗滤液处理难度较高,渗滤液泄露对地下水和地表水产生环境影响;填埋场运行时会有噪声影响,以及滋生蚊蝇和老鼠,带来卫生方面的问题,传播疾病。生活垃圾稳定化周期较长,生活垃圾处理可持续性较差,环境风险影响时间长,卫生填埋场填满封场后需进行长期维护。

　　因此,对于拥有相应土地资源且具有较好的污染控制条件的地区,可采用卫生填埋方式实现生活垃圾无害化处置,并应通过生活垃圾分类回收、资源化处理、焚烧减量等多种手段,逐步减少进入卫生填埋场的生活垃圾量,特别是有机物数量。丹麦规定:只有无法回收利用也无法焚烧的垃圾,才允许填埋。粗略统计,2010 年哥本哈根只有 1.9% 的垃圾被填埋处理。丹麦的建筑垃圾,1990 年 92% 的建筑垃圾被填埋,如今,92% 被回收利用,8% 被填埋处置。

（2）堆肥化

生活垃圾中的有机质在微生物作用下，进行生物化学反应，最后形成类似腐殖质土壤的物质，可作肥料或土壤改良剂。常采用好氧发酵工艺，周期短、无害化效果好，如图 10 - 5 所示。

由于各国工业发展程度不同，所采用的堆肥化工艺也有差异，欧美等国家采用成套机械化堆肥，亚洲和非洲国家多采用人工或半机械化堆肥。

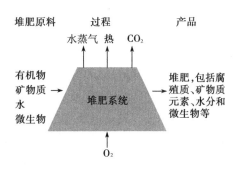

图 10 - 5　堆肥化过程

卫生填埋是目前使用最普遍的垃圾处置方式，焚烧法次之。各地区应结合人口聚集程度、土地资源状况、经济发展水平、生活垃圾成分和性质等，选择合适的生活垃圾处置技术路线。

4. 生活垃圾的资源化

（1）废旧轮胎的综合利用

随着各类汽车数量的急剧增加，随之而来的不仅是道路拥堵和尾气污染等问题，每年产生的大量废旧轮胎已成为亟待解决的问题。大量的废旧轮胎，若任意堆放，不仅影响景观，还会因积水而滋生蚊虫和病菌，也埋下了发生重大火灾的隐患，被称为"黑色污染"。另一方面，废旧轮胎全身是宝，被誉为"黑色黄金"，含有尼龙纤维、钢丝、橡胶等，资源化前景广阔。

废旧轮胎资源化途径包括：直接整体利用（翻修、用作防护设施等），用作水泥窑燃料，裂解获得燃料油和燃料气，生产再生胶，生产胶粉等。废旧轮胎可采用机械破碎或低温破碎，分离橡胶、金属和纤维。

（2）废旧玻璃的综合利用

玻璃不仅满足了建筑和日常生活所需，也是科研和尖端科学不可缺少的材料。随着玻璃工业的发展，随之而来的是大量废旧玻璃的产生。废旧玻璃主要来源于玻璃的生产、加工和玻璃制品，如酒瓶、罐头瓶、饮料瓶等玻璃包装物，占生活垃圾总量的 2% 左右。

欧美等发达国家在 20 世纪 70 年代，就认识到废旧玻璃利用的重要性，把废旧玻璃作为一种重要的原料回收，利用率高。例如，英国将之前盛装可饮用液体的玻璃瓶制成绿砂，用于自来水公司的砂滤池，不仅避免了大量采砂，还实现了绿玻璃瓶的回收利用。我国废旧玻璃的回收行为缺少引导和约束，零散而无序，回收利用率低。大量的废旧玻璃弃之不用，既浪费了资源、污染了环境，也给人们的生产和生活造成了伤害和不便。

目前，废旧玻璃主要可用于生产下列产品：泡沫玻璃、玻璃马赛克、槽形玻璃、微晶玻璃装饰板、玻璃沥青、玻璃棉制品、烧结型饰面材料和混凝土。

（3）建筑垃圾

建筑垃圾，是建设单位、施工单位新建、改建、扩建和拆除各类建筑物、构筑物、管网等以及居民装饰装修房屋过程中所产生的弃土、弃料及其他废弃物。

在我国，建筑垃圾会经过"一拆、二拣"的洗礼。一拆，指专业或非专业的拆除公司将废弃建筑中有用的门窗、设备、材料、灯具、钢材等取出，自行处理；二拣，是指拾荒大军自发将零星钢筋、整砖、木材、塑料、纸张、布等一切可以作废品出售的物件拣走。剩下的碎砖瓦、土、混凝土和砂浆块，就成为"纯净"的建筑垃圾。这些"纯净"的建筑垃圾再被运到堆放点弃置。由于运输成本提高、运距延长,运输企业为保本或争取更大利益,往往就近随意倾倒。

　　建筑垃圾再生的基本形式是再生骨料、粉料,继而可以作为天然砂石、土资源生产各种再生砖(砌块)、路用无机混合料及路用制品、再生骨料混凝土、砂浆、水泥、填充用混凝土等各种建材产品。建筑垃圾作为一种新型资源使用,可节省大量的天然资源,保护环境,具有显著的社会、环境和经济效益。建筑垃圾经过资源化处置,95％以上可成为工程建设的原材料,并能应用在建设工程中。发达国家早已把建筑垃圾作为一种建材资源开发利用,例如,德国的建筑物拆除公司也承担建筑垃圾的处置和再加工任务,建筑垃圾的处置是其收入的重要组成部分。废物利用部门在现场破碎和筛分拆除的砖和水泥,将金属部件回收后继续加工,将有机成分和塑料回收后送去焚烧以回收热能。我国的建筑垃圾资源化进程比较缓慢,建筑垃圾资源化率(建筑垃圾制成再生建材应用到工程上的比例)不足 5％。

5. 我国生活垃圾的处置及资源化

　　我国的生活垃圾处置及资源化应符合《生活垃圾综合处理与资源利用技术要求》(GB/T 25180—2010)的要求,实现对生活垃圾的减量化、资源化和无害化处理。生活垃圾处置与资源利用的模式,按处理单元工艺技术组合,分为下列四种类型:

　　① 预处理和卫生填埋:分选出生活垃圾中的可回收物后,其他残渣进行卫生填埋。

　　② 预处理、堆肥化和卫生填埋:分选出可回收物和可生物降解垃圾,可生物降解垃圾进行好氧或厌氧堆肥化处理,残渣进行卫生填埋。

　　③ 预处理、焚烧和炉渣利用:分选出可回收物并将垃圾分类,其余垃圾焚烧,焚烧后的残渣进行利用。

　　④ 预处理、堆肥化、焚烧和卫生填埋:分选出可回收物并将垃圾分类,可生物降解垃圾进行好氧或厌氧堆肥化处理,可燃垃圾焚烧,残渣进行利用,未进入以上环节的垃圾进行卫生填埋。

　　生活垃圾预处理的基本要求包括:分拣可回收利用组分,分离有毒有害组分;均混物料;分选或破碎大块物料。

　　总之,生活垃圾处理、处置系统和设施设计应注意灵活性,须考虑到环境问题的重要性和存在性的变化、经济成本、设备寿命和系统运行责任制度的改变。

六、生活垃圾的管理

　　20 世纪 50 年代以前,各国对生活垃圾的管理几乎没有系统的法律条文,有的国家虽然有些规定,但大都不够完善。随着城市化的发展,人们日益认识到有必要把生活垃圾纳入城市管理机制,并用法律的形式将生活垃圾的管理列入城市建设计划之中。1970 年美国联邦政府与议会通过了《资源保护与回收法》;1974 年英国制定了《污染控制法》;1976 年法国颁布了关于废弃物处置和回收的 75-633 号法令;1972 年联邦德国通过了《废弃物管理法》,1986 年又通过了新的《垃圾法》等。生活垃圾的处理经历了了解垃圾的来源和质量阶段、加强垃圾的处理阶段和从数量上控制垃圾等三个阶段。

　　日本在垃圾的循环利用方面成效卓著。从 2001 年 4 月 1 日起实施的七项资源再利用法律,包括《家用电器再利用法》《食品再利用法》《环保商品购买法》《建设再利用法》《推进建立循环型社会基本法》《有效利用资源促进法》和《容器再利用法》,一边控制垃圾数量、实现资源再利用,一边奠定"循环型社会"的基础,走出大量生产、大量消费、大量废弃的社会。这七项法律的基本精神是三个要素,即资源再利用、旧产品与旧零部件再利用和减少废弃物。

《家用电器再利用法》是与消费者关系密切的法律,规定商店和厂家有义务回收和再利用旧家用电器,对象是电视机、冰箱、洗衣机和空调。消费者在购买这四种电器时,不仅需要支付新电器的货款,还要支付处理旧电器的费用,每个地区的附加回收费用各不相同。零售商负责收集,制造商回收利用 60% 的废旧产品。

《食品再利用法》规定,要减少餐饮业、食品厂和超市等产生的食品垃圾和剩饭剩菜,并作为肥料和饲料进行再利用。

《环保商品购买法》规定,国家和地方政府应率先购买和使用有利于保护环境的商品,目的在于向社会提供环保商品信息。

《建设再利用法》规定,施工单位有义务拆解和再利用建筑工地产生的建筑废弃物。具体而言,就是对混凝土、沥青和木材这三种废弃物进行拆解和再利用。

《推进建立循环型社会基本法》和《有效利用资源促进法》,从产品的设计和生产阶段起,推动资源再利用、旧产品与旧零部件再利用和减少废弃物。

《容器再利用法》在减少和利用纸制和塑料制容器包装方面取得了成效。

垃圾收集的管理、垃圾处理企业的管理、行政主管部门的管理是垃圾资源化的重要环节。目前我国生活垃圾的分类与管理主要遵循以下法律法规:

《生活垃圾产生源分类及其排放》　CJ/T 368—2011

《城市生活垃圾分类及其评价标准》　CJJ/T 102—2004

《生活垃圾分类标志》　GB/T 19095—2008

《生活垃圾产生量计算及预测方法》　CJ/T 106—2016

《生活垃圾采样和分析方法》　CJ/T 313—2009

《生活垃圾化学特性通用检测方法》　CJ/T 96—2013

《生活垃圾综合处理与资源利用技术要求》　GB/T 25180—2010

第三节　污　泥

一、概　述

污泥(sewage sludge),是在水和污水处理过程产生的固体沉淀物质。按污泥来源,分为给水污泥、生活污水污泥和工业废水污泥;按污泥的成分,分为有机污泥和无机污泥;按污泥从水中的分离过程,分为沉淀污泥(包括初沉污泥、混凝沉淀污泥、化学沉淀污泥等)及生物污泥(包括腐殖污泥、剩余活性污泥等);按污泥所处的处理阶段,分为生污泥、浓缩污泥、消化污泥(熟污泥)、脱水污泥和干污泥等。每万 m³ 污水经处理后污泥产生量(按含水率 80% 计)一般约为 5~10 t,具体产生量取决于排水体制、进水水质、污水及污泥处理工艺等因素。

二、污泥的性质

污泥性质主要包括物理性质、化学性质和卫生学指标等方面,污泥性质是选择污泥处理处置工艺的重要依据。

1. 物理性质

（1）含水率

含水率，是指污泥中所含水分的质量与污泥质量之比。初沉污泥的含水率通常为97%～98%，活性污泥的含水率为99.2%～99.8%，污泥经浓缩之后，含水率为94%～96%，经脱水之后，可使污泥含水率降低到80%乃至60%左右。

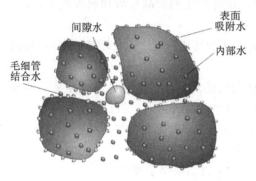

间隙水　表面吸附水　内部水　毛细管结合水

图 10-6　污泥中水分的存在形式

污泥中的水分，按其存在形式可分为间隙水、毛细管结合水、表面吸附水和内部水，如图 10-6 所示。间隙水存在于污泥颗粒间隙中，占污泥水分的70%左右，可借助于自然重力场或者机械产生的人工力场分离出间隙水。毛细管结合水存在于污泥颗粒间形成的毛细管中，占污泥水分的20%左右，须采用机械脱水或热处理去除，如采用高速离心机或压滤机脱水。表面吸附水吸附在污泥颗粒表面，占污泥水分的7%左右，可采用加热法脱除。内部水存在于污泥颗粒内部或微生物细胞内，占污泥水分的3%左右，可采用生物法破坏细胞膜除去胞内水，或采用高温加热法、冷冻法去除。

污泥中的水分与污泥颗粒结合的强度由大到小的顺序为：内部水＞表面吸附水＞毛细管结合水＞间隙水，该顺序也表示污泥脱水的难易程度。

（2）比　阻

比阻，是单位过滤面积上过滤单位质量的干固体所受到的阻力。通常，初沉污泥比阻为 $20 \times 10^{12} \sim 60 \times 10^{12}$ m/kg，活性污泥比阻为 $100 \times 10^{12} \sim 300 \times 10^{12}$ m/kg，厌氧消化污泥比阻为 $40 \times 10^{12} \sim 80 \times 10^{12}$ m/kg。一般，比阻小于 1×10^{11} m/kg 的污泥易于脱水，大于 1×10^{13} m/kg 的污泥难以脱水。机械脱水前应进行污泥调理，以降低比阻。

（3）水力特性

水力特性，是指污泥的流动性和混合性，主要受黏度和流速的影响。

污泥的流动性，是指污泥在管道内的流动阻力和可泵性。污泥含固率小于1%时，其流动性能与污水基本一致。污泥含固率大于1%，当在管道中流速较低时（1.0～1.5 m/s），其阻力比污水大；当在管道中流速大于 1.5 m/s 时，其阻力比污水小，其原因是含固率大于1%的污泥为非牛顿型流体，在低流速下，污泥为层流状态，其流动性受黏度的影响较大；而在高流速时，污泥为紊流，污泥的黏滞性会消除由管壁形成的涡流，降低阻力。当污泥含固率超过6%时，污泥的可泵性较差。污泥的含固率越高，其混合性越差，不容易均匀混合。

2. 化学性质

污泥的化学性质复杂，是影响污泥处理处置技术方案选择的主要因素，包括挥发分、植物营养成分、热值、有毒有害物质等。

（1）污泥挥发分

污泥挥发分代表污泥中有机物的含量，决定了污泥的热值与可消化性，是污泥重要的化学性质。一般，初沉污泥挥发分为50%～70%，活性污泥挥发分为60%～85%，经厌氧消化后的污泥挥发分为30%～50%。

（2）植物营养成分

污泥的植物营养成分主要取决于污水水质及其处理工艺。我国污水处理厂污泥中植物营养成分总体状况如表 10-5 所列。

表 10-5　我国城镇污水处理厂污泥的植物营养成分（以干污泥计）

污泥类型	总氮（TN）	磷（P_2O_5）	钾（K）
初沉污泥/%	2.0～3.4	1.0～3.0	0.1～0.3
活性污泥/%	3.5～7.2	3.3～5.0	0.2～0.4

（3）热　值

污泥的热值与污水水质、排水体制、污水及污泥处理工艺有关，各类污泥的热值如表 10-6 所列。干污泥有较高的能量利用价值，污泥水分会降低热值。

表 10-6　各类污泥的热值

污泥类型	热值（以干污泥计）/（$MJ \cdot kg^{-1}$）
初沉污泥	15～18
初沉污泥与剩余活性污泥混合	8～12
消化污泥	5～7

（4）有毒有害物质

污泥中的有毒有害物质主要指重金属和持久性有机物等物质。我国 2006 年 140 个城镇污水处理厂污泥中重金属含量如表 10-7 所列。

表 10-7　我国 2006 年 140 个城镇污水处理厂污泥中重金属含量

mg/kg 干污泥

项　目	Cd	Cu	Pb	Zn	Cr	Ni	Hg	As
平均值	2.01	219	72.3	1058	93.1	48.7	2.13	20.2
最大值	999	9 592	1 022	30 098	6 365	6 206	17.5	269
最小值	0.04	51	3.6	217	20	16.4	0.04	0.78

3. 卫生学指标

卫生学指标主要包括细菌总数、粪大肠菌群数、寄生虫卵含量等。初沉污泥、活性污泥及消化污泥中细菌、粪大肠菌群及寄生虫卵的一般数量如表 10-8 所列。

表 10-8　城镇污水处理厂污泥中细菌与寄生虫卵均值表（以干污泥计）

污泥类型	细菌总数 10^5 个/g	粪大肠菌群数 10^5 个/g	寄生虫卵 10 个/g
初沉污泥	471.7	158.0	23.3（活卵率78.3%）
活性污泥	738.0	12.1	17.0（活卵率67.8%）
消化污泥	38.3	1.2	13.9（活卵率60%）

三、污泥的处理

污泥处理主要是指对污泥进行稳定化、减量化和无害化处理的过程。在一定范围内，污泥的稳定化、减量化和无害化等处理设施宜相对集中设置。

1. 污泥浓缩

污泥浓缩,通过去除污泥颗粒间的自由水分,达到减容的目的,为污泥脱水创造条件,目前经常采用重力浓缩和机械浓缩。

重力浓缩是常用的污泥浓缩方法,其构筑物是重力浓缩池(见图 10-7),分为间歇式浓缩池和连续式浓缩池。重力浓缩池储存污泥的能力强,占地面积较大,臭味大,不进行曝气搅拌时,在池内可能发生污泥的厌氧消化,污泥上浮,从而影响浓缩效果,且厌氧状态会使污泥中已吸收的磷释放。初沉池污泥采用重力

图 10-7　重力浓缩池

浓缩,含水率一般可从 97%~98%降至 95%以下;剩余污泥一般不宜单独进行重力浓缩;初沉污泥与剩余污泥混合后进行重力浓缩,含水率可由 96%~98.5%降至 95%以下。

机械浓缩主要有离心浓缩、带式浓缩、转鼓浓缩和螺压浓缩等方式,具有占地省、避免磷释放等特点,与重力浓缩相比电耗较高,并需要投加高分子助凝剂。机械浓缩一般可将剩余污泥的含水率从 99.2%~99.5%降至 94%~96%。

2. 污泥调理

污泥调理(sludge conditioning),是采用物理、化学或者生物的方法,通过压缩絮体的体积、改变絮体的亲水性、代谢絮体中的胶体物质等途径,使絮体中的间隙水和表面吸附水减少,从而有利于污泥浓缩和脱水。调理方法主要有化学调理、物理调理和热工调理等三种类型。

化学调理,是在污泥中加入适量的调理剂,起到电性中和及吸附架桥作用,破坏污泥胶体颗粒的稳定,使分散的小颗粒聚集成大颗粒,从而改善污泥的脱水性能。所投加药剂主要包括聚合氯化铝、聚合硫酸铁、石灰、聚丙烯酰胺及其衍生物以及微生物絮凝剂等,需根据污泥种类、浓缩和脱水方式、药剂价格等因素选用。

物理调理,是向污泥中投加不会发生化学反应的物质,降低或者改善污泥的可压缩性。该类物质主要有:烟道灰、硅藻土、粉煤灰等。

热工调理,是通过热量的流动改变污泥胶体颗粒的稳定性,削弱污泥颗粒与水分之间的结合力,从而改善污泥脱水性。热工调理包括冷冻、中温和高温加热调理等方式,常用的为高温热工调理。

3. 污泥机械脱水

浓缩后的污泥含水率仍然高达 95%左右,呈流动状态,体积大,后续运输和处理困难,因此需要机械脱水。机械脱水主要是去除污泥中的表面吸附水和毛细管结合水,脱水后的污泥呈固态,体积减小 90%以上。污泥机械脱水主要有带式脱水机、离心脱水机及板框压滤机等。

带式脱水机,是以过滤介质两面的压力差为推动力,使污泥中的水分被强制通过过滤介质形成滤液,而固体颗粒被截留在介质上,形成滤饼,从而达到脱水目的,如图 10-8 所示。带式脱水机噪声小、电耗少,但占地面积和冲洗水量较大,车间环境较差。带式脱水机进泥含水率一般为 97.5%以下,出泥含水率可达 82%以下。

离心脱水机,利用污泥中的固体、液体存在的密度差,它们在相同的离心力作用下产生的离心加速度不同,从而导致污泥颗粒与水之间的分离,如图 10-9 所示。离心脱水机占地面积

小、不需要冲洗水、车间环境好,但电耗高、噪声大,必须使用高分子絮凝剂进行污泥调理,药剂费用高。离心脱水机进泥含水率一般为 $95\%\sim99.5\%$,出泥含水率可达 $75\%\sim80\%$。

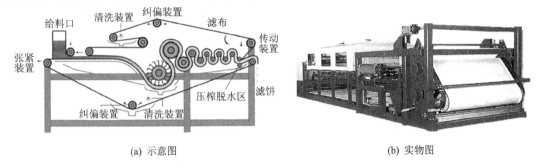

(a) 示意图　　　　　　　　　　　　　　(b) 实物图

图 10 - 8　带式脱水机

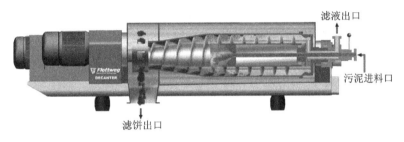

图 10 - 9　离心脱水机

板框压滤机,如图 10 - 10 所示,其脱水泥饼含水率低,但占地面积大。板框压滤机进泥含水率一般为 97% 以下,出泥含水率可达 $65\%\sim75\%$。

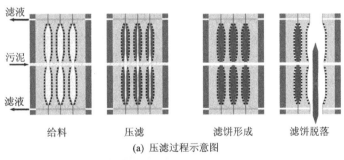

给料　　　　压滤　　　　滤饼形成　　　滤饼脱落

(a) 压滤过程示意图

(b) 实物图

图 10 - 10　板框压滤机

各种调理方法与主要机械脱水方式相结合的脱水效果如表10-9所列。

表10-9　各种调理方法与主要机械脱水方式相结合的脱水效果

序　号	调理方法	带式压滤机或者离心脱水机泥饼含水率/%	板框压滤机泥饼含水率/%
1	采用有机高分子药剂	70~82	65~75
2	采用无机金属盐药剂	—	65~75
3	采用无机金属盐药剂和石灰	—	55~65
4	高温热工调理	50~65	<50
5	化学和物理组合调理	50~65	<50

污泥浓缩和脱水过程产生的恶臭气体,主要产生源为储泥池、浓缩池、污泥脱水机房以及污泥堆置棚或料仓。

应根据环境影响评价的要求采取除臭措施。新建污水处理厂应对浓缩池、储泥池、脱水机房、污泥储运间采取封闭措施,通过补风抽气并送到除臭系统进行除臭处理,达标排放;针对除臭的改建工程应根据构筑物的情况进行加盖或封闭,并增设抽风管路及除臭系统。一般采用生物除臭方法,必要时也可采用化学除臭等方法。

4. 厌氧消化

厌氧消化是利用兼性菌和厌氧菌进行厌氧生化反应,分解污泥中有机物质,实现污泥稳定化、减量化、无害化和资源化,分为中温厌氧消化和高温厌氧消化。

中温厌氧消化温度维持在35 ℃±2 ℃,固体停留时间应大于20 d,有机物容积负荷一般为2.0~4.0 kg/(m³·d),有机物分解率可达35%~45%。

高温厌氧消化温度控制在55 ℃±2 ℃,适合嗜热菌生长。高温厌氧消化有机物分解速度快,可以有效杀灭各种致病菌和寄生虫卵。一般,有机物分解率可达到35%~45%,停留时间可缩短至10~15 d,但是能量消耗较大,运行费用较高,系统操作要求高。

消化池通常为蛋形和柱形,如图10-11所示,可根据搅拌系统、投资成本及景观要求选

图10-11　厌氧消化池

择。消化池池体可采用混凝土结构或钢结构,在全年气温高的南方地区,消化池可以考虑不设置保温措施。

在污泥消化过程中,可通过促进微生物细胞壁的破壁和水解,提高有机物的降解率和系统的产气量。近年来,开发应用较多的污泥细胞破壁和强化水解技术,主要是物化强化预处理技术和生物强化预处理技术。

(1) 物化强化预处理技术

物化强化预处理技术包括:

① 高温热水解预处理技术。采用高温(155~170 ℃)、高压(6 bar)对高含固的脱水污泥(含固率15%~20%)进行热水解与闪蒸处理,强化污泥的可生化性能,改善污泥的卫生性能及沼渣的脱水性能,进一步降低沼渣的含水率,有利于厌氧消化后沼渣的资源化利用。

② 超声波预处理技术。利用超声波"空穴"产生的水力和声化作用破坏细胞,促进细胞内物质释放。

③ 碱预处理技术。通过调节 pH,强化污泥水解过程。

④ 化学氧化预处理技术。通过氧化剂(如臭氧等),直接或间接破坏污泥中微生物的细胞壁,使细胞质进入到溶液中,增加污泥中溶解性有机物含量。

⑤ 微波预处理技术。在微波加热过程中产生许多"热点",破坏污泥微生物细胞壁,使胞内物质溶出,从而达到分解污泥的目的。

(2) 生物强化预处理技术

生物强化预处理技术,利用高效厌氧水解菌在较高温度下,对污泥进行强化水解,或利用好氧或微氧嗜热溶胞菌在较高温下,对污泥进行强化溶胞和水解。

5. 好氧发酵

好氧发酵通常是指高温好氧发酵,即通过好氧微生物的生物代谢作用,使污泥中有机物转化成稳定的腐殖质的过程。代谢过程中产生热量,使堆料层温度升高至 55 ℃ 以上,可有效杀灭病原菌、寄生虫卵和杂草种子,并使水分蒸发,实现污泥稳定化、无害化和减量化。

6. 干　化

污泥干化包括自然干化和热干化。

自然干化,利用自然热量(如太阳能)将污泥脱水干化,如图 10-12 所示。其缺点是效率低,散发恶臭,处理量有限。

热干化,是指通过污泥与热媒之间的传热作用,脱除污泥中的水分。

根据热量传递方式的不同,污泥干化设备分为直接加热和间接加热两种方式。考虑到系统的安全性和防止二次污染,推荐采用间接加热的方式。

目前应用较多的污泥干化工艺设备包括带式干化、桨叶式干化、卧式转盘式干化、立式圆盘式干化和喷雾干化等工艺设备。

图 10-12　污泥干化场

(1) 带式干化

带式干化,如图 10-13 所示,其工作温度为从环境温度到 65 ℃,系统氧含量<10%;直接

加料,无须干泥返混。出泥含水率可以自由设置,使用灵活;部分干化时,出泥含水率一般可在15%~40%之间,出泥颗粒中灰尘含量少;当全干化时,出泥含水率小于 15%,破碎后颗粒粒径范围在 3~5 mm。带式干化工艺设备可采用直接或间接加热方式。

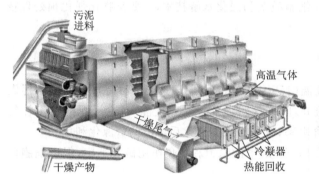
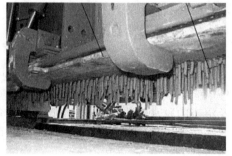

图 10-13　带式干化

带式干化有低温和中温两种方式。低温干化单机污泥处理能力一般小于 30 t/d(含水率以 80% 计),适用于小型污水处理厂;中温干化全干化时,单机污泥处理能力最高可达约 150 t/d(含水率以 80% 计),可用于大中型污水处理厂。主体设备低速运行,磨损部件少,设备维护成本低;运行过程中不产生高温和高浓度粉尘,安全性好;循环风量大,热能消耗较大。

(2) 桨叶式干化

桨叶式干化采用中空桨叶和中空夹层外壳,如图 10-14 所示,具有较高的热传递面积和物料体积比。污泥温度<80 ℃,系统氧含量<10%,热媒温度 150~220 ℃,一般采用间接加热。出口污泥的含水率可以通过轴的转动速度进行调节,既可全干化,也可半干化。全干化污泥的颗粒粒度小于 10 mm,半干化污泥为疏松团状。桨叶式干化单机污泥处理能力约 240 t/d(含水率以 80% 计),适用于各种规模的污水处理厂,结构简单、紧凑,运行过程中不产生高温和高浓度粉尘,安全性高;但污泥易黏结在桨叶上影响传热,导致热效率下降。

图 10-14　桨叶式干化

(3) 卧式转盘干化

卧式转盘干化既可全干化,也可半干化:全干化工艺污泥温度 105 ℃,粒度分布不均匀;半干化工艺污泥温度 100 ℃,为疏松团状。系统氧含量<10%,采用间接加热,热媒首选饱和蒸汽,其次为导热油(通过燃烧沼气、天然气或煤等加热),也可以采用高压热水,热媒温度 200~300 ℃。污泥需返混,返混污泥含水率一般需低于 30%。卧式转盘干化单机污泥处理能力为30~225 t/d(含水率以 80% 计),适用于各种规模的污水处理厂,其结构紧凑,传热面积大,但

可能存在污泥附着现象。

（4）立式圆盘干化

立式圆盘干化，如图 10－15 所示，适用于污泥全干化处理，污泥温度 100～140 ℃，系统氧含量＜5％，热媒温度 250～300 ℃。返混的干污泥颗粒与机械脱水污泥混合，并在干颗粒上涂覆一层薄的湿污泥，污泥含水率降至 30％～40％。干化污泥粒度分布均匀，平均直径在 1～5 mm 之间，无须特殊的粒度分配设备。立式圆盘干化单机污泥处理能力 90～300 t/d（含水率以 80％计），适用于大中型污水处理厂；其结构紧凑，传热面积大，设备占地面积较小；污泥干化颗粒均匀，可适应的消纳途径较多。

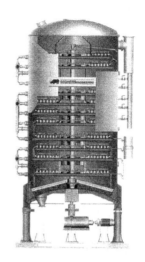

图 10－15　立式圆盘式干化

7. 石灰稳定

石灰稳定，通过向脱水污泥中投加一定比例的生石灰并均匀掺混，生石灰与脱水污泥中的水分发生反应，生成氢氧化钙和碳酸钙并释放热量。石灰稳定有以下作用：

① 灭菌和抑制腐化：温度和 pH 的升高可以灭菌和抑制污泥腐化，尤其在 pH≥12 的情况下效果更为明显，从而保证污泥在利用或处置过程中的卫生安全性。

② 脱水：根据石灰投加比例（占湿污泥的比例）的不同（5％～30％），可使含水率 80％的污泥在设备出口的含水率达到 74％～48％。

③ 钝化重金属离子：氧化钙呈碱性，可以结合污泥中的部分金属离子，钝化重金属。

④ 改性、颗粒化污泥：可改善储存和运输条件，避免二次飞灰和渗滤液渗漏。

用石灰稳定后的污泥可实现消毒稳定，提高污泥的含固率，但需要消耗大量的石灰。当污泥中有毒有害污染物含量较高，污水处理厂内建设用地紧张，而当地又有可供填埋的场地时，该方案可作为阶段性、应急或备用的处置方案。另外，石灰稳定可以作为污泥建材利用、水泥厂协同焚烧、土地利用等污泥处置方式的预处理措施。

石灰稳定工艺流程如图 10－16 所示。

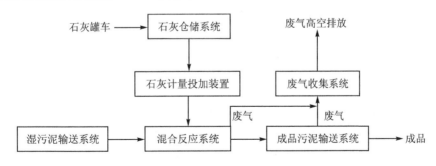

图 10－16　石灰稳定工艺流程

根据污泥含水率、石灰活性及最终处置方式的差异，石灰掺混比例可在 30％以内调整。

石灰与污泥快速混合后，反应仍将不同程度地持续数小时至数天，设计中应优化工艺条件，使之有利于污泥的后续反应及水蒸气的蒸发。通过设计混合物料堆置设施（一般为 5～

10 d 混合物料的堆置空间），为其进一步反应提供有利条件，但要考虑粉尘及有毒有害气体的控制。

四、污泥的处置

污泥处置是指对处理后的污泥进行消纳的过程。污泥处理、处置设施的选址应与饮用水源地、自然保护区、风景名胜区、人口居住区、公共设施等保持足够的卫生防护距离。

污泥处置包括土地利用、焚烧及建材利用、填埋等方式。

1. 土地利用

土地利用主要包括三个方面：一是作为沙荒地、盐碱地、废弃矿区改良基质的土壤改良；二是作为林地、园林绿化肥料的林用；三是作为农作物、牧场和草地肥料的农用。

土地利用，应首先调查本地区可利用土地资源的总体状况，按照国家相关标准要求，结合污泥泥质以及厌氧消化、好氧发酵等处理技术，优先研究污泥土地利用的可行性。鼓励将城镇生活污水处理厂产生的污泥经厌氧消化或好氧发酵处理后，严格按国家相关标准进行土地利用。如果当地存在盐碱地、沙化地和废弃矿场，应优先使用污泥对这些土地或场所进行改良，实现污泥处置。用于土地改良的泥质应符合《城镇污水处理厂污泥处置 土地改良用泥质》（GB/T 24600—2009）的规定，并防止对地下水以及周围生态环境造成二次污染。

当污泥经稳定化和无害化处理满足《城镇污水处理厂污泥处置 园林绿化用泥质》（GB/T 23486—2009）和《城镇污水处理厂污泥处置　林地用泥质》（CJ/T 362—2011）的规定和有关标准要求时，应根据当地的土质和植物习性，提出包括施用范围、施用量、施用方法及施用期限等内容的污泥园林绿化或林地土地利用方案。

当污泥经稳定化和无害化处理达到《城镇污水处理厂污泥处置 农用泥质》（CJ/T 309—2009）等国家和地方现行的有关农用标准和规定时，应根据当地的土壤环境质量状况和农作物特点及《土壤环境质量　农用地土壤污染风险管控标准（试行）》（GB 15618—2018），提出包括施用范围、施用量、施用方法及施用期限等内容的污泥农用方案，经污泥施用场地适用性环境影响评价和环境风险评估后，进行污泥农用并严格施用管理。

对以处理城镇生活污水为主产生的污泥，厌氧消化或好氧发酵为污泥的土地利用尤其是农用提供了较好的基础，能实现污泥中有机质及营养元素的高效利用，不需要消耗大量物料及占用土地资源。

2. 焚烧及建材利用

当污泥不具备土地利用条件时，可考虑采用焚烧及建材利用的处置方式。

焚烧处置污泥时，首先应全面调查当地的垃圾焚烧、水泥及热电等行业的窑炉状况，优先利用上述窑炉资源对污泥协同焚烧，降低污泥处置设施的建设投资。当单独焚烧污泥时，应联用干化和焚烧，以提高污泥的热能利用效率。污泥焚烧后的灰渣，应优先考虑建材综合利用；若没有利用途径时，可直接填埋；经鉴别属于危险废物的灰渣和飞灰，应纳入危险废物管理。

污泥也可直接作为原料制造建筑材料，经烧结的最终产物可以用于建筑工程材料或制品。建材利用的主要方式有：用作水泥添加料、制陶粒、制路基材料等。污泥用作水泥添加料也属于污泥的协同焚烧。污泥建材利用应符合国家、行业和地方相关标准和规范的要求，并严格防止在生产和使用中造成二次污染。

3. 污泥填埋

当污泥泥质不适合土地利用,且当地不具备焚烧和建材利用条件,可采用填埋处置。

污泥填埋前需进行稳定化处理,处理后的泥质应符合《城镇污水处理厂污泥处置 混合填埋用泥质》(GB/T 23485—2009)的要求。污泥填埋处置时,可采用石灰稳定工艺对污泥进行处理,也可通过添加粉煤灰或陈化对污泥进行改性处理。污泥填埋处置应考虑填埋气体的收集和利用,严格限制并逐步禁止直接填埋未经深度脱水处理的污泥。

4. 国外污泥处置现状

欧洲污泥处置最初以填埋和土地利用为主,随着可供填埋的场地越来越少,污泥处理处置的压力越来越大,欧洲建设了一大批污泥干化焚烧设施。由于污泥干化焚烧投资和运行费用较高,同时污泥中有害成分逐步减少,使污泥土地利用重新受到重视。

北美地区污泥处置以农用为主,并且为污泥农用做了大量安全性评价工作。目前,美国约60%的污泥经厌氧消化或好氧发酵处理后用做农田肥料,其余17%填埋,20%焚烧,3%用于矿山恢复的覆盖。

日本污泥处置以焚烧后建材利用为主,农用与填埋为辅。近年来,日本开始调整原有的技术路线,更加注重污泥的生物质利用,逐步减少焚烧的比例。

由此可见,污泥中生物质的资源化和能源化具有广阔前景。

五、我国污泥处理处置原则

1. 全过程管理与控制原则

工业废水排入市政污水管网前,必须按规定进行厂内预处理,使有毒有害物质达到国家、行业或者地方规定的排放标准。

污泥运输应采用密闭车辆和密闭驳船及管道等输送方式。加强运输过程中的监控和管理,严禁随意倾倒、偷排等违法行为,防止因暴露、洒落或滴漏造成对环境的二次污染。城镇污水处理厂、污泥运输单位和各污泥接收单位应建立污泥转运联单制度,并定期将转运联单统计结果上报地方相关主管部门。

污泥处理应根据污泥最终安全处置要求,采取必要的工艺技术措施,如重金属析出及钝化、持久性有机物的降解转化及病原体灭活等污染物控制技术,强化有毒有害物质的去除。污泥处理处置运营单位应建立完善的检测、记录、存档和报告制度,对处理处置后的污泥及其副产物的去向、用途、用量等进行跟踪、记录和报告,并将相关资料保存5年以上。应由具有相应资质的第三方机构,定期就污泥土地利用对土壤环境质量的影响、污泥填埋对场地周围环境质量的影响、污泥焚烧对周围大气环境质量的影响等方面进行安全性评价。

2. 安全环保、循环利用、节能降耗的原则

安全环保是污泥处理处置必须坚持的基本要求。污泥中含有病原体、重金属和持久性有机物等有毒有害物质,在进行污泥处理处置时,应对所选择的处理处置方式,根据必须达到的污染控制标准,进行环境安全性评价,并采取相应的污染控制措施,确保公众健康与环境安全。

循环利用是污泥处理处置时应努力实现的目标。污泥的循环利用体现在污泥处理处置过程中充分利用污泥中所含有的有机质、各种营养元素和能量。污泥循环利用,一是土地利用,将污泥中的有机质和营养元素补充到土地;二是通过厌氧消化或焚烧等技术回收污泥中的

能量。

节能降耗是污泥处理处置应充分考虑的重要因素。应避免采用消耗大量的优质清洁能源、物料和土地资源的处理处置技术,以实现污泥低碳处理处置。鼓励利用污泥厌氧消化过程中产生的沼气、垃圾和污泥焚烧余热、发电厂余热或其他余热作为污泥处理处置的热能。

第四节 废弃电器电子产品

一、概　述

1. 废弃电器电子产品的来源

废弃电器电子产品(waste electrical and electronic equipment),包括计算机产品、通信设备、视听产品及广播电视设备、家用及类似用途电器产品、仪器仪表及测量监控产品、电动工具和电线电缆共七类,并包括构成其产品的所有零(部)件、元(器)件和材料。

各类废弃电器电子产品清单如表 10 - 10 所列。

表 10 - 10　各类废弃电器电子产品

类　别	产品清单
计算机产品	电子计算机整机产品,计算机网络产品,电子计算机外部设备产品,电子计算机配套产品及材料,电子计算机应用产品,办公设备及信息产品
通信设备	通信传输设备,通信交换设备,通信终端设备,移动通信设备及移动通信终端设备,其他通信设备
视听产品及广播电视设备	电视机、摄录像、激光视盘机等影视产品,音响产品,其他电子视听产品,广播电视制作、发射、传输设备,广播电视接收设备及器材,应用电视设备及其他广播电视设备
家用及类似用途电器产品	制冷电器产品,空气调节产品,家用厨房电器产品,家用清洁卫生电器产品,家用美容、保健电器产品,家用纺织加工、衣物护理电器产品,家用通风电器产品,运动和娱乐器械及电动玩具,自动售卖机,其他家用电动产品
仪器仪表及测量监控产品	电工仪器仪表产品,电子测量仪器产品,监测控制产品,绘图、计算及测量仪器产品
电动工具	对木材、金属和其他材料进行加工的设备,用于铆接、打钉或拧紧或除去铆钉、钉子、螺丝或类似用途的工具,用于焊接或者类似用途的工具,通过其他方式对液体或气体物质进行喷雾、涂敷、驱散或其他处理的设备,用于割草或者其他园林活动的工具
电线电缆	电线电缆、光纤、光缆

废弃电器电子产品是一类增长迅速的固体废物,它所带来的危害不只是因为数量迅速增长,同时也因其释放铅、汞、镉、六价铬、多溴联苯(PBB)、多溴联苯醚(PBDE)、多氯联苯(PCBs)、多氯三联苯(PCTs)、特殊碳粉、玻璃状硅酸盐纤维、石棉、消耗臭氧层的物质、离子化辐射以及国家规定的危险废物,严重威胁环境和人类健康。

2. 废弃电器电子产品特征

废弃电器电子产品有以下两个主要特征:

(1) 危险性。废弃电器电子产品包含 1 000 多种不同成分,含有大量危险物质,如:电路板上的铅和镉;显示器阴极射线管中的氧化铅和镉;电池中的镉;电容和转换器中的多氯联苯(PCBs);电路板中的溴化阻燃物;燃烧电线获取铜释放出二噁英和呋喃的 PVC 塑料。由于废弃电器电子产品的危险性,处理和回收它们涉及严格的法律和环保要求。

(2) 高速增长性。由于电器电子产品容易过时淘汰,同其他消费品相比,电器电子产品形成了大量的废物。当消费者怀着产品能够使用十年或更长时间的愿望购买了一台音响或电视机时,飞速的科技进步和高过时淘汰率却有效地将每一件产品废弃。现在消费者很少将一台坏了的电子产品送去修理,因为更新换代常常比维修更便宜和方便。计算机的平均寿命已从4.5 年剧减到 2.1 年。很明显,这些产品的过时淘汰连同对行业道德的抛弃,给企业的利润带来大幅增长,尤其是当企业不用承担废物处理责任时。

废弃电器电子产品的组成复杂,不仅含有可利用的资源,也含有许多危险物质。《废弃电器电子产品处理污染控制技术规范》(HJ 527—2010)列出了电器电子产品主要元部件及材料中的有毒有害物质。

二、废弃电器电子产品的管理

1. 我国废弃电器电子产品的管理

国家环保总局、科技部、信息产业部、商务部 2006 年共同发布了《废弃家用电器与电子产品污染防治技术政策》,旨在减少家用电器与电子产品使用废弃后的废物产生量,提高资源回收利用率,控制其在综合利用和处置过程中的环境污染。2007 年通过《电子废物污染环境防治管理办法》,自 2008 年 2 月 1 日起施行。2008 年通过《废弃电器电子产品回收处理管理条例》,自 2011 年 1 月 1 日起施行。

《废弃电器电子产品处理污染控制技术规范》(HJ 527—2010)规定了废弃电器电子产品在收集、运输、贮存、拆解和处理过程中的污染控制管理,收集商、运输商、拆解或(和)处理企业应建立记录制度,记录内容应包括:

(1) 接收的废弃电器电子产品的名称、种类、质量和(或)数量、来源;

(2) 处理后各类部件和材料的种类、质量和(或)数量、处理方式与去向;

(3) 处理残余物的种类、质量和(或)数量、处置方式与去向。

收集商、运输商、拆解或(和)处理企业有关废弃电器电子产品收集处理的记录、污染物排放监测记录以及其他相关记录,应至少保存 3 年以上,并接受环保部门的检查。

宜对收集商、运输商、拆解或(和)处理过程可能造成的职业安全卫生风险进行评估。应遵守国家相关的职业安全卫生标准,并制定操作时突发事件的处理程序。对可能受到有害物质威胁的员工,应提供完整的防护装备和措施。

操作人员在拆解、处理新的废物类型时,应有技术部门人员的指导或岗前培训。

处理企业应对排放的废气、废水及周边环境定期监测。

处理后含有危险物质的材料应有相应的安全检测和风险评估报告,确保无环境和人体健康风险才可再生利用。

处理企业应按《危险废物鉴别标准》(GB 5085.1～7—2007),对处理过程中产生的固体废物进行鉴别,经鉴别属于危险废物的,应交有危险废物经营许可证的单位处置。

2. 国外废弃电器电子产品的管理

1989 年 3 月 22 日,由联合国环境规划署主持,115 个国家的代表在瑞士巴塞尔签署了控制危险废物越境转移及处理的《巴塞尔公约》。

1995 年 9 月 22 日，近 100 个国家的代表在瑞士日内瓦签署了《巴塞尔公约》的修正案——《反对出口有毒垃圾的协定》，这个协定禁止发达国家以最终处置为目的向发展中国家出口有毒废弃物，并规定从 1998 年 1 月 1 日起，发达国家不得向发展中国家出口供回收利用的有毒垃圾。但是，美国拒绝签署这项公约。

2002 年 12 月 18 日，欧盟议会一致投票支持通过新的"电子垃圾"回收法律。此后，惠普、利盟等打印机厂商销往欧盟的墨盒等耗材必须取消其中的种种限制，允许被回收充墨后多次使用。

2003 年 2 月 13 日，欧盟在其《官方公报》上发布了《报废电子电器设备指令》(WEEE)和《关于限制在电子电器设备中使用某些有害成分指令》(Restriction of Hazardous Substances in Electrical and Electronic Equipment (RoHS))，其中特别强调生产商的回收责任。WEEE 要求便携式计算机、台式计算机、打印机、CPU、主板、鼠标、键盘、手机等生产者，必须在 2005 年 8 月 13 日以前，建立完整的分类、回收、复原、再生使用系统，并负担产品回收责任。RoHS 规定：从 2006 年 7 月 1 日起，投放于市场的新电子和电器设备将不得使用包含铅(其中不包括高温熔化的焊锡中的铅，即含铅超过 85% 的锡铅焊锡)、汞、镉、六价铬(不包括作为制冷装置的冷却系统防腐蚀碳钢中含有的六价铬)、PBB 以及 PBDE 等物质或元素。到 2005 年 9 月以后，所有输往欧盟的电子产品必须标有带轮垃圾箱加 X 的标志；尽量使用可循环再用的塑料 PE、PP、PVC、PS、PET、ABS；使用容易循环再用的金属，如钢、铝，配件上应有循环再用标记，如图 10 - 17 所示。

图 10 - 17　RoHS 标志

德国在 1986 年颁布了《废弃物避免与处理法》，明确避免(avoidance)、回收再利用(recycling)与处置(disposal)为第一优先；1991 年 7 月颁布了《电子电器废弃物法》；1994 年 7 月，联邦政府通过《循环经济与废弃管理法》，明确要求使用环境兼容性高或可回收的材质制造产品，以回收再利用为处理原则，不可回收的也要符合废弃物最终处置要求；2001 年 1 月推出德国标准 DIN33870《激光打印机、复印机和传真机用填充墨粉盒准备工作的要求和测试》，率先为环保型耗材制定了国家标准；2002 年 4 月推出德国标准 DIN 33871《信息技术 办公设备 喷墨打印机填充墨盒和墨水腔准备工作的要求及测试》，为再生墨盒提供了质量评估基础；制定了蓝色天使标准 RAL - UZ 95《传真机环境标志》、RAL - UZ 85《打印机环境标志》。

1998 年，克林顿总统签署 13101 法令，指出代理商应联合实施他们的循环程序，收集碳粉盒进行加工，环境保护局把再生耗材列入优先采购的产品名单。在美国，消费者抛弃一台电脑需要交纳一定费用。

此外，一些国家对企业设定了严格的法律规定：瑞典法律规定废旧家电处理费用由制造商和政府承担；日本的《家用电器再利用》明确规定了制造商回收利用、消费者付费等原则。

三、废弃电器电子产品的处理与处置

尽管不同国家或公司在废弃电器电子产品回收利用和处理处置的流程有所差异,但总体运作过程包括以下步骤:

1. 收集和贮存

收集,指废弃电器电子产品的聚集、分类和整理活动,是回收再利用的第一步。贮存,指为收集、运输、拆解、再生利用和处置的目的,在符合要求的特定场所暂时性存放废弃电器电子产品的活动。

废弃电器电子产品应分类收集,不应将废弃电器电子产品混入生活垃圾或其他工业固体废物中,收集的废弃电器电子产品不得随意堆放、丢弃或拆解。应将收集的废弃电器电子产品交给有相关资质的企业进行拆解、处理及处置。应分开收集废弃阴极射线管(CRT)及废弃液晶显示屏,且不能混入其他玻璃制品;废弃空调器、冰箱和其他制冷设备在收集过程中,应避免制冷剂泄漏;当收集含有毒有害物质的零(部)件、元(器)件时,应将其单独存放,并应采取避免溢散、泄露、污染环境或危害人体健康的措施。

废弃电器电子产品的运输须考虑环保问题,运输商在运输过程中不得随意丢弃废弃电器电子产品,并应防止其散落。禁止运输商对废弃电器电子产品采取任何形式的拆解、处理及处置;禁止废弃电器电子产品与易燃、易爆或腐蚀性物质混合运输。运输车辆宜采用厢式货车,车厢、底板必须平坦完好,周围栏板必须牢固。运输废弃阴极射线管(CRT)及废弃印制电路板的车辆,应使用有防雨设施的货车。运输废弃冰箱、空调时,应防止制冷剂释放到空气中;在运输、装载和卸载废弃冰箱时,应防止发生碰撞或跌落,废弃冰箱应保持直立,不得倒置或平躺放置。

各种废弃电器电子产品应分类存放,并在显著位置设有标识。对于属于危险废物的废弃电器电子产品的零(部)件和处理废弃电器电子产品后得到的物品经鉴别属于危险废物时,其贮存场地应符合《危险废物贮存污染控制标准》(GB 18597—2001)的相关规定。露天贮存场地的地面应水泥硬化、防渗漏,贮存场地周边应设置导流设施。回收废制冷剂的钢瓶应符合《压力容器》(GB 150—2011)的相关规定,且单独存放。废弃电视机、显示器、阴极射线管(CRT)、印制电路板等应贮存在有防雨遮盖的场所。废弃电器电子产品贮存场地不得有明火或热源,并应采取适当的措施避免引起火灾。处理后的粉状物质应封装贮存。

2. 预先取出和拆解

预先取出,指废弃电器电子产品拆解过程中,应首先将特定的含有毒、有害物的零部件、元(器)件及材料进行拆卸、分离的活动。拆解,指通过人工或机械的方式将废弃电器电子产品进行拆卸、解体,以便于再生利用和处置的活动。一般,废弃电器电子产品的预先取出和拆解由手工或机械完成。机械方法适用于大型的、标准化程度较高的电器电子产品,机械拆解过程与产品生产时的自动化安装过程相反。

预先取出的含有多氯联苯(PCBs)的电容器应单独存放,防止损坏,并标识。对高度>25 mm,直径>25 mm或类似容积的电解电容器应预先取出,并防止电解液的渗漏。当采用焚烧方法处理印制电路板时,可不预先拆除电解电容器。对面积>10 mm^{2}的印制电路板应预先取出,并应单独处理。预先取出的电池应完整,并交给有相关资质的企业进行处理。预先取出的含汞元(器)件应完整,并贮存于专用容器,交给有相关资质的企业进行处理。取出阴极射线管(CRT)时,操作人员应有防护措施。预先取出含有耐火陶瓷纤维(RCFs)的部件时,应防止耐火陶瓷纤维(RCFs)的散落,并存放在容器内,交给有相关资质的企业进行处理。预先取出含有石棉的部件和石棉废物时,应防止散落,并存放在容器内,交给有相关资质的企业进行处理。

拆解设施应放置在混凝土地面上,该地面应能防止地面水、雨水及油类混入或渗透,各种废弃电器电子产品应分类拆解。应预先取出所有液体(包括润滑油),并单独盛放。废弃电器电子产品中的电源线也应预先分离。禁止丢弃预先取出的所有零(部)件、元(器)件及材料。

拆解废弃电冰箱、废空调器的设备应设排风系统。在拆解压缩机及制冷回路前,应先抽取制冷设备压缩机中的制冷剂及润滑油,抽取装置应密闭,确保不泄漏,抽取制冷剂的场所应设有收集液体的设施,碳氢化合物(HCs)制冷剂宜单独回收,应采取必要的防爆措施。抽取出的制冷剂、润滑油混合物经分离后,制冷剂应存放于密闭压力钢瓶中,润滑油应存放于密闭容器中,并交给有相关资质的企业或危险废物处理厂进行处理或处置。拆解废弃液晶显示器时,应预先完整取出背光模组,不得破坏背光灯管。拆解背光模组的装置应设排风及废气处理系统,处理后废气排放应符合《大气污染物综合排放标准》(GB 16297—2017)的控制要求。拆除的背光灯管应单独密闭储存,交给有相关资质的企业进行处置。拆解背光模组的操作人员应配备防护口罩、手套和工作服。

3. 再使用、再生利用和回收利用

再使用,指废弃电器电子产品或其中的零(部)件、元(器)件继续使用或经清理、维修后并符合相关标准继续用于原来用途的行为。再生利用,指对废弃电器电子产品进行处理,使之能够作为原材料重新利用的过程,但不包括能量的回收和利用。回收利用,指对废弃电器电子产品进行处理,使之能够满足其原来的使用要求或用于其他用途的过程,包括对能量的回收和利用。

对废弃电器电子产品进行清洗及组装时,应设置专用场地,并应设有防电器短路保护的装置。当采用干式方法清洗可再使用的废弃电器电子产品的整机及零(部)件时,所产生的废气应进行收集和处理,处理后的废气排放应符合 GB 16297—2017 的控制要求。当采用湿式方法清洗可再使用的废弃电器电子产品的整机及零(部)件时,清洗后的废水应循环使用,处理后的废水排放符合《污水综合排放标准》(GB 8978—1996)的控制要求。

以计算机为例,大致的利用途径为:分离出可再使用的标准件,卖给玩具制造商,装到玩具上降级使用;取下印制电路板和电线,电线卖给金属回收公司,印制电路板另行处理;拆下含危险废物的继电器、电池等部件,付费给专门处理危险废物的公司处理;其他部件进行破碎,提取其中的稀贵金属;塑料元件需要在专用炉内进行焚烧,以分解和破坏其中的溴化阻燃剂。

4. 处理和处置

处理,指对废弃电器电子产品进行除污、拆解及再生利用的活动,主要包括破碎和分选。破碎的目的在于方便后续的分选。需要注意的是,各种部件外表的油漆、陶瓷以及其他的外壳需要除去。处置,指采用焚烧、填埋或其他改变固体废物的物理、化学、生物特性的方法,达到减量化或者消除其危害性的活动,或者将固体废物最终置于符合环境保护标准规定的场所或者设施的活动。禁止将废弃电器电子产品直接填埋。禁止露天焚烧废弃电器电子产品,禁止使用冲天炉、简易反射炉等设备和简易酸浸工艺处理废弃电器电子产品。

废弃电器电子产品的处理技术应有利于污染物的控制、资源再生利用和节能降耗。处理废弃电器电子产品应在厂房内进行，处理设施应放置在能防止地面水、油类等液体渗透的混凝土地面上，且周围应有对油类、液体的截流、收集设施。废弃电器电子产品处理企业应具备相应的环保设施，包括：废水处理、废气处理、粉尘处理、防止或降低噪声等装置，各项污染物排放应符合国家或地方污染物排放标准的有关规定。

加热拆除废弃印制电路板元器件时，应设置废气处理系统。采用破碎、分选方法处理废弃印制电路板的设施，应设有防止粉尘逸出的措施，应有除尘系统和降噪声措施。

处理阴极射线管（CRT）时，应先泄真空，防止发生意外事故。宜对彩色阴极射线管（CRT）的锥玻璃和屏玻璃分别进行处理；当锥玻璃和屏玻璃混合时，应按含铅玻璃进行处理或处置。

含有砷化硒或硫化镉涂层的废弃硒鼓，应将涂层去除后再进行处理。去除的物质应收集，贮存于密闭容器内，并应交给有相关资质的企业处置。

禁止直接填埋废弃电器电子产品拆出的废塑料，废弃电器电子产品拆出的含多溴联苯（PBB）和多溴联苯醚（PBDE）等阻燃剂的废塑料，应与其他塑料分类处理。

处理废电线电缆时，应将金属、塑料或橡胶分离，含多溴联苯（PBB）和多溴联苯醚（PBDE）等阻燃剂的电线电缆应与其他电线电缆分类处理。

禁止随意处理含有发泡剂的废弃冰箱绝热层。采取破碎、分选方法处理废弃冰箱绝热层时，应在专用的负压密闭设备中进行，该设备应具有收集发泡剂的装置和废气处理系统；处理聚氨酯硬质发泡材料应采取防爆、阻燃措施。

在未解决废弃液晶显示屏的再生利用前，可先对废弃液晶显示屏进行封存或焚烧。

当采用物理方法处理废电机、废变压器时，在拆解过程产生的废油等液态废物应通过有效的设施进行单独收集，并按照危险废物进行处置，对所产生的粉尘、废渣应按危险废物处置；当采用焚烧方法处理时，对所产生的废气应设置废气处理系统，处理后的废气排放应符合《危险废物焚烧污染控制标准》（GB 18484—2001）的有关规定。

对废弃印制电路板处理后，不能再生利用的粉尘、污泥、废渣应按危险废物处置。对含发泡剂的聚氨酯硬质发泡材料处理后，当发泡剂的残余量大于 2%（质量比）时，应交给危险废物处理厂。含发泡剂的聚氨酯硬质发泡材料处理过程中收集的粉尘，应按（GB 5085.1～7—2007）进行鉴别，经鉴别属于危险废物的，应按危险废物处置。用吸附法处理废弃冰箱溢出的制冷剂、发泡剂气体时，当吸附剂不能再使用时应密闭保存，交给危险废物处理厂。处理废弃阴极射线管（CRT）后的粉尘、废液、污泥及废渣，应按危险废物处置。清除废弃硒鼓上含有砷化硒或硫化镉涂层时产生的粉尘，应按危险废物处置。荧光粉应按危险废物处置。含多溴联苯（PBB）和多溴联苯醚（PBDE）等阻燃剂的废塑料不能再生利用时，宜按危险废物处置。凡采用化学方法处理废弃电器电子产品产生的废液和污泥，应根据 GB 5085.1～7—2007 进行鉴别，经鉴别属于危险废物的应按危险废物处置。含多氯联苯（PCBs）系列的电容器、含汞及其化合物的废物、含有石棉的部件及其废物应按危险废物处置。润湿处理耐火陶瓷纤维的部件时，应采取防止飞散的措施，并进行固化处理。

第五节　医疗废物

一、概　述

1. 医疗废物的定义

我国《医疗废物管理条例》所称医疗废物(medical waste),是指医疗卫生机构在医疗、预防、保健以及其他相关活动中产生的具有直接或者间接感染性、毒性以及其他危害性的废物。医疗卫生机构收治的传染病病人或者疑似传染病病人产生的生活垃圾,应按照医疗废物管理和处置。医疗废物中可能存在传染性病菌、病毒、化学污染物及放射性废物等有害物质,具有极大的危险性,被视为"顶级危险"和"致命杀手"。

2. 医疗废物的来源

医疗废物主要来源于以下机构:医院和医疗保健机构,如大学医院、综合性医院及诊所、急救中心、卫生保健中心和部队医疗服务机构;相关的实验室及研究中心,如生物医学实验室、生物技术实验室及研究机构和医疗研究中心;太平间及解剖中心;动物研究及测试室;血库及血液收集站;老年疗养院等。

3. 医疗废物的分类

1998 年世界卫生组织(WHO)将医疗废物规定为八大类:一般废物;病理性废物(组织、脏器);感染性废物;损伤性废物(锋利性物质);化学性废物;药剂废物;放射性废物;爆炸性废物(压力容器)。

根据《医疗废物分类目录》,我国将医疗废物分为感染性废物、化学性废物、损伤性废物、病理性废物、药物性废物,如表 10 - 11 所列。

表 10 - 11　我国医疗废物的分类

类　别	特　征	常见组分或废物
感染性废物	携带病原微生物、具有引发感染性疾病传播危险的医疗废物	1. 被病人血液、体液、排泄物污染的物品,包括棉球、棉签、引流棉条、纱布及其他各种敷料;一次性使用卫生用品、一次性使用医疗用品及一次性医疗器械;废弃的被服;其他被病人血液、体液、排泄物污染的物品 2. 医疗机构收治的隔离传染病病人或者疑似传染病人产生的生活垃圾 3. 病原体的培养基、标本和菌种、毒种保存液 4. 各种废弃的医学标本 5. 废弃的血液、血清 6. 使用后的一次性使用医疗用品及一次性医疗器械视为感染性废物
病理性废物	诊疗过程中产生的人体废弃物和医学实验动物尸体等	1. 手术及其他诊疗过程中产生的废弃人体组织、器官等 2. 医学实验动物的组织、尸体 3. 病理切片后废弃的人体组织、病理蜡块等
损伤性废物	能够刺伤或者割伤人体的废弃的医用锐器	1. 医用针头、缝合针 2. 各类医用锐器,包括解剖刀、手术刀、备皮刀、手术锯等 3. 载玻片、玻璃试管、玻璃安瓿等

类　别	特　征	常见组分或废物
药物性废物	过期、淘汰、变质或者被污染的废弃药品	1. 废弃的一般性药品 2. 废弃的细胞毒性药物和遗传毒性药物，包括致癌性药物，如硫唑嘌呤、苯丁酸氮芥、萘氮芥等；可疑致癌性药物；顺铂、丝裂霉素等；免疫抑制剂 3. 废弃的疫苗、血液制品等
化学性废物	具有毒性、腐蚀性、易燃易爆性的废弃化学物品	1. 医学影像室、实验室废弃的化学试剂 2. 废弃的过氧乙酸、戊二醛等化学消毒剂 3. 废弃的汞血压计、汞温度计

注：一次性使用卫生用品是指使用一次后即丢弃的、与人体直接或者间接接触的、并为达到人体生理卫生或者卫生保健目的而使用的各种日常生活用品。

　　一次性使用医疗用品是指临床用于病人检查、诊断、治疗、护理用指套、手套、吸痰管、阴道窥镜、肛镜、印模托盘、治疗巾、皮肤清洁巾、擦手巾、压舌板、臀垫等接触完整黏膜、皮肤的各类一次性使用医疗、护理用品。

　　一次性医疗器械是指《医疗器械管理条例》及相关配套文件所规定的用于人体的一次性仪器、设备、器具、材料等物品。

二、医疗废物的管理

1. 我国医疗废物的管理

我国已经制订了《医疗废物管理条例》（2003 年）、《医疗废物集中处置技术规范（试行）》（2003 年）、《全国危险废物和医疗废物处置设施建设规划》（2004 年）、《医疗废物管理行政处罚办法》（2004 年）等法律法规。但我国的法律体系仍需要进一步完善，如应制定有关法律、政策，鼓励在保证安全和卫生的前提下医疗废物源头减量、综合利用，规定医疗器具在设计、制造时应考虑处理处置方法、回收利用途径等。

2. 其他国家医疗废物的管理

WHO 在 1983 年由欧洲 19 个国家 34 人的工作组提议并发出通知，强调系统地研究医疗废物处理的重要性。发达国家多年的管理经验表明：健全的管理法规体系、货单管理制度和许可证制度是废物管理系统的三大支柱。

（1）英国医疗废物的管理

英国采取货单管理方式对医疗废物实行从产生到最终处置各环节的全面跟踪。

英国健康安全委员会公布的医疗废物安全处置文件中确定了 5 类必须严格管理、安全处置的医疗废物，分别是：污秽包扎物，废弃的针管刀具，实验室及验尸房废物，药房废物及实验室化学废物，使用过的便盆内衬袋、集尿器、呼吸器。

英国法律规定医疗废物绝不允许与其他废物混装。所有医疗废物都应放入内置黄色塑料袋的垃圾箱内，塑料袋上应有"医疗废物，必须焚烧"字样，其制作必须符合规定。废物袋每天至少更换一次，收集贮存的废物每周至少安排一次清运，送到专业的处置机构。

在英国，医疗废物的搬运必须使用专门的容器和设备，所有参与废物搬运的人员要求穿着防护服，并应明了相关的操作要求和要领。

医院的废物贮存场要保证足够的空间、良好的排水系统，四周围墙应不透水，并应防止未经允许的人员以及家禽、鸟类、鼠类、虫类的进入。

医疗废物的最终处置是送入废物焚烧炉高温焚烧。英国的焚烧炉有的由卫生部门营运,有的归废物管理部门或承包商管理。无论何种管理方式都必须遵循清洁空气、安全卫生、污染控制等项法规。废物处置最基本的要求是必须在领取了许可证的焚烧炉中处置,焚烧残渣也必须妥善处置(一般是送入填埋场填埋)。

要做好医疗废物的管理工作,不仅废物的收集、运输、处置部门应建立完善的管理制度,同时所有涉及医疗废物的机构都应该指定专人负责该项工作。

(2) 美国医疗废物的管理

EPA 建议对传染性废物的分类应从废物产生地点开始,须使用有鉴别性的、带有醒目标志的容器,在传染性废物容器上使用的标志应为通用的生物危险符号。在美国,为了便于分类和鉴别,传染性废物常用标有色码的袋装载。用得最多的是红色或橘红色袋子,因此出现了"红袋废物(red bag)"这个术语。

对锐利品的关注不仅是因为其具有潜在的传染性,而且也是因为它能引起直接伤害。EPA 建议用防刺破型的容器盛装锐利品。

贮存传染性废物的地点应定期消毒,并保持适当的温度,特别是用来贮存未经处理废物的地方。EPA 建议贮存时间应尽可能缩短,贮存地点要标有醒目的生物危险品标志。包装材料应能防止啮齿动物和昆虫咬嚼破损,严格限制接近贮存地点的人员。控制传染性废物贮存的时间和温度很重要,因为废物中微生物的生长速度会随贮存时间的延长和温度的升高而加速。

关于传染性废物的运输,EPA 建议书中也作了相应规定,例如运输装备内废物的转移必须小心谨慎,应将废物放置在刚性的或半刚性和防渗的容器内。无论是否就地或运往别处处置废物,医院和医疗卫生单位都必须承担焚化炉的基建费用和执行现行的大气排放标准。

三、医疗废物的收集、贮存、运输和处置

1. 医疗废物的处置原则

(1) 鼓励集中处置,特殊情况下采用集中和分散处置相结合

医疗废物处理处置单位应在废物产生点较密集、产生量较大的区域进行就近集中处置,就近集中处置具有环节单一、监管有效、处理效率稳定可靠、经济合理、技术成熟的优势,并且可以减少医疗废物在运输过程中的污染和跨地区污染问题,从整体上改善环境质量。在特殊情况下,可以采用分散处理,如运输距离太大,或发生其他紧急情况需要立即处理时,可以允许在医疗机构内部或该小范围地区建立小型的处置设施。

(2) 安全处置原则

医疗废物具有高危险性和高传染性,其处置工程的建设应高标准、高起点,分类收集,集中处置,对必须进行焚烧处置的医疗废物,确保安全化、稳定化、无害化和无二次污染。

(3) 严格分类收集原则

对医疗废物严格分类收集处理,严禁医疗废物与生活垃圾混合收集,这有利于减少要处理的废物量,降低对环境的风险,降低处理成本。

2. 医疗废物的收集、贮存和运输

据调查统计,我国大中城市医疗废物的产生量一般按住院部产生量和门诊部产生量之和计算,住院部为 0.5~1.0 kg/(床·天),门诊部为 20~30 人次产生 1 kg 医疗废物。我国《医

疗废物集中处置技术规范》中规定：医疗废物由医院收集后按标准暂时贮存并交由专业人员利用专业运输工具运至合法的处置单位，整个过程中医疗卫生机构交付处置的废物采用危险废物转移联单管理。

医疗卫生机构应当根据《医疗废物分类目录》，对医疗废物实施分类管理。医疗废物必须由指定的专人定时收集，收集人应有必要的防护措施。医疗机构的负责人应按照相关的法规及办法进行监督和管理。医疗废物收集、运输流程如图 10 - 18 所示。

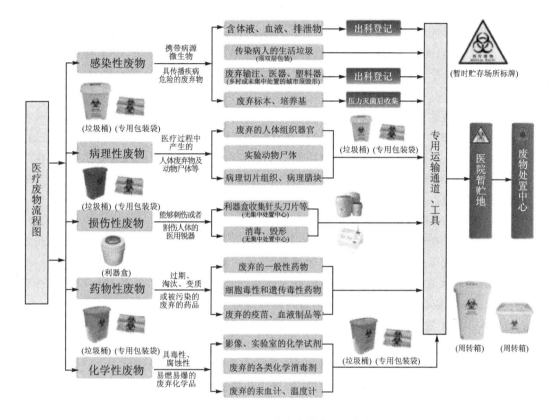

图 10 - 18　医疗废物收集、运输流程

（1）医疗卫生机构应当按照以下要求，及时分类收集医疗废物

① 根据医疗废物的类别，将医疗废物分置于符合《医疗废物专用包装袋、容器和警示标识标准》（HJ421—2008）的包装物或者容器内。

② 在盛装医疗废物前，应当对医疗废物包装物或者容器进行认真检查，确保无破损、渗漏和其他缺陷。

③ 感染性废物、病理性废物、损伤性废物、药物性废物及化学性废物不能混合收集。少量的药物性废物可以混入感染性废物，但应当在标签上注明。

④ 废弃的麻醉、精神、放射性、毒性等药品及其相关废物的管理，依照有关法律、行政法规和国家有关规定、标准执行。

⑤ 批量的化学性废物中的废化学试剂、废消毒剂应交由专门机构处置。

⑥ 批量的含有汞的体温计、血压计等医疗器具报废时，应当交由专门机构处置。

⑦ 医疗废物中病原体的培养基、标本和菌种、毒种保存液等高危险废物，应当首先在产生

场所进行压力蒸汽灭菌或者化学消毒处理,然后按感染性废物收集处置。

⑧ 隔离的传染病病人或者疑似传染病病人产生的具有传染性的排泄物,应当按照国家规定严格消毒,达到排放标准后排入污水处理系统。

⑨ 隔离的传染病病人或者疑似传染病病人产生的医疗废物应当使用双层包装物,并及时密封。

⑩ 放入包装物或者容器内的感染性废物、病理性废物、损伤性废物不得取出。

收集容器分为五种颜色:红色,感染性废物;黑色,病理性废物;蓝色,损伤性废物;紫色,药物性废物;黄色,化学性废物。液体废物的收集必须分为有机废液和无机废液。有机废液收集和存放在红色容器中;无机废液收集和存放在蓝色容器中。对于有机废液,必须存放在阴凉、远离火种的地方。医疗卫生机构内医疗废物产生地点应当有医疗废物分类收集方法的示意图或者文字说明。

盛装的医疗废物达到包装物或者容器的3/4时,应当使用有效的封口方式,使包装物或者容器的封口紧实、严密。包装物或者容器的外表面被感染性废物污染时,应当对被污染处进行消毒处理或者增加一层包装。盛装医疗废物的每个包装物、容器外表面应当有警示标识,在每个包装物、容器上应当系中文标签,中文标签的内容包括:医疗废物产生单位、产生日期、类别及需要的特别说明等。

(2) 医疗废物暂时贮存和运送时的注意事项

① 医疗卫生机构所产生的废物应由专人每天从产生地点将分类包装的医疗废物按照规定的时间和路线运送至内部指定的暂时贮存地点。

② 运送人员在运送医疗废物前,应当检查包装物或者容器的标识、标签及封口是否符合要求,不得将不符合要求的医疗废物运送至暂时贮存地点。

③ 运送人员在运送医疗废物时,应当防止造成包装物或容器破损和医疗废物的流失、泄漏和扩散,并防止医疗废物直接接触身体。

④ 运送医疗废物应当使用防渗漏、防遗撒、无锐利边角、易于装卸和清洁的专用运送工具。每天运送工作结束后,应当对运送工具进行清洁和消毒。

⑤ 医疗卫生机构应当建立医疗废物暂时贮存设施和设备,不得露天存放医疗废物;医疗废物暂时贮存的时间不得超过2 d。

⑥ 医疗卫生机构设立的医疗废物暂时贮存设施和设备应当达到以下要求:远离医疗区、食品加工区、人员活动区和生活垃圾存放场所,方便医疗废物运送人员及运送工具、车辆的出入;有严密的封闭措施,设专人管理,避免非工作人员接触医疗废物;有防鼠、防蚊蝇以及防蟑螂的安全措施;防止渗漏和雨水冲刷;易于清洁和消毒;避免阳光直射;设有医疗废物警示标识和"禁止吸烟、饮食"的警示标识。

⑦ 暂时贮存病理性废物,应当具备低温贮存或者进行防腐处理的条件。

⑧ 医疗废物转交出去后,应当对暂时贮存地点、设施进行清洁和消毒处理。

医疗卫生机构应当将医疗废物交由取得许可的医疗废物处置单位处置,依照危险废物转移联单制度填写和保存转移联单。医疗卫生机构应当对医疗废物进行登记,登记内容应当包括医疗废物的来源、种类、质量或者数量、交接时间、处置方法、最终去向以及经办人签名等项目。登记资料至少保存3年。运送医疗废物的转运车必须达到《医疗废物转运车技术要求》(GB 19217—2003)的标准,专车专用,如图10-19所示。医疗废物转运人员应有必要的防护措施,必要时进行免疫接种,防止其受到健康损害。医疗废物转运人员必须有发生医疗废物泄漏、扩散和意外事故时的应急处理知识。

图 10 – 19 医疗废物专用运输车

3. 医疗废物的处置

(1) 焚烧法

焚烧法被世界各国广泛采用。医疗废物的热值比较高,一般可达 3 000 kcal/kg。采用焚烧法处置医疗废物具有减容减量、杀菌灭菌、稳定化的作用。我国《医疗废物集中焚烧处置工程建设技术规范》(HJ/T 177—2005)规定:控制二次燃烧室烟气温度≥850 ℃,烟气停留时间≥2.0 s,在这种技术要求下,病原微生物被完全杀灭,达到最大的减容率。采用焚烧法应避免含 PVC 和含汞医疗废物进入焚烧炉,以减少二噁英和汞的排放。在欧洲和北美,绝大部分国家和地区的医疗废物采用焚烧法处置。

由于医疗废物具有极强的传染性,不允许在非密闭环境中打开或破碎废物包装袋及容器,因此,医疗废物的上料方式可采用以下两种方式:

① 通过密闭传送系统将从周转箱卸下的医疗废物包装袋及容器直接送到焚烧炉进料斗。

② 采用可与废物周转箱自动对接卸料的进料装置,将废物直接送入焚烧炉进料斗。

上述方式不可避免地存在一些问题,如进料口的尺寸较大,使得系统的密闭性难以控制;未经破碎的废物在炉内分布不均匀,可能导致焚烧状况不佳。此外,可以考虑建一个与进料斗相连的密闭储间,与废物周转箱自动对接卸料的装置将废物倾倒入储间内,储间内的抓斗将包装袋及容器破碎后送入进料斗。储间的进料入口处应采用密闭措施,储间处于负压状态,入口只有在卸料时开启,其余时候一律密闭,并且每天定时对储间进行消毒灭菌,防止卸料时有害气体或细菌逃逸到环境中。

(2) 高温蒸汽灭菌法

高温蒸汽灭菌法(或湿热法),是将医疗废物置于金属压力容器内(高压釜,有足够的耐压强度),以一定的方式利用过热蒸汽杀灭其中致病微生物的过程,适用于处理感染性废物和损伤性废物,不适用于处理病理性废物、药物性废物和化学性废物,不适用于处理汞和挥发性有机物含量较高的医疗废物,不适用于可重复使用的医疗器械的消毒或灭菌。

高温蒸汽需要与医疗废物进行直接、充分的接触,在一定的温度(不低于 134 ℃)和压强(不小于 220 kPa)下持续一段时间(不应少于 45 min),以保证医疗废物中存在的病原微生物被杀灭。高温蒸汽灭菌法通常可分为四个阶段:导入蒸汽、升高温度、充分接触、冷却降压。

高温蒸汽灭菌法以嗜热性脂肪杆菌芽孢作为指示菌种衡量灭菌效果,高温蒸汽处理设备的灭菌效果主要取决于温度、蒸汽接触时间和蒸汽的穿透程度,与医疗废物的种类、包装、密度以及装载负荷等因素有关。由于医疗废物的种类繁多且差异性大,因此有可能无法达到最佳的灭菌效果,所以,医疗废物高温蒸汽处理必须经过破碎,物料破碎后粒径不应大于 5 cm。

高温蒸汽灭菌法是除焚烧以外应用最广的技术,尤其在美国。这种方法既可以用于焚烧前的预处理,在某些情况下,也可以作为最终填埋处置前的处理手段。我国颁布了《医疗废物高温蒸汽集中处理工程技术规范(试行)》(HJ/T 276—2006),旨在规范医疗废物高温蒸汽集中处理工程建设及处理设施的运行管理。

（3）化学消毒法

化学处理法，在消毒和灭菌方面有着较长的历史和较广泛的应用。化学消毒法是将破碎后的医疗废物与一定浓度的消毒药剂（如石灰粉、次氯酸钠、次氯酸钙、二氧化氯、过氧乙酸等）反应，并保证废物与消毒剂有足够的接触面积和接触时间，在消毒过程中有机物质被分解，传染性病菌被杀灭或失活。化学消毒法适用于感染性废物、损伤性废物和病理性废物（人体器官和传染性的动物尸体等除外），不适用于处理药物性废物和化学性废物。

消毒药剂与医疗废物的足够接触是保障处理效果的前提，可选用先破碎后消毒，或者破碎与消毒同时进行。通常使用旋转式破碎设备提高破碎程度，保证消毒药剂能够将废物浸透；在破碎过程中加入少量水，一方面吸收破碎产生的热量，另一方面水可以作为化学反应的介质。化学消毒效果应达到：对繁殖体细菌、真菌、亲脂性/亲水性病毒、寄生虫和分枝杆菌的杀灭对数值≥6；对枯草杆菌黑色变种芽孢的杀灭对数值≥4。我国颁布了《医疗废物化学消毒集中处理工程技术规范（试行）》（HJ/T 228—2006），旨在规范医疗废物化学消毒处理技术的应用行为、工程建设以及设施运行管理，防止医疗废物化学消毒处理对环境的污染。

（4）微波消毒法

一定频率和波长的微波作用，能将大部分微生物杀灭。微波消毒法就是利用这个原理，通过微波激发预先破碎且润湿的医疗废物产生热量并释放出蒸汽。微波和适量水分是产生热量进行灭菌的两个基本条件。微波消毒法适用于感染性废物、损伤性废物、病理性废物（人体器官和传染性的动物尸体除外），不适用于药物性废物和化学性废物。

医疗废物的微波处理技术可分为以下 5 个步骤：将水与废物进行搅拌振动；装载设施将润湿的废物传送至破碎设备破碎；将润湿废物转移到已配备微波发生器的辐照室，注入蒸汽，充分搅拌；将废物在其中照射时间≥45 min，微波将废物中的水分加热到 95 ℃以上，从而完成对医疗废物的灭菌，然后将废物在专用容器内进行压缩并送去填埋或焚烧处置。微波消毒频率应采用 915 MHz±25 MHz 或 2 450 MHz±50 MHz。我国颁布了《医疗废物微波消毒集中处理工程技术规范（试行）》（HJ/T 229—2006），规范了医疗废物微波消毒处理技术的应用行为、工程建设以及设施运行管理，防止医疗废物微波消毒处理对环境的污染。

（5）填埋法

填埋法处置医疗废物需经过科学的选址，并用黏土、土工布和高密度聚乙烯等材料铺设防渗衬层，设置填埋气体的收集和输送管道。采用填埋法处置医疗废物必须非常慎重，一定要按有关规定对医疗废物进行严格的预处理，很多国家包括欧盟已经明令禁止将医疗废物直接送入填埋场填埋。我国禁止将没有经过消毒处理或消毒处理不合格的医疗废物填埋处置。

（6）辐照技术

辐照处理系统是利用电子束所具有的能量杀灭微生物。电离辐射源（如 Co^{60}）激发出来的电子与处理对象分子结构中的电子发生相互作用，所积累的能量可以破坏有机物的化学键，裂解破坏微生物。但是辐照技术不能用来处理放射性物质，并需要加强对操作人员的防护。

以上各种处理技术均有一定的使用条件和范围，其发展的成熟程度也有差异。相对而言，焚烧技术处理范围广，能有效破坏医疗废物中的传染性物质和有毒物质，达到无害化、减量化、稳定化和彻底毁形的处理效果。医疗废物的集中处置政策，在一定程度上解决焚烧炉投资和成本较高的问题。另外，尾气处理技术的日益成熟也给焚烧技术的推广创造了条件。

思考题

1. 生活垃圾如何分类收集？
2. 在生活垃圾的处理处置过程中,测定垃圾的理化性质有何作用？
3. 污泥的性质有哪些？如何结合污泥的性质处理处置污泥？
4. 简述废弃电器电子产品的特点及其处理处置。
5. 简述医疗废物的管理和处理处置。

参考文献

[1] George Tchobanoglous，Hilary Theisen，Samuel Vigil. 固体废物的全过程管理——工程原理及管理问题(Integrated Solid Waste Management Engineering Principles and Management Issues)[M]. 北京：清华大学出版社，2000.

[2] 聂永丰. 固体废物处理工程技术手册[M]. 北京：化学工业出版社，2014.

[3] European Commission. Integrated Pollution Prevention and Control Reference Document on the Best Available Techniques for Waste Incineration，2006.

[4] 孙秀云，王连军，李健生，等. 固体废物处置及资源化[M]. 2 版. 南京：南京大学出版社，2009.

[5] 中华人民共和国住房和城乡建设部. CJJ/T 47—2016 生活垃圾转运站技术规范[S]. 北京：中国建筑工业出版社，2016.

[6] 中华人民共和国住房和城乡建设部，中华人民共和国国家发展和改革委员会. CJJ 133—2009 生活垃圾填埋场填埋气体收集处理及利用工程技术规范[S]. 北京：中国建筑工业出版社，2010.

[7] 中华人民共和国住房和城乡建设部，中华人民共和国国家发展和改革委员会. 建标 124—2009 生活垃圾卫生填埋处理工程项目建设标准[S]. 北京：中国计划出版社，2011.

[8] 中华人民共和国住房和城乡建设部. CJJ 90—2009 生活垃圾焚烧处理工程技术规范[S]. 北京：中国建筑工业出版社，2009.

[9] 中华人民共和国住房和城乡建设部，中华人民共和国国家发展和改革委员会. 建标 154—2011 生活垃圾收集站建设标准[S]. 北京：中国计划出版社，2011.

[10] 中华人民共和国住房和城乡建设部. GB 50869—2013 生活垃圾卫生填埋处理技术规范[S]. 北京：中国建筑工业出版社，2014.

[11] 中华人民共和国住房和城乡建设部标准定额研究所. RISN—TG014—2012 生活垃圾卫生填埋技术导则[S]. 北京：中国建筑工业出版社，2013.

[12] 中华人民共和国住房和城乡建设部，中华人民共和国国家发展和改革委员会. 建标 124—2009 生活垃圾卫生填埋处理工程项目建设标准[S]. 北京：中国计划出版社，2009.

[13] 中华人民共和国住房和城乡建设部. CJJ 176—2012 生活垃圾卫生填埋场岩土工程技术规范[S]. 北京：中国建筑工业出版社，2012.

[14] 中华人民共和国住房和城乡建设部. CJ/T 313—2009 生活垃圾采样和分析方法[S]. 北京：中国标准出版社，2009.

[15] 中华人民共和国住房和城乡建设部. 建标 141—2010 生活垃圾堆肥处理工程项目建设标准[S]. 北京：中国计划出版社，2010.

[16] 中华人民共和国环境保护部. HJ 527—2010 废弃电器电子产品处理污染控制技术规范[S]. 北京：中国环境科学出版社，2010.

[17] 中华人民共和国住房和城乡建设部，中华人民共和国国家发展和改革委员会. 城镇污水处理厂污泥处理处置技术指南(试行)，2011.